"101 计划"核心教材
数学领域

代数学（五）

邓少强　李方　冯荣权　常亮　编著

中国教育出版传媒集团

高等教育出版社·北京

内容提要

代数学是研究数学基本问题的一门学问，本书是《代数学》系列五卷本的第五卷，主要内容是有限群的表示理论。本书从"对称性"观点来理解有限群的表示，介绍了结合代数的结构、群代数的模、表示的基本概念、可约性、特征标与正交性、点群的表示、置换群的表示、实表示与复表示等重要内容。此外，本书还简单介绍了李群和李代数的表示理论的基本内容。全文叙述简洁，深入浅出。书中配备了大量的习题，通过做这些习题可以加强读者对教材内容的理解。

本书可作为高等学校数学类专业及对数学要求较高的理工类专业的高年级本科生选修课程"有限群表示论"的教材，也可作为高校数学教师的教学参考书和科研工作者的参考书。

总　序

　　自数学出现以来，世界上不同国家、地区的人们在生产实践中、在思考探索中以不同的节奏推动着数学的不断突破和飞跃，并使之成为一门系统的学科。尤其是进入 21 世纪之后，数学发展的速度、规模、抽象程度及其应用的广泛和深入都远远超过了以往任何时期。数学的发展不仅是在理论知识方面的增加和扩大，更是思维能力的转变和升级，数学深刻地改变了人类认识和改造世界的方式。对于新时代的数学研究和教育工作者而言，有责任将这些知识和能力的发展与革新及时体现到课程和教材改革等工作当中。

　　数学 "101 计划" 核心教材是我国高等教育领域数学教材的大型编写工程。作为教育部基础学科系列 "101 计划" 的一部分，数学 "101 计划" 旨在通过深化课程、教材改革，探索培养具有国际视野的数学拔尖创新人才，教材的编写是其中一项重要工作。教材是学生理解和掌握数学的主要载体，教材质量的高低对数学教育的变革与发展意义重大。优秀的数学教材可以为青年学生打下坚实的数学基础，培养他们的逻辑思维能力和解决问题的能力，激发他们进一步探索数学的兴趣和热情。为此，数学 "101 计划" 工作组统筹协调来自国内 16 所一流高校的师资力量，全面梳理知识点，强化协同创新，陆续编写完成符合数学学科 "教与学"特点，体现学术前沿，具备中国特色的高质量核心教材。此次核心教材的编写者均为具有丰富教学成果和教材编写经验的数学家，他们当中很多人不仅有国际视野，还在各自的研究领域作出杰出的工作成果。在教材的内容方面，几乎是包括了分析学、代数学、几何学、微分方程、概率论、现代分析、数论基础、代数几何基础、拓扑学、微分几何、应用数学基础、统计学基础等现代数学的全部分支方向。考虑到不同层次的学生需要，编写组对个别教材设置了不同难度的版本。同时，还及时结合现代科技的最新动向，特别组织编写《人工智能的数学基础》等相关教材。

　　数学 "101 计划" 核心教材得以顺利完成离不开所有参与教材编写和审订的专家、学者及编辑人员的辛勤付出，在此深表感谢。希望读者们能通过数学 "101计划" 核心教材更好地构建扎实的数学知识基础，锻炼数学思维能力，深化对数学的理解，进一步生发出自主学习探究的能力。期盼广大青年学生受益于这套核心教材，有更多的拔尖创新人才脱颖而出！

田　刚

数学 "101 计划" 工作组组长

中国科学院院士

北京大学讲席教授

前 言

——代数学的基本任务和我们的理解

(一)

数学的起源和发展包括三个方面:

(1) 数的起源、发展和抽象化;

(2) 代数方程 (组) 的建立和求解;

(3) 几何空间的认识、代数化和抽象化。

它们是数学的基本问题。代数学是数学的一个分支, 是研究和解决包括这三个方面问题在内的数学基本问题的学问。

一个学科 (课程) 的发展有两种逻辑, 即: 历史的逻辑和内在的逻辑 (公理化)。

首先我们来谈谈**历史的逻辑**。顾名思义, 就是学科产生和发展的实际过程。这一过程对后人重新理解学科和课程的产生动机和本质是至关重要的。并且, 历史的逻辑常常也能成为后学者作为个体学习的自然引领, 我们可以把它称为人类认识的"思维的自相似性"。

自然界和社会中普遍存在"自相似"现象。比如: 原子结构与宇宙星系的相似性; 树叶茎脉结构与树的结构的相似性; 人从胚胎到成人与人类进化的相似性, 等等。其实这种现象也是分形几何研究的对象。类似地, 人类个体对事物认识的过程也常常在重复人类社会历史上对该事物的认识过程。当然, 不能把这个说法绝对化, 否则总能找到反例。

从这个观点出发, 我们在学习过程中应该关注数学史上代数学的一些具体内容是怎么产生和发展的, 以此引导自己的理解。比如, 代数最早的研究对象之一就是代数方程和线性方程组。所以从上述观点出发, 后学者学习线性代数就可以从线性方程组或多项式理论出发。为此我们先来体会一下历史上著名的数学著作《九章算术》(成书于公元 1 世纪左右, 总结了战国、秦、汉时期我国的数学发展) 中的一个问题:

"今有上禾三秉, 中禾二秉, 下禾一秉, 实三十九斗; 上禾二秉, 中禾三秉, 下禾一秉, 实三十四斗; 上禾一秉, 中禾二秉, 下禾三秉, 实二十六斗。问上、中、下禾实一秉各几何?"

用现代语言, 是说 "现有三个等级的稻禾, 若上等的稻禾三捆、中等的稻禾两捆、下等的稻禾一捆, 则共得稻谷三十九斗; 若上等的稻禾两捆、中等的稻禾三捆、下等的稻禾一捆, 则共得稻谷三十四斗; 若上等的稻禾一捆、中等的稻禾两捆、下等的稻禾三捆, 则共得稻谷二十六斗。问每个等级的稻禾每捆可得稻谷多少斗?"

在《九章算术》中, 这个问题是通过言辞推理的方法求出答案的。

"荅曰: 上禾一秉九斗四分斗之一, 中禾一秉四斗四分斗之一, 下禾一秉二斗四分斗之三。"

相对于现代数学的符号表示法, 言辞推理的表达复杂琐碎, 反映了中国古代数学方法上的局限性。现在我们用 x, y, z 分别表示一捆上、中、下等稻禾可得稻谷的斗数, 则可列出如下关系式:

$$\begin{cases} 3x + 2y + z = 39, \\ 2x + 3y + z = 34, \\ x + 2y + 3z = 26。 \end{cases}$$

然后用《代数学 (一)》中介绍的 Gauss 消元法, 不难得到

$$x = 9\frac{1}{4}, y = 4\frac{1}{4}, z = 2\frac{3}{4}。$$

这和前面 "荅曰" 的结果是一致的。

这是一个典型的线性方程组的实例。从这个问题在《九章算术》中的解题方法可见, 它所用的方法本质上就是 Gauss 消元法。所以在这个知识点上, 我们的方法与历史上的方法是符合 "自相似性" 这个特点的。

(二)

然后我们来谈谈学科的**内在逻辑**, 往往学科越成熟, 内在逻辑越重要。学科一旦成熟, 相对稳定了以后, 其内在逻辑可以从公理化的角度重新思考, 使得学科整体的逻辑更清楚, 更容易理解, 而不需要完全依赖于历史的逻辑。我们认为这方面最好的例子也许是 Bourbaki 学派对数学所做的改造。

基于这一观点, 我们希望对代数学找到一条主线, 以此来贯穿和整体把握代数学的整个理论。就代数学而言 (也许可以包括相当部分的数学领域), 我们认为: 不论当初发展的过程如何, 现在的代数学的整体理解应该抓住**对称性**这一关键概念, 来统领整个学科的方法。

我们认为, 对称性的思想是代数学的核心; 各个代数类的表示的实现与代数结构的分类, 是代数学的两翼。

后文中将要介绍的群论, 是刻画对称性的基本工具。但所有代数学的思想和理论, 都在不同层面完成对某些方面的对称性的刻画。比如线性空间、环、域、模 (表示), 乃至进一步的结构, 等等。人类之所以以对称性为美学的基本标准, 就是因为自然规律蕴含的对称性。这也决定了我们学科 (课程) 每个阶段都会面对该阶段对于对称性理解的重要性。

人们通常认为对群的认识是 Galois 理论产生后才逐步建立的。但其实对于对称性的认识, 人们在对数和几何空间的认识过程中就已经逐步建立起来了。对这一事实的认识很重要, 因为这说明, 对于对称性思想的认识, 在人类的整个数学乃至科学发展阶段都是起到关键作用的, 而不仅仅是群论建立之后才是这样。

在《代数学 (一)》的第二章中, 我们将通过数的发展来理解人类对于对称性的认识。对于对称性认识的另一方面, 就是人们最终认识到对几何的研究, 就是对于对称性及它的群的不变量的研究。Klein 在他著名的 Erlangen 纲领中将几何学理解为: 表述空间中图形在一已知变换群之下不变的性质的定义和定理的系统称为几何学。换言之, 几何学就是研究图形在空间的变换群之下不变的性质的学问, 或研究变换群的不变量理论的学问。

我们将通过抓住代数学中对称性这一主线, 以前面提到的代数学三大基本问题来引导出整个代数学课程的教学与学习, 从而使我们有能力来回答来自自然界或现实生活中与此相关的实际数学问题。

1. 数的问题: 对数的认识的扩大和抽象化

由正整数半群引出整数群、整数环 $\mathbb{Z}$、有理数域 $\mathbb{Q}$、实数域 $\mathbb{R}$ 和复数域 $\mathbb{C}$。以对称性引出交换半群、交换群、交换环 (含单位元)、域的概念, 再以剩余类群、剩余类环、剩余类域为例, 给出特征为素数 p 的一般的环和域的概念。这里 $\mathbb{Z}$ 是离散的, $\mathbb{R}$ 和 $\mathbb{C}$ 是连续的, 而 $\mathbb{Q}$ 是 $\mathbb{R}$ 中的稠密部分。

2. 解方程的问题

数学的根本任务之一是解方程。这里说的方程包括微分方程、三角方程、代数方程等。作为代数课程, 一个基本任务就是解决代数方程的问题, 包括: 一元代数方程 (一元多项式方程)、多元线性方程 (组)、多元高次方程组等。与此相关的内容, 就涉及多项式理论、线性方程组理论、二元高次方程组的结式理论等。

3. 对几何空间的代数认识问题

对几何空间的认识, 就是人类对自身的认识, 因为人类是生活在几何空间中的。但对几何空间的认识, 只有通过代数的方法才能实现, 这就是由众所周知的 Descartes 坐标系思想引申出来的。由向量空间 $\mathbb{R}^n$ 到一般的线性空间, 就是几何的代数化和抽象化, 也是线性代数的核心内容。

上述三个方面, 是《代数学》的基本任务, 也是我们展开《代数学 (一)》和《代数学 (二)》所有内容的出发点, 是带动我们思考的引导性问题。我们将学习的矩阵和行列式, 则是完成这些任务的基本工具. 其他所有内容, 都是上述这些方面的交融和发展.

(三)

前面我们提到, 对称性的研究是代数学的核心课题, 而群论是描述对称性的最重要的工具. 虽然群论的思想在很早就萌芽了, 但是对群的严格公理化定义和研究则起源于 Galois 对一元代数方程的研究. 回顾这段历史对于我们学习代数学甚至是数学这门学科都是非常有益的. 古巴比伦人知道如何求解一元二次方程, 但是一元三次方程和一元四次方程的求解问题比二次方程要困难得多, 因此直到 16 世纪才找到求根公式, 这得益于 15 世纪前后发展起来的行列式和线性方程组的理论. 人们总结二次、三次和四次方程的求根公式发现一个非常有趣的现象, 那就是所有的求根公式都只涉及系数的加、减、乘、除和开方运算, 这样的求根公式被称为根式解公式. 按照人们习惯性的思维方式, 次数小于五的一元代数方程的解都是根式解, 自然会猜测五次或更高次的一元代数方程也有根式解公式. 事实上, 很多数学家都试图去证明这一点, 或者试图找出这样的根式解公式, 但都没有获得成功. 此后 Abel-Ruffini 定理证明了五次及以上的一元代数方程不存在普遍适用的根式解公式 (这一结果先由 Ruffini 发表, 但是证明有漏洞, 最后 Abel 给出了完整的叙述和证明). 这一定理的发表彻底打破了人们寻求高次方程根式解公式的幻想.

Abel-Ruffini 定理的结论无疑是重要的. 但是一个更重要的问题还是没有解决, 因为很多特征非常突出的高次方程肯定是存在根式解的, 因此寻找一般的一元代数方程存在根式解的充要条件成了摆在数学家面前的核心问题. 这一问题最终是由 Galois 解决的. 1830 年, 19 岁的 Galois 完成了解决这一问题的论文并投稿到巴黎科学院, 因审查人去世, 论文不知所终. 次年, Galois 再次提交了论文, 但被审稿人以论证不够充分为由退稿. 1832 年 5 月, Galois 在决斗前夕再次修改了他的论文, 并委托朋友再次向巴黎科学院投稿.

由于 Galois 的理论过于超前, 直到他死于决斗后 15 年才发表, 而其中包含的新思想立即引起了众多数学家的极大兴趣. Galois 在他的理论中用到了两种重要的思想. 首先是借鉴了 Lagrange 的思想, 将方程的根看成一个集合, 然后考虑根的置换, 这就是最早的群的实例. 其次, Galois 将对于四则运算封闭的数集定义为一个域 (数域), 而将解方程的过程看成把新的元素添加到域中的过程, 这里产生的思想就是域的概念和域的扩张理论. Galois 理论的出现吸引了后来的大批数学家系统研究群和域的扩张, 并形成了数学中一个非常重要的分支, 即所谓的抽象代数或近世代数. 一般我们将具有运算的非空集合称为一个代数结构. 从数学内在的逻辑来看, 群是只有一种运算的代数结构, 因此研究具有两种运算的代数结构是重要的。如果不考虑减法和除法, 域其实是有两种运算的代数结构, 即加法和乘法 (减法是加法的逆运算, 除法是乘法的逆运算)。但是域的条件过于严苛, 因而很多数学中出现的代数结构都不是域, 例如整数集、多项式的集合等。因此人们系统研究了具有两种运算 (一般称为加法和乘法) 且满足一定条件的代数结构, 这就是环的概念。但是我们必须强调, 数学的发展往往与数学内在的逻辑并不一致。环论的发展并不是按照逻辑进行的。虽然历史上第一个使用环这一名称的数学家是 Hilbert, 但是在他之前有很多数学家已经在环的研究中取得很多重要的成果。环论是现代交换代数的主要研究课题之一。历史上在环论的研究中取得重要成就的数学家包括 E. Artin, E. Noether, N. Jacobson 等。这里特别需要提到的是女数学家 Noether, 她不但在环论中做出杰出的贡献, 而且第一次发现了群的表示理论与模之间的联系, 使得模和表示理论的研究产生了极大的飞跃。

　　群、环、域、模的理论是本系列教材中《代数学 (三)》和《代数学 (四)》的主要内容。我们这里所说的域论包含了 Galois 理论, 也就是关于一元高次方程根式解存在性的完整理论。此外, 为了适应现代代数学的发展趋势, 我们还在《代数学 (四)》中介绍了范畴的基本知识。范畴论是一门致力于揭示数学结构之间联系的数学分支, 是不同的抽象数学结构的进一步抽象, 因此应用极其广泛。此外, 我们还介绍了 Gröbner 基的一些基础知识, 特别是给出了 Hilbert 零点定理的证明。我们认为在大学的抽象代数课程中适当介绍这些内容是有益的。

(四)

　　回到数学中对于对称性的研究。群论是描述和研究对称性的重要理论, 特别地, 对称产生群, 而群又可以用来描述对称性。利用群来研究对称性的最重要的途径就是群在集合上的作用的理论。当一个群作用到线性空间时, 我们自然会希望群的作用保持线性空间的结构, 这就是群的表示的概念。表示理论经过一个多世纪的发展, 已经成为数学中非常庞大的核心领域之一, 而且已经不再局限于群的表示。另一方面, 有限群的表示作为表示理论的基础, 已经渗透到几乎所有的数学分支中, 而这正是《代数学 (五)》的主要内容。最后, 作为表示理论的一本入门教材, 我们也在《代数学 (五)》中对李群和李代数的表示理论做了简单的介绍。

　　回顾前面提出的观点: 对称性的思想是代数学的核心; 各个代数类的表示的实现与代数结构的分类, 是代数学的两翼。大体上说, 《代数学 (三)》是以研究各代数类的结构为主, 而《代数学 (四)》和《代数学 (五)》分别以研究环上的模和群的表示为核心。所谓研究代数类的结构, 就是研究这类代数的本身, 或者说是研究代数类的内部刻画。而研究代数类特别是群和环类的表示 (模), 以及李代数等非结合代数的表示, 都可以认为是研究它们的外部刻画。Gelfand 曾说:"所有的数学就是某类表示论",席南华在他的著名演讲"表示,随处可见"(见文献《基础代数 (三)》) 中认为这就是一种泛表示论的观点,并指出"数学上需要表示的更明确的含义",这是非常中肯的。但尽管如此,Gelfand 的观点其实也告诉我们表示的重要意义。在数学上来说,表示的意义和"作用"是等价的,也就是一个群或环只有发挥它的"作用"才能体现其用处。这就如同我们去认识一个人,不会限于理解他作为一个实体的"人"的生物性存在,更重要的是去了解他的社会关系,也就是他作为个体对社会整体的作用,这才是他作为一个人存在的价值。所以我们可以理解为什么有些数学家认为"只有表示才是有意义的",这其实并没有否定代数结构的重要性,它们就是"皮之不存,毛将焉附"的关系。

最后体会一下:我们的《代数学 (一)》和《代数学 (二)》的高等代数内容,就是在"线性关系"或"矩阵关系"下,给各代数类提供让人们尽可能简单地理解一个复杂代数结构的"表示"的可能性。

(五)

上面叙述的就是我们这套教材的主要内容和对它们的理解。需要指出的是,考虑到数学"101 计划"对于教材的高要求,本套教材无论从内容的选取还是习题设计来说都有一定的难度,因此不一定适合所有的高校。但是我们认为,这套教材对于我国高水平高校,包括 985、211、双一流高校或其他数学强校都是适用的。此外,对于一些优秀学生,或者致力于自学数学的人员,本套教材也有很好的参考价值。

但需要特别强调的是,本套教材的部分内容完全可以灵活地作为选学内容,这取决于授课的对象、所在学校对学生在该课程上的要求等。

最后需要指出,人类对于数学的认识,本来就是以问题为引导的,所以我们应在问题引导下来学习、认识新概念和新内容。同时,希望注意下面两点 (供思考):

(1) 一个结论是否成立,与其所处的环境有关;环境改变,结论也会改变。比如:多项式因式分解与所处域的关系。

(2) 知道怎么证明了,还需思考为什么这么证、关键点在哪里,从而通过比较,为解决其他问题提供思路。

数学的发展是一个整体,代数学更是如此,历史上并不是高等代数理论发展完善了,才开始抽象代数的发展。也就是说,课程内容的分类,不是从历史的逻辑,而是从其内在逻辑和人类对知识的需要来编排和取舍的。因此我们完全有必要重新审视整个代数学内容的安排,以期更合理也更有益于同学们的学习。本套教材并不认为有必要完全打乱现有的体系,而是尝试将抽象代数的部分概念和思想,以自然的状态渗透到高等代数阶段的学习中,并且希望这样做并不增加这一阶段的学习负担, 而是更好理解高等代数阶段出现的概念和思想, 也降低抽象代数阶段的 "抽象性", 自然也为后一阶段的学习打下更好的基础。我们希望读者不再觉得抽象代数是抽象的。当然我们这样做更重要的原因是, 希望以理解对称性来贯穿、统领整个代数学的学习, 从而更接近代数学的本质。

(六)

本书适用于高等学校数学类专业的选修课 "有限群表示论", 一般在三年级开设, 先修课程为 "高等代数" 和 "抽象代数"。本书的内容比较丰富, 建议根据课时的不同对讲授的内容进行调整。如果是每周三学时, 建议讲授前五章的全部内容; 如果是每周四学时, 一学期可以讲授完前六章。至于第七章, 可以用于学生自学, 也可以在学时比较宽裕的情况下, 由教师根据学生情况作一个简介。

作　者

2024 年 7 月

致　谢

　　本书的写作过程得到了很多专家、同事和学生的帮助。首先感谢《代数学》教材编写组的召集人、南开大学白承铭副校长对我们的信任。白承铭校长组织了多次教材编写的研讨会，传达教育部和"101计划"教材专家委员会的相关精神，同时给我们在教材内容的选择、写作风格等方面提出了大量指导性的意见。感谢高等教育出版社的高旭老师，她为本教材出版提供了周到细致的服务。感谢本套教材编写组成员，浙江大学刘东文教授和南开大学徐彬斌博士，在教材编写的过程中提出的很多有价值的建议。感谢南开大学陈省身数学研究所的博士后郜东方博士和刘贵来博士，他们为本套教材的编写做了大量协调性的工作。最后感谢南开大学省身班的王泓杰、侯钦祥两位同学，他们为本书的校对做了有益的工作。

目 录

第一章

结合代数的表示与群代数

本书的目标是介绍有限群的表示理论. 一个群的表示可以理解成群到某个线性空间的一般线性群的一个同态, 同时也可以看成由群决定的一个结合代数 (即群代数) 上的模. 历史上第一次将表示与模联系起来的数学家是 E. Noether (诺特). Noether 的思想不但极大地促进了表示理论的发展, 同时催生了代数学中极其重要的模的概念. 模的概念产生后, 人们从抽象的角度对模的结构进行系统研究, 获得一系列优美的结果, 其中最具代表性的成果当属主理想整环有限生成模的结构理论. 现在, 模论不但是代数学中重要的研究课题, 同时已经成为数学研究中的重要工具, 在微分几何、代数拓扑等领域有重要应用.

本章我们将从纯代数的观点介绍与表示理论有关的一些知识, 特别是结合代数的表示, 或者说结合代数上的模的基本性质. 作为特例, 我们将着重研究群代数的若干性质, 特别是其半单性的判别方法. 第二章开始我们将从同态的观点定义和研究有限群的表示, 但过程中凡是可以用模的观点来理解和证明的结论, 我们将同时采用模的理论来加以说明.

1.1 结合代数的表示

给定一个群和一个域, 我们将定义这个域上的一个线性空间, 并在该线性空间上定义乘法, 使其成为一个结合代数, 称为该群的群代数. 为了了解群代数的结构和性质, 我们需要系统研究结合代数的基本性质, 特别是结合代数的表示或模的性质.

定义 1.1.1   设 A 是域 F 上的线性空间, 若 A 上有满足双线性性的二元运算 (一般用乘法表示), 即对任意 $a, b, c \in A$, $k, \ell \in F$, 有

$$a(kb + \ell c) = k(ab) + \ell(ac), \quad (kb + \ell c)a = k(ba) + \ell(ca),$$

则称 A 是一个 **F-代数**. 如果这个二元运算还满足结合律, 即

$$a(bc) = a(bc), \forall a, b, c \in A,$$

则称 A 是一个 **F-结合代数** (有时为简略起见, 也简称为 **F-代数**). 如果 A 作为线性空间是有限维的, 那么 A 称为**有限维代数**. 我们约定本书中的代数都有幺元 (即对乘法的单位元), 记为 1_A.

以下除非特别声明, 我们所说的代数都是指有幺元的结合代数. 我们先给出一些例子.

例 1.1.1 F 上的 n 元多项式集合 $F[x_1, \cdots, x_n]$, 在多项式的加法、数乘和乘法下成为一个代数.

例 1.1.2   设 V 是域 F 上的线性空间, $A = \text{End}(V)$ 是 V 上的全体线性变换组成的线性空间, 则映射的复合定义了 A 上的乘法, 使得 A 成为一个代数.

例 1.1.3   一个域 F 上的全体 $n \times n$ 矩阵组成的集合 $F^{n \times n}$, 在矩阵的加法、数乘和乘法下成为一个代数.

因为本书介绍的主要目标是有限群的表示, 所以下面我们主要关注的代数是有限群的群代数.

定义 1.1.2   设 G 是有限群, F 是一个域. 群代数 $F[G]$ 作为 F-线性空间由 G 的元素生成 (即 G 的元素作为 $F[G]$ 的一组基), 对 $F[G]$ 中的向量 $\sum_{g \in G} a_g g$ 和 $\sum_{h \in G} b_h h$, 定义乘法为

$$\left(\sum_{g \in G} a_g g \right) \left(\sum_{h \in G} b_h h \right) := \sum_{g,h \in G} (a_g b_h)(gh) = \sum_{s \in G} \left(\sum_{s=gh} a_g b_h \right) s.$$

容易验证, 线性空间 $F[G]$ 在上述乘法下成为一个 F-代数, 称为群 G 在域 F 上的**群代数**.

从定义我们看出, 结合代数的实质就是在线性空间上定义了满足双线性性和结合律的乘法. 容易看出, 如果只考虑加法和乘法, 则任何结合代数也是一个环. 因此我们可以将环的有关概念引进到代数上来.

定义 1.1.3   设 A 为一个代数. A 的一个子空间 B 称为**子代数**, 如果对任意 $a, b \in B$, 有 $ab \in B$. A 的子空间 I 称为**左理想** (**右理想**), 如果对任意 $a \in A, b \in I$, 有 $ab \in I(ba \in I)$, 如果 I 既是左理想也是右理想, 那么称为 A 的**双边理想** (简称**理想**). 特别地, $\{0\}$ 和 A 称为**平凡理想**. 若 I 是理想, 则在商空间 A/I 上可以定义乘法使之成为代数, 称为 A 对 I 的**商代数**. 如果 A 没有非平凡理想, 那么称 A 是**单代数**.

定义 1.1.4   设 A 和 B 是 F 上的代数, 一个线性映射 $\varphi \in \text{Hom}(A, B)$ 称为**代数同态**, 如果对任意 $a, b \in A$,

$$\varphi(ab) = \varphi(a)\varphi(b), \quad \varphi(1_A) = 1_B,$$

其中 $1_A, 1_B$ 分别是 A 和 B 的幺元. 如果一个代数同态 φ 是双射, 我们就称 φ 为**代数同构**.

由环的理论可知, 同态的核 $\text{Ker}(\varphi)$ 是 A 的理想, 同态的像 $\text{Im}(\varphi)$ 是 B 的子代数, 并且 $A/\text{Ker}(\varphi)$ 与 $\text{Im}(\varphi)$ 是同构的代数.

例 1.1.4   设 V 是 F 上的 n 维线性空间, 取定 V 的一组基后, 线性变换 T 在这组基下的矩阵表示 $\varphi(T)$ 给出了 $\text{End}(V)$ 到 $F^{n \times n}$ 的代数同构.

下一章我们将介绍群的表示的概念, 这也是本书的主要研究对象. 粗略地说, 一个群的表示是该群到一个线性空间 V 的一般线性群 $\text{GL}(V)$ 的群同态. 但是群表示也可以用相应的群代数的表示来描述. 我们先给出代数表示的概念.

定义 1.1.5   设 A 为一个有限维 F-代数, V 是有限维 F-线性空间. 若 φ 是一个 A 到 $\mathrm{End}(V)$ 的 F-代数同态, 则称 (φ, V) 为 A 的一个**F-表示**. 我们将 V 称为表示空间, 而 $\dim V$ 为表示的维数.

定义 1.1.6   设 A 是一个代数, 一个**A-左模**是指 F 上的线性空间 V, 并且定义了二元运算 $A \times V \to V$, $(a, v) \mapsto av$ 满足对任意 $a, b \in A$, $k \in F$, $v, w \in V$, $1_A v = v$, 且

$$a(v + w) = av + aw, \quad (a+b)v = av + bv, \quad (ka)v = k(av) = a(kv), \quad (ab)v = a(bv).$$

这等价于存在代数同态 $\rho : A \to \mathrm{End}(V)$. 类似地, 我们可以定义**$A$-右模**. 如果 V 既是 A-左模又是 A-右模, 且对任何 $a, b \in A, v \in V$, $(av)b = a(vb)$, 则称 V 为**A-双模**.

下面的命题可以用代数表示和左模的概念直接给出, 留作习题.

命题 1.1.1   设 (φ, V) 为 F-代数 A 的一个表示, 定义 $A \times V \to V$ 为 $(a, v) \mapsto \varphi(a)(v)$, 则 V 成为一个 A-左模.

反之, 若 V 为 F-代数 A 的一个左模, 定义映射 $\varphi : A \to \mathrm{End}(V)$ 为 $\varphi(a)(v) = av$, 则 (φ, V) 成为 A 的 F-表示.

这个命题说明, 一个代数的表示和该代数上的左模是两个等价的概念. 因此下面我们利用模的语言来叙述有关的结果. 与抽象代数中环上的模的概念类似, 我们可以定义代数上的模的子模, 模的直和. 在此我们不再赘述.

定义 1.1.7   如果代数 A 的模 V 没有非平凡的子模, 那么 V 称为**不可约模**.

定义 1.1.8   代数 A 的模 V 称为**完全可约模**(半单模), 如果 V 的任意子模 U 均有补子模, 即存在 V 的子模 W 使得 $V = U \oplus W$.

命题 1.1.2 A-模 V 是完全可约的当且仅当 V 是若干不可约 A-模的直和.

证明   设 A-模 V 是完全可约模, W 是 V 的子模. 我们先说明 W 也是完全可约的. 设 U 是 W 的子模, 则存在 U 在 V 中的补子模 U', 即 $V = U \oplus U'$. 于是 $W = U \oplus (U' \cap W)$. 即 $U' \cap W$ 是 U 在 W 中的补子模. 故 W 是完全可约的. 若 U_1 是 V 的不可约子模, U_1 的补子模 W_1 也是完全可约的, 将 W_1 分解为不可约子模 U_2 及其补子模的直和. 依次进行下去, 可得 V 分解为若干不可约 A-模的直和.

另一方面, 设 $V = \bigoplus_{i \in I} V_i$, 其中 V_i 是不可约模. U 是 V 的子模, 令

$$\mathcal{S} = \{V \text{的子模} W \mid W \cap U = \{0\}\}.$$

$\mathcal{S}$ 在包含关系下成为一个偏序集. 设 $W_1 \subseteq W_2 \subseteq \cdots$ 是 $\mathcal{S}$ 中的一条链, 令 $W' = \sum W_i$. 则 $W' \cap U = \{0\}$, 即 $W' \in \mathcal{S}$. 故 W' 是这条链的上界. 根据 Zorn (佐恩) 引理, $\mathcal{S}$ 有极大元 U', 满足 $U' \cap U = \{0\}$. 下面我们说明 $V = U \oplus U'$. 假设此式不成立, 则存在 $x \in V$, 使得 $x \notin U \oplus U'$. 设 $x = \sum_{i \in I} x_i$, 其中 $x_i \in V_i$. 则存在 $x_j \notin U \oplus U'$. 由 V_j 是不可约模可知 $V_j \cap (U \oplus U') = \{0\}$. 从而 $(U \oplus U') + V_j = (U \oplus U') \oplus V_j = U \oplus (U' \oplus V_j)$.

于是 $U' \oplus V_j \in \mathcal{S}$. 这与 U' 是 $\mathcal{S}$ 的极大元矛盾. 因此 $V = U \oplus U'$. 从而 V 是完全可约的. □

此外, 模同态也是非常重要的概念, 为方便记, 我们回忆一下其定义.

定义 1.1.9 设 A 为一个代数, V, W 是 A-模. 一个 V 到 W 的线性映射 T 称为**模同态**, 如果对任意 $a \in A, v \in V$,

$$T(av) = aT(v).$$

如果一个模同态 T 可逆, 则称 T 为**模同构**, 这时称 V 和 W **同构**, 记为 $V \cong W$. 由 V 到 W 的所有模同态的全体记为 $\mathrm{Hom}_A(V, W)$.

A-模同态的含义是线性映射 T 与 A 在 V 上的作用是交换的. 由此可知模同态 T 保持模的结构, 比如子模的原像和像均为子模. 命题 1.1.2 中的不可约分解在同构的意义下是唯一的, 也就是说若 A-模 $V \cong n_1 V_1 \oplus \cdots \oplus n_r V_r$, 其中 $V_1, \cdots, V_r$ 是彼此不同构的不可约 A-模, $n_i V_i$ 表示 n_i 个 V_i 的直和, 那么 n_i 和 V_i 是在同构的意义下由 V 唯一确定的. (证明留作习题)

例 1.1.5 设 A 是代数, 由其乘法的结合性可得 A 自身上的左模, 右模和双模结构. 事实上我们可以定义 $A \times A$ 到 A 的映射 L 如下: 对 $a, b \in A$, $L(a, b) = L_a(b) = ab$. 容易看出, 映射 L 给出了 A 作为环 A 上的一个左模结构, 记为 ${}_A A$. 类似地, $R_a(b) = ba$ 给出右 A-模 A_A. ${}_A A$ (A_A) 分别称为 A 的**左 (右) 正则模**. 由定义, 左 (右) 正则模的子模是 A 的左 (右) 理想. 如果 A 的一个左理想作为 A-模是不可约的, 则称该左理想称为极小左理想. 请读者自己思考如何定义 A 作为 A 上的双模结构.

下面我们来研究半单代数的结构. 后面我们将看到, 群代数的半单性对应的是群表示的完全可约性.

定义 1.1.10 有限维代数 A 称为**半单代数**, 如果 A 的任何有限维模都是完全可约的.

这个定义涉及 A 的所有有限维模, 但一个有限维代数是否半单, 可以由代数 A 自身的性质完全决定. 事实上我们有

命题 1.1.3 有限维代数 A 是半单的当且仅当其左正则模 ${}_A A$ 是完全可约的.

证明 只需证明若左正则模 ${}_A A$ 是完全可约的, 则代数 A 是半单的. 设 ${}_A A = I_1 \oplus \cdots \oplus I_r$ 是 ${}_A A$ 的不可约子模分解, 其中 I_i 是 A 的极小左理想. 设 M 是 A-左模, $\{v_1, \cdots, v_n\}$ 是 M 的基. 那么对 $i = 1, \cdots, r$ 和 $j = 1, \cdots, n$, $I_i v_j$ 都是 A-模. 令 $\varphi_{ij} : I_i \to I_i v_j$ 为 A-模同态 $\varphi_{ij}(a) = a v_j$, 则 φ_{ij} 是满射. 再由 I_i 是极小左理想可知, φ_{ij} 是同构. 从而 $I_i v_j$ 是不可约模. 于是 M 是不可约模 $I_i v_j$ 的直和, 因此 M 是完全可约的. □

可见有限维代数 A 是半单的也等价于左正则模 ${}_A A$ 是不可约模的直和. 并且在同构的意义下, A 的不可约模都已包含在左正则模 ${}_A A$ 中.

命题 1.1.4   设 A 是有限维半单代数, 则 A 的任意有限维不可约模都同构于 $_AA$ 的某个子模.

证明   设 M 是 A 的有限维不可约模. 取 M 中非零元 v, 使得 Av 是 M 的非零子模. 由于 M 是不可约的, 所以 $Av = M$. 令 $\varphi : A \to M$ 为 $\varphi(a) = av$, 则 φ 是 A-模同态且是满射. 于是 $\mathrm{Ker}(\varphi)$ 是 $_AA$ 的子模 (即 A 的左理想). 由 $_AA$ 是完全可约的, 可知存在 $_AA$ 的子模 V, 使得 $_AA = \mathrm{Ker}(\varphi) \oplus V$, 因此 $M \cong {}_AA/\mathrm{Ker}(\varphi) \cong V$.   □

关于不可约模之间的模同态, 我们有 Schur (舒尔) 引理.

定理 1.1.1 (Schur 引理)   设 M_1 和 M_2 是代数 A 的不同构的不可约模, 则

(1) $\mathrm{Hom}_A(M_1, M_2) = \{0\}$;

(2) $\mathrm{Hom}_A(M_1, M_1)$ 是除环;

(3) 若 F 是代数闭域 (例如复数域 $\mathbb{C}$), 则 $\mathrm{Hom}_A(M_1, M_1) = \{\lambda \cdot \mathrm{id}_{M_1} | \lambda \in F\} \cong F$.

证明   (1) 设 $T \in \mathrm{Hom}_A(M_1, M_2)$ 为 A-模同态, 则 $\mathrm{Ker}(T)$ 是 M_1 的子模, 且 $\mathrm{Im}(T)$ 是 M_2 的子模. 由 M_1 不可约, 知 $\mathrm{Ker}(T) = \{0\}$ 或 M_1. 若 $\mathrm{Ker}(T) = M_1$, 则 $T = 0$. 若 $\mathrm{Ker}(T) = \{0\}$, 则 T 为单射, 我们继续考虑 $\mathrm{Im}(T)$. 由 M_2 不可约, 我们有 $\mathrm{Im}(T) = \{0\}$ 或 M_2. 若 $\mathrm{Im}(T) = \{0\}$, 则 $T = 0$. 若 $\mathrm{Im}(T) = M_2$, 则 T 是双射, 从而 M_1 和 M_2 是同构的, 但这与假设矛盾, 所以 M_1 和 M_2 间的模同态只能是零映射.

(2) 回忆一下环论的一个结论: 若一个幺环中任何非零元素都可逆, 则该环一定是除环. 注意到线性映射间的加法和乘法使得 $\mathrm{Hom}_A(M_1, M_1)$ 成为一个幺环. 由 (1) 的证明可知, 非零的模同态是可逆的, 从而 $\mathrm{Hom}_A(M_1, M_1)$ 中任何非零元素可逆. 故 $\mathrm{Hom}_M(V_1, V_1)$ 是一个除环.

(3) 当 F 是代数闭域时, 对任意 $T \in \mathrm{Hom}_A(M_1, M_1)$, 存在特征值 $\lambda \in F$, 从而 $\lambda \cdot \mathrm{id}_{M_1} - T$ 不可逆. 故 $\lambda \cdot \mathrm{id} - T = 0$, 即 $T = \lambda \cdot \mathrm{id}_{M_1}$.   □

1.2   半单代数的结构

本节我们将研究半单代数的结构. 设 A 是半单代数, I 是 A 的左理想, 则由左正则模 $_AA$ 是完全可约的, 可知存在左理想 I' 使得 $A = I \oplus I'$. 特别地, 对于 A 的幺元 1_A, 存在唯一的 $e \in I$ 和 $e' \in I'$, 使得

$$1_A = e + e'.$$

两边左乘 e 得 $e = e^2 + ee'$. 由 $e, e^2 \in I$, $ee' \in I'$ 且 $I \cap I' = \{0\}$, 我们得到 $e = e^2$ 和 $ee' = 0$. 同样的方法也可以得到 $e' = (e')^2$ 和 $e'e = 0$.

进一步, 对 $a \in I$, 我们有 $a = a1_A = a(e + e') = ae + ae'$, 其中 $ae' \in I \cap I' = \{0\}$. 由此可得 $a = ae \in Ae$. 因此 e 是 I 中的左单位元, 而且 $I \subseteq Ae$. 另一方面, 由 $e \in I$ 且 I 是理想, 我们有 $Ae \subseteq I$. 故 $I = Ae$.

上面的分析引导我们给出下面的概念.

定义 1.2.1 如果半单代数 A 中元素 e 满足 $e^2 = e$, 那么就称 e 为**幂等元**. 若 e 和 e' 都是幂等元, 且 $ee' = e'e = 0$, 则称幂等元 e 和 e' 为**正交的**.

通过上面的讨论, 我们证明了

命题 1.2.1 I 是 A 的左理想当且仅当存在幂等元 e 使得 $I = Ae$.

下面我们考察左正则表示的不可约子模, 也就是代数的极小左理想. 延续上面的思路, 我们用幂等元来研究左理想. 设 $e \in A$ 是幂等元. 若左理想 $I = Ae$ 可以分解为两个左理想的直和 $I = I_1 \oplus I_2$, 则存在 $e_1 \in I_1$ 和 $e_2 \in I_2$ 使得 $e = e_1 + e_2$. 从而对 $x \in I_1$, 我们有 $x = xe = xe_1 + xe_2$, 所以 $xe_1 \in I_1$, $xe_2 = x - xe_1 \in I_1 \cap I_2$, 故 $xe_2 = 0$ 且 $x = xe_1$. 同理对 $y \in I_2$, $y = ye_2$, $ye_1 = 0$. 这说明 e_1 和 e_2 是正交的幂等元, 且 $I_1 = Ae_1$, $I_2 = Ae_2$.

定义 1.2.2 一个幂等元 e 称为**本原幂等元**, 如果 $e \neq 0$, 且 e 不能分解为两个非零且正交的幂等元之和.

注意, 当基域 F 的特征不等于 2 时, 两个非零幂等元正交的条件可以去掉. 这是因为, 若 $e = e_1 + e_2$, 则 $e = e^2 = e_1 + e_2 + e_1e_2 + e_2e_1$, 即 $e_1e_2 + e_2e_1 = 0$. 此式两边分别左乘和右乘 e_1, 得

$$0 = e_1(e_1e_2 + e_2e_1) = e_1e_2 + e_1e_2e_1$$

$$0 = (e_1e_2 + e_2e_1)e_1 = e_1e_2e_1 + e_2e_1.$$

于是 $e_1e_2 = e_2e_1$. 若 F 的特征不为 2, 则由 $e_1e_2 + e_2e_1 = 0$ 以及 $e_1e_2 = e_2e_1$, 可得 $e_1e_2 = e_2e_1 = 0$.

定理 1.2.1 设 $e \in A$ 是幂等元, 则下列条件等价:

(1) Ae 是极小左理想;

(2) e 是本原幂等元;

(3) eAe 是 F 上的有限维除环. 特别地, 若 F 是代数闭域, 则 $eAe \cong F$.

证明 由于 A 的左正则模是完全可约的, 所以 Ae 是极小左理想等价于 Ae 不可分解为非零左理想的直和. 所以 (1) 和 (2) 是等价的. 以下我们证明 (2) 和 (3) 等价. 若 e 不是本原幂等元, 则有分解 $e = e_1 + e_2$, 其中 e_1, e_2 是非零的幂等元且 $e_1e_2 = e_2e_1 = 0$. 于是 $ee_1 = e_1e = e_1$, 且 $ee_2 = e_2e = e_2$. 注意到 eAe 是以 e 为幺元的代数, 而 $e_1 = ee_1e \in eAe$, $e_2 = ee_2e \in eAe$, 故 e_1 和 e_2 是 eAe 中的零因子. 因此 eAe 不是除环. 反之, 若 e 是本原幂等元, 则 Ae 是极小左理想. 对任意 $x \in eAe$, 有 $x = exe$. 于是对 $x \neq 0$, $Ax = Aexe$ 是包含在 Ae 中的非零左理想, 从而 $Ax = Ae$. 于是存在 $y \in A$ 使

得 $yx = e$. 由 $(eye)x = (eye)(exe) = eyexe = eyx = e^2 = e$, 可知 eye 是 x 在 eAe 中的逆元, 所以 eAe 是除环. 特别地, 如果 F 是代数闭域, 则它不存在非平凡的代数扩张, 而任何有限维扩张都是代数扩张, 因此 $eAe = F$. □

定理 1.2.2 设 $I = Ae$ 和 $I' = Ae'$ 是 A 的两个极小左理想, 则下列条件等价:

(1) 作为左 A-模, $I \cong I'$;

(2) 存在 $a' \in I'$ 使得 $I' = Ia'$;

(3) $I' = II'$;

(4) $eAe' \neq \{0\}$;

如果 F 是代数闭域, 则上述条件还等价于

(5) $\dim(eAe') = 1$.

证明 (1) $\Rightarrow$ (2) 设 $\varphi : I \to I'$ 为 A-模同构, 则对 $x \in I$, $\varphi(x) = \varphi(xe) = x\varphi(e)$. 令 $a' = \varphi(e)$, 则 $\varphi(I) \subseteq Ia' \subseteq I'$. 由 φ 是同构可知 $I' = Ia'$.

(2) $\Rightarrow$ (3) 由 (2) 得 $I' \subseteq II' \subseteq I'$, 故 $I' = II'$.

(3) $\Rightarrow$ (4) 由 (3) 得 $I' = II' = AeAe'$, 故 $eAe' \neq \{0\}$.

(4) $\Rightarrow$ (1) 设 $a' \in eAe'$ 是非零元, 则由 I' 是极小左理想知 $Aa' = I'$. 考虑映射 $\varphi_{a'} : I \to I'$, $\varphi_{a'}(x) = xa'$, $x \in I$, 则 $\varphi_{a'}$ 为 A-模同态. 注意到任何 $x' \in I'$ 都可以写成 $x' = ya' = yea'e' = ye(ea'e') = yea'$, 即 $\varphi_{a'}(ye) = x'$, 所以 $\varphi_{a'}$ 是满射. 再由 I 是极小左理想可知, $\varphi_{a'}$ 是同构.

最后, 设 F 是代数闭域, 我们证明 (4) $\Leftrightarrow$ (5). 若 $eAe' \neq \{0\}$, 则对任意非零 $a', a'' \in I'$, $\varphi_{a'}$ 和 $\varphi_{a''}$ 都是 I 到 I' 的同构, 由 Schur 引理可知, 存在 $c \in F$ 使得 $\varphi_{a'} = c\varphi_{a''}$, 于是 $\varphi_{a'-ca''} = 0$. 因此 $a' = ca''$, 从而 $\dim(eAe') = 1$. 反之是显然的. □

推论 1.2.1 设 $I = Ae$ 和 $I' = Ae'$ 是 A 的两个极小左理想, 则下列条件等价:

(1) $I \not\cong I'$;

(2) $II' = \{0\}$;

(3) $eAe' = \{0\}$.

例 1.2.1 考虑 $G = C_3 = \langle g | g^3 = e \rangle$. 通过计算可验证, 群代数 $A = \mathbb{C}[G]$ 有如下本原幂等元:

$$e_1 = \frac{1}{3}(e + g + g^2), \quad e_2 = \frac{1}{3}(e + \omega^2 g + \omega g^2), \quad e_3 = \frac{1}{3}(e + \omega g + \omega^2 g^2),$$

其中 $\omega = e^{\frac{2\pi i}{3}}$ 是 3 次单位根. 例如, 由 $e_2 A e_2 = \text{Span}\{e_2\}$ 是 1 维线性空间可知 e_2 是本原幂等元. 而且 e_1, e_2, e_3 是两两正交的幂等元. 所以 A 的极小左理想分解为

$$A = Ae_1 \oplus Ae_2 \oplus Ae_3.$$

例 1.2.2　考虑正三角形的对称群 $G = D_3 = \langle a, b | a^2 = b^3 = e, aba^{-1} = b^{-1}\rangle$. 以下均为群代数 $A = \mathbb{C}[G]$ 的幂等元:

$$e_1 = \frac{1}{6}\sum_{g \in G} g, \quad e_2 = \frac{1}{6}\sum_{g \in G} \mathrm{sgn}(g)g = \frac{1}{6}(e + b + b^2 - a - ab - ab^2),$$

$$e_3 = \frac{1}{3}(e + \omega^2 b + \omega b^2), \quad e_4 = \frac{1}{3}(e + \omega b + \omega^2 b^2),$$

它们满足 $ae_1 = be_1 = e_1$, $ae_2 = -e_2$, $be_2 = e_2$, $ae_3 = e_4 a$, $ae_4 = e_3$, $be_3 = \omega e_3$ 和 $be_4 = \omega^2 e_4$. 于是 $V_1 = Ae_1$ 和 $V_2 = Ae_2$ 是 1 维 $\mathbb{C}[G]$-模. $V_3 = Ae_3 = \mathrm{Span}\{e_3, ae_3\}$ 和 $V_4 = Ae_4 = \mathrm{Span}\{e_4, ae_4\}$ 是 2 维 $\mathbb{C}[G]$-模. 通过左乘作用, a 和 b 在 V_3 上作用的矩阵分别为

$$\rho_3(a) = \begin{pmatrix} 0 & 1 \\ 1 & 0 \end{pmatrix}, \quad \rho_3(b) = \begin{pmatrix} \omega & 0 \\ 0 & \omega^2 \end{pmatrix}.$$

于是 $e_3 Ae_3 = \mathrm{Span}\{e_3\}$ 是 1 维线性空间, 从而 e_3 是本原幂等元, V_3 是极小左理想. 同样的计算可知 e_4 也是本原幂等元, $V_4 = Ae_4$ 也是极小左理想. 并且 e_1, e_2, e_3, e_4 是两两正交的幂等元. 于是 A 可以分解为极小左理想的直和

$$A = Ae_1 \oplus Ae_2 \oplus Ae_3 \oplus Ae_4.$$

其中 $Ae_3 \cong Ae_4$, 这是因为 $e_3 Ae_4 = \mathrm{Span}\{ae_4\}$ 是 1 维的.

例 1.2.3　在例 1.2.2 中, 我们计算了群代数 $A = \mathbb{C}[D_3]$ 的极小左理想分解. 现在我们继续讨论将 A 分解为代数的直和. 注意到 $e_1 + e_2 + e_3 + e_4 = e$, $\dim(e_1 Ae_i) = \dim(e_i Ae_1) = \delta_{1i}$ 以及 $\dim(e_2 Ae_j) = \dim(e_j Ae_2) = \delta_{2j}$. 我们得到 A 的代数分解.

$$A = (e_1 + e_2 + e_3 + e_4)A(e_1 + e_2 + e_3 + e_4) = e_1 Ae_1 \oplus e_2 Ae_2 \oplus (e_3 + e_4)A(e_3 + e_4).$$

这里 $e_1 Ae_1$ 和 $e_2 Ae_2$ 是 1 维代数, 单位元分别为 e_1 和 e_2. 它们可以看作是矩阵代数 $\mathbb{C}^{1 \times 1} = \mathbb{C}$.

对于 $B = (e_3 + e_4)A(e_3 + e_4)$, 它是 4 维的代数, 单位元是 $e_3 + e_4$. 下面我们说明它同构于矩阵代数 $\mathbb{C}^{2 \times 2}$. 首先, 由 $e_3 Ae_3 = \mathrm{Span}\{e_3\}$, $e_3 Ae_4 = \mathrm{Span}\{ae_4\}$, $e_4 Ae_3 = \mathrm{Span}\{ae_3\}$ 和 $e_4 Ae_4 = \mathrm{Span}\{e_4\}$, 可知

$$B = e_3 Ae_3 \oplus e_3 Ae_4 \oplus e_4 Ae_3 \oplus e_4 Ae_4 = \mathrm{Span}\{e_3, ae_4, ae_3, e_4\}.$$

故对任意 $x \in B$, 设 $x = x_{33}e_3 + x_{34}ae_4 + x_{43}ae_3 + x_{44}e_4$, 其中系数 $x_{33}, x_{34}, x_{43}, x_{44} \in \mathbb{C}$. 令 $\varphi : B \to \mathbb{C}^{2 \times 2}$ 为 $\varphi(x) = \begin{pmatrix} x_{33} & x_{34} \\ x_{43} & x_{44} \end{pmatrix}$. 设 $y = y_{33}e_3 + y_{34}ae_4 + y_{43}ae_3 + y_{44}e_4 \in B$, 则

$$xy = (x_{33}e_3 + x_{34}ae_4 + x_{43}ae_3 + x_{44}e_4)(y_{33}e_3 + y_{34}ae_4 + y_{43}ae_3 + y_{44}e_4)$$

$$=(x_{33}y_{33}+x_{34}y_{43})e_3+(x_{33}y_{34}+x_{34}y_{44})ae_4+(x_{43}y_{33}+x_{44}y_{43})ae_3+$$

$$(x_{43}y_{34}+x_{44}y_{44})e_4.$$

于是

$$\varphi(xy)=\begin{pmatrix}x_{33}y_{33}+x_{34}y_{43}&x_{33}y_{34}+x_{34}y_{44}\\x_{43}y_{33}+x_{44}y_{43}&x_{43}y_{34}+x_{44}y_{44}\end{pmatrix}=\begin{pmatrix}x_{33}&x_{34}\\x_{43}&x_{44}\end{pmatrix}\begin{pmatrix}y_{33}&y_{34}\\y_{43}&y_{44}\end{pmatrix}=\varphi(x)\varphi(y).$$

因此我们得到代数同构 $B\cong\mathbb{C}^{2\times2}$. 于是 $\mathbb{C}[D_3]$ 同构于 3 个矩阵代数的直和

$$\mathbb{C}[D_3]\cong\mathbb{C}^{1\times1}\oplus\mathbb{C}^{1\times1}\oplus\mathbb{C}^{2\times2}.$$

下面我们将证明一般的有限维半单代数也同构于若干个矩阵代数的直和. 设 A 是有限维半单代数. 作为左 A-模, A 可以分解为极小左理想的直和:

$$A=I_{11}\oplus\cdots\oplus I_{1i_1}\oplus I_{21}\oplus\cdots\oplus I_{2i_2}\oplus\cdots\oplus I_{r1}\oplus\cdots\oplus I_{ri_r},$$

其中 $I_{k1},\cdots,I_{ki_k}$ 是彼此同构的极小左理想 $(k=1,\cdots,r)$. 令 $A_k=I_{k1}\oplus\cdots\oplus I_{ki_k}$, 于是 $A=A_1\oplus\cdots\oplus A_r$, 且对于 $j\neq k$, $A_jA_k=\{0\}$.

引理 1.2.1 A_k 是 A 的单理想.

证明   首先, A_k 是左理想的和, 从而也是左理想. 其次, 由于 $A_kA=A_k(A_1\oplus\cdots\oplus A_r)=A_kA_k\subseteq A_k$, 所以 A_k 是右理想, 从而 A_k 是双边理想. 设 B 是 A_k 中非零的极小双边理想, 则 $B=J_1\oplus\cdots\oplus J_m$, 其中 $J_1,\cdots,J_m$ 是彼此同构的极小左理想, 并且存在 $k\in\{1,\cdots,r\}$ 使得 $J_1\cong I_{kj}$. 由于对任意 $j=1,\cdots,i_k$, 我们有 $I_{kj}=J_1I_{kj}\subseteq B$, 所以 $A_k\subseteq B$, 故 $B=A_k$. 因此 A_k 是 A 的单理想. $\square$

上面的引理表明, 作为一个代数, A_k 是单代数. 因此有限维半单代数是单代数的直和. 下面我们证明, 一般的单代数也和 A_k 类似, 是一些同构的极小左理想的直和.

命题 1.2.2   设 A 是单代数, 则存在 A 的极小左理想 $I_1,\cdots,I_n$ 使得 I_k 彼此同构且 ${}_AA=I_1\oplus\cdots\oplus I_n$.

证明   设 I 是 A 的维数最小的非零左理想, 则 I 是极小左理想. 对 $a\in A$, Ia 也是 A 的左理想. 并且 $\varphi_a:x\mapsto xa$ 是从 I 到 Ia 的满同态, 故 $Ia\cong I$ 或 $Ia=\{0\}$. 故对于 $a,b\in A$, $Ia\cap Ib=Ia$ 或 $\{0\}$. 在有限维代数 A 中, 考虑维数最大的形如 $Ia_1\oplus\cdots\oplus Ia_m$ 的左理想 B, 则对任意 $b\in A$, 若 Ia_kb 非零, 则 $Ia_kb\subseteq B$, 否则 $B+Ia_kb$ 为直和, 从而它的维数大于 B 的维数, 与 B 的维数极大矛盾. 于是 B 是 A 的双边理想, 因此 $B=A$. $\square$

这命题说明, 单代数 A 是彼此同构的极小左理想的直和, 即左正则模是完全可约的. 从而 A 是半单的. 下面我们进一步证明, 单代数 A 同构于某个矩阵代数. 为此先计算单代数到自身的模同态空间.

命题 1.2.3　设 I 是不可约 A-模, 则 $D = \mathrm{End}_A(I)$ 是域 F 上的除环, 并且作为 F-代数,

$$\mathrm{End}_A(nI) \cong M^{n\times n}(D),$$

其中 nI 是 n 个 I 的直和, $M^{n\times n}(D)$ 是除环 D 上的 $n \times n$ 矩阵代数.

证明　由 Schur 引理可知, $D = \mathrm{End}_A(I)$ 是域 F 上的除环. 设 $\theta_{ij} \in D(i,j = 1,\cdots,n)$. 对 $(x_1,\cdots,x_n)^{\mathrm{T}} \in nI$, 令

$$\theta\left(\begin{pmatrix} x_1 \\ \vdots \\ x_n \end{pmatrix}\right) = \begin{pmatrix} \sum_{j=1}^n \theta_{1j}(x_j) \\ \vdots \\ \sum_{j=1}^n \theta_{nj}(x_j) \end{pmatrix} = \begin{pmatrix} \theta_{11} & \cdots & \theta_{1n} \\ \vdots & & \vdots \\ \theta_{n1} & \cdots & \theta_{nn} \end{pmatrix} \begin{pmatrix} x_1 \\ \vdots \\ x_n \end{pmatrix}.$$

由 $\theta_{ij} \in \mathrm{End}_A(I)$, 可知 $\theta \in \mathrm{End}_A(nI)$. 另一方面, 对 $\theta \in \mathrm{End}_A(nI)$, 令 $\theta_{ij}(x_j) = \pi_i \circ \theta \circ \iota_j(x_j)$, 其中 $\iota_j(x_j) = (0,\cdots,x_j,\cdots,0) \in nI$ 是从 I 到 nI 的第 j 个分量的自然嵌入, π_i 是 nI 到第 i 个分量的自然投影. 则对 $i,j = 1,\cdots,n$, 我们有 $\theta_{ij} \in \mathrm{End}_A(I)$. 也就是说, 任意 $\theta \in \mathrm{End}_A(nI)$ 都可以写成以上的矩阵形式. 所以 $\varphi: \theta \mapsto [\theta_{ij}]_{n\times n}$ 给出线性同构 $\mathrm{End}_A(nI) \cong M^{n\times n}(D)$. 可以直接验证, φ 保持映射的复合, 从而 φ 是代数同构.　□

例 1.2.4　让我们从线性代数的角度来理解上述命题. 设 (ρ, V) 是群代数 $F[G]$ 的不可约表示, 也就是 $\rho: F[G] \to \mathrm{End}(V)$ 是代数同态, 使得 V 成为不可约 $F[G]$-模. 则在直和空间 $V \oplus V$ 上, $F[G]$ 的作用表示为分块对角矩阵: 对 $g \in G$,

$$(\rho \oplus \rho)(g) = \begin{pmatrix} \rho(g) & 0 \\ 0 & \rho(g) \end{pmatrix}.$$

设分块矩阵 $\begin{pmatrix} X_{11} & X_{12} \\ X_{21} & X_{22} \end{pmatrix}$ 表示 $V \oplus V$ 到自身的 $F[G]$-模同态, 其中 $X_{ij} \in \mathrm{End}(V)$ 是 V 上的线性变换. 则由

$$\begin{pmatrix} \rho(g) & 0 \\ 0 & \rho(g) \end{pmatrix}\begin{pmatrix} X_{11} & X_{12} \\ X_{21} & X_{22} \end{pmatrix} = \begin{pmatrix} X_{11} & X_{12} \\ X_{21} & X_{22} \end{pmatrix}\begin{pmatrix} \rho(g) & 0 \\ 0 & \rho(g) \end{pmatrix}$$

可得 $\rho(g)X_{ij} = X_{ij}\rho(g)$, 对 $i,j = 1,2$ 都成立, 即 $X_{ij} \in \mathrm{End}_{F[G]}(V)$ 是 V 上的 $F[G]$-模同态. 故模同态空间 $\mathrm{End}_{F[G]}(V \oplus V)$ 同构于除环 $\mathrm{End}_{F[G]}(V)$ 上的矩阵空间 $M^{2\times 2}(\mathrm{End}_{F[G]}(V))$.

引理 1.2.2　设 A 是结合代数, A^{op} 是把 A 的元素逆向相乘来定义乘法的代数, 即 $x \underset{\mathrm{op}}{\circ} y = yx$. 则 $\mathrm{End}_A(_A A) \cong A^{\mathrm{op}}$.

证明   设 $\varphi \in \mathrm{End}_A({}_A A)$, 则 $\varphi(x) = x\varphi(e)$, 其中 e 是 A 的单位元. 容易验证, $\theta: \varphi \mapsto \varphi(e)$ 是 $\mathrm{End}_A({}_A A)$ 和 A 的线性空间同构. 对于 $\varphi_1, \varphi_2 \in \mathrm{End}_A({}_A A)$, 我们有 $(\varphi_1 \circ \varphi_2)(x) = \varphi_1(x\varphi_2(e)) = x\varphi_2(e)\varphi_1(e)$, 故 θ 把乘法的顺序颠倒了. 所以作为代数, $\mathrm{End}_A({}_A A) \cong A^{\mathrm{op}}$. $\qquad\square$

命题 1.2.4   设 A 是单代数, 且 $A \cong nI$, 其中 I 是不可约 A-模, 则

$$A \cong M^{n \times n}((\mathrm{End}_A(I))^{\mathrm{op}}).$$

证明   由引理 1.2.2 和命题 1.2.3 可知,

$$A \cong (\mathrm{End}_A({}_A A))^{\mathrm{op}} \cong (\mathrm{End}_A(nI))^{\mathrm{op}} \cong (M^{n \times n}(\mathrm{End}_A(I)))^{\mathrm{op}} \cong M^{n \times n}((\mathrm{End}_A(I))^{\mathrm{op}}),$$

其中, 最后一个同构由矩阵转置 $X \mapsto X^{\mathrm{T}}$ 给出. $\qquad\square$

命题 1.2.5   设 D 是域 F 上的除环, 则矩阵代数 $M^{n \times n}(D)$ 是单代数.

证明   设 B 是 $M^{n \times n}(D)$ 的非零双边理想, E_{ij} 是第 i 行第 j 列的位置等于 1, 其余位置等于 0 的矩阵. 若在非零矩阵 $X \in B$ 中 $x_{kl} \neq 0$, 则 $E_{ij} = \dfrac{1}{x_{kl}} E_{ik} X E_{lj}$. 于是所有 E_{ij} 都在 B 中, 从而 $B = M^{n \times n}(D)$. $\qquad\square$

综合以上命题, 我们得到单代数的一些等价刻画.

定理 1.2.3   设 A 是有限维代数, 则下列条件等价:

(1) A 是单代数;

(2) A 是彼此同构的极小左理想的直和;

(3) A 同构于某个除环 D 上的矩阵代数 $M^{n \times n}(D)$.

设 A 是半单结合代数, 则由前面的讨论得知 A 分解为一些不同构的单代数 A_k 的直和, 并且这些单代数 A_k 是彼此同构的极小左理想的直和. 于是我们有以下关于半单结合代数的结构定理. 由这个定理可以看出, 代数 A 是半单的当且仅当 A 是一些矩阵代数的直和.

定理 1.2.4 (Wedderburn (韦德伯恩))   设 A 是半单结合代数, $I_1, \cdots, I_r$ 是 A 的所有不同构不可约模, 且 ${}_A A \cong n_1 I_1 \oplus \cdots \oplus n_r I_r$. 则

$$A \cong M^{n_1 \times n_1}(D_1) \oplus \cdots \oplus M^{n_r \times n_r}(D_r).$$

其中 $D_k = (\mathrm{End}_A(I_k))^{\mathrm{op}}$.

证明   由引理 1.2.2 和 I_k 彼此不同构可知,

$$A \cong (\mathrm{End}_A({}_A A))^{\mathrm{op}} \cong (\mathrm{End}_A(n_1 I_1))^{\mathrm{op}} \oplus \cdots \oplus (\mathrm{End}_A(n_r I_r))^{\mathrm{op}}.$$

对 $k = 1, 2, \cdots, r$, $(\mathrm{End}_A(n_k I_k))^{\mathrm{op}} \cong M^{n_k \times n_k}((\mathrm{End}_A(I_k))^{\mathrm{op}})$. $\qquad\square$

推论 1.2.2 在定理 1.2.4 的条件下, 我们有 $\dim_F I_k = n_k \dim_F \operatorname{End}_A(I_r)$, 且

$$\dim_F A = n_1^2 \dim_F \operatorname{End}_A(I_1) + \cdots + n_r^2 \dim_F \operatorname{End}_A(I_r).$$

证明 由 $I_k \cong \operatorname{Hom}_A(_A A, I_k) \cong \operatorname{Hom}_A(n_k I_k, I_k) \cong n_k \operatorname{End}_A(I_k)$, 可知

$$\dim_F I_k = n_k \dim_F \operatorname{End}_A(I_r).$$

再由 $\dim_F M^{n_k \times n_k}((\operatorname{End}_A(I_k))^{\mathrm{op}}) = n_k^2 \dim_F \operatorname{End}_A(I_k)$ 和定理 1.2.4 中的分解, 我们得到 $\dim_F A$ 的分解. $\qquad\square$

1.3 群代数的中心

设 A 是半单代数, 我们知道 A 可以分解为若干单理想 $A_1, \cdots, A_s$ 的直和. 这些单理想的个数正是不同构的 A-不可约模的数目. 特别地

$$1_A = e_1 + \cdots + e_s,$$

其中 $e_k \in A_k$, $k = 1, \cdots, s$. 与 1.2 节中关于左理想的讨论类似, 可以证明这些 e_k 都是幂等元. 进而对任意 $a \in A$, $ae_1 + \cdots + ae_s = a = e_1 a + \cdots + e_s a$. 根据这个分解是 (双边) 理想的直和分解, 可知对 $k = 1, \cdots, s$, 都有 $ae_k = e_k a$, 即 e_k 是在 A 的中心 $Z(A)$ 里. 我们将 A 的中心中的幂等元称为**中心幂等元**.

容易看到, 中心幂等元 e_k 生成了理想 A_k, 即 $A_k = Ae_k = e_k A$, 并且 e_k 是 A_k 作为代数的单位元. 即对 $x \in A_k$, $xe_k = e_k x = x$. 从矩阵代数的观点来看, 每个单理想 Ae_k 均同构于某个矩阵代数 $M^{n \times n}(D_k)$, 故 A_k 的单位元 e_k 对应于这个矩阵代数中的单位矩阵. 由 $e_k e_j = \delta_{kj} e_k$, 可知 $e_1, \cdots, e_s$ 是线性无关的.

对于群代数 $A = F[G]$, 它的中心 $Z(F[G])$ 还有一组线性无关的向量, 而且它们组成了中心的一组基, 它是由群 G 的共轭类给出的. 设 $C_1, \cdots, C_r$ 是 G 的共轭类, 令 $c_k = \displaystyle\sum_{g \in C_k} g$. 由于共轭类不相交, 所以 $\{c_1, \cdots, c_r\}$ 是线性无关的. 若 $h \in G$, 则

$$hc_k = \sum_{g \in C_k} hg = \left(\sum_{g \in C_k} hgh^{-1} \right) h = c_k h.$$

可见 $c_k \in Z(A)$. 若 $a = \displaystyle\sum_g a_g g \in Z(A)$, $a_g \in F$, 则由 $h^{-1} a h = a$ 可知, a 的分量系数满足 $a_{h^{-1}gh} = a_g$. 也就是说, 若 g 与 g' 共轭, 则它们对应的系数相等: $a_g = a_{g'}$. 从而 a 可以写成 $c_1, \cdots, c_r$ 的线性组合. 因此 $\{c_1, \cdots, c_r\}$ 是中心 $Z(A)$ 的一组基.

通过比较 $Z(F[G])$ 中这两组线性无关向量的个数, 我们得到群代数不可约模数目的上界.

命题 1.3.1   设群代数 $F[G]$ 是半单的, 则 $F[G]$ 的不同构不可约模的数目不超过 G 的共轭类的个数.

特别地, 在复数域 $\mathbb{C}$ 上, $D_k = (\mathrm{End}_A(I_k))^{\mathrm{op}} \cong \mathbb{C}$, 从而矩阵代数 $M^{n \times n}(D_k)$ 的中心为数量矩阵. 此时单代数 Ae_k 的中心是由 e_k 生成的 1 维线性空间. 所以群代数 $\mathbb{C}[G]$ 的中心还有一组基 $\{e_1, \cdots, e_r\}$. 于是我们得到, $\mathbb{C}[G]$ 的不同构不可约模的个数等于 G 的共轭类的个数.

1.4   中心化子

在本节中我们讨论半单代数的中心化子. 设 A 是 F 上的代数, M 是有限维 A-模. 我们有代数同态 $\rho : A \to \mathrm{End}_F(M)$. 将

$$A'_M = \mathrm{End}_A(M) = \{f \in \mathrm{End}_F(M) \mid f \circ \rho(a) = \rho(a) \circ f, \ \forall a \in A\}$$

称为 A 在 $\mathrm{End}_F(M)$ 中的**中心化子**, 简称中心化子, 在不引起混淆的情况下简记为 A'. 容易看到, A' 也是一个结合代数, 而且 M 成为 A'-模. 也就是对 $f \in A'$ 和 $v \in M$, $f \cdot v = f(v)$ 给出了 M 上的 A'-模结构. 由于 A' 是 $\mathrm{End}_F(M)$ 的子代数, 故可以考虑它的中心化子. 将

$$A''_M := \mathrm{End}_{A'}(M) = \{f \in \mathrm{End}_F(M) \mid f \circ f' = f' \circ f, \ \forall f' \in A'\}$$

称为 A 的**双中心化子**, 简记为 A''. 对 $a \in A$ 和 $f \in A'$, $f(av) = af(v)$, 可知 $f \circ \rho(a) = \rho(a) \circ f$. 也就是 $\rho(a) \in \mathrm{End}_{A'}(M)$. 从而我们有代数同态 $\rho : A \to A''$. 因为 A 的单位元在 ρ 下对应 id_M, 所以 ℓ 是非零同态. 一个自然的问题是这个同态是不是满的.

定理 1.4.1 (Jacobson (雅各森))   设 M 是有限维完全可约 A-模. 则对 $f \in \mathrm{End}_{A'}(M)$ 及 $v_1, \cdots, v_n \in M$, 存在 $a \in A$ 使得对任何 $1 \leqslant i \leqslant n$, $f(v_i) = av_i$.

证明   我们先考虑 $n = 1$ 的情形. 此时对任意 $f \in \mathrm{End}_{A'}(M)$ 和 $v \in M$, Av 是 M 的子模, 由 M 的完全可约性可知, 存在子模 W 使得 $M = Av \oplus W$. 令 $\pi : M \to Av$ 是自然投影, 则作为 A-模同态, π 与 f 可交换, 从而 $f(v) = f(\pi(v)) = \pi(f(v))$. 这表明 $f(v) \in \pi(M) = Av$, 从而存在 $a \in A$ 使得 $f(v) = av$.

若 $n \geqslant 2$, 令 $C_n = \mathrm{End}_{A'}(nM)$, 则与命题 1.2.3 类似可证, $C_n \cong M^{n \times n}(A'')$. 设 $f \in \mathrm{End}_{A'}(M)$, 考虑映射 $f_n : nM \to nM$, $f_n(v_1, \cdots, v_n) = (f(v_1), \cdots, f(v_n))$. 可直接验证 f_n 对应于 $M^{n \times n}(A'')$ 中的数量矩阵. 从而与 C_n 中的元素交换, 故 $f_n \in \mathrm{End}_{C_n}(nM)$.

由 $n = 1$ 时的结论, 存在 $a \in A$ 使得 $f_n(v_1, \cdots, v_n) = a(v_1, \cdots, v_n)$. 因此对任何 $i = 1, \cdots, n$, $f(v_i) = av_i$. $\qquad \square$

在此定理中, 若 $v_1, \cdots, v_n$ 是 M 的一组基, 则 A'' 的元素都是 av 的形式, 也就是说同态 $\rho : A \to A''$ 是满的. 特别地, 当 A 是半单代数且 ρ 是单射时, 可以将 A 看作 $\mathrm{End}_F(M)$ 的子代数, 且 $A \cong A''$.

设 M 是有限维 A-模, I 是 A 的极小左理想, 则 $D = \mathrm{End}_A(I)$ 是除环. 此时 A' 也是半单的.

命题 1.4.1 设 A 为半单代数, M 是有限维 A-模, 则 A' 是半单代数.

证明 设 $I_1, \cdots, I_r$ 是 A 的所有彼此不同构的极小左理想, 维数分别为 $d_1, \cdots, d_r$. 则 $M \cong m_1 I_1 \oplus \cdots \oplus m_r I_r$, $m_1, \cdots, m_r \in \mathbb{N}$.

$$\begin{aligned} \mathrm{End}_A(M) &\cong \mathrm{End}_A(m_1 I_1) \oplus \cdots \oplus \mathrm{End}_A(m_r I_r) \\ &\cong M^{d_1 \times d_1}(\mathrm{End}_A(I_1)) \oplus \cdots \oplus M^{d_r \times d_r}(\mathrm{End}_A(I_r)) \\ &\cong M^{d_1 \times d_1}(D_1) \oplus \cdots \oplus M^{d_r \times d_r}(D_r). \end{aligned}$$

可见 $\mathrm{End}_A(M)$ 是除环上的矩阵代数的直和, 从而是半单代数. $\qquad \square$

注意到 M 上也有中心化子 A' 的作用, 下面我们来分析 M 如何分解为不可约 A'-模的直和. 首先, I 是左 D-模, 而模同态空间 $\mathrm{Hom}_A(I, M)$ 是右 D-模. 事实上, 对 $f \in \mathrm{Hom}_A(I, M)$ 和 $d \in D$, 我们有 D 在 $\mathrm{Hom}_A(I, M)$ 上的右作用: $fd := f \circ d$. 于是我们可以通过做模的张量积, 得到左 A-模 $\mathrm{Hom}_A(I, M) \otimes_D I$.

命题 1.4.2 设 A 是半单代数, M 是有限维 A-模, $I_1, \cdots, I_r$ 是 A 的所有彼此不同构的极小左理想, $D_k = \mathrm{End}_A(I_k)$, 则

$$M \cong \mathrm{Hom}_A(I_1, M) \otimes_{D_1} I_1 \oplus \cdots \oplus \mathrm{Hom}_A(I_r, M) \otimes_{D_r} I_r.$$

证明 令 $\Phi : \mathrm{Hom}_A(I_1, M) \otimes_{D_1} I_1 \oplus \cdots \oplus \mathrm{Hom}_A(I_r, M) \otimes_{D_r} I_r \to M$ 为

$$\Phi((f_1 \otimes x_1, \cdots, f_r \otimes x_r)) = f_1(x_1) + \cdots + f_r(x_r).$$

由于 M 同构于 $I_1, \cdots, I_r$ 的直和, 所以 Φ 是满同态. 设 $M \cong n_1 I_1 \oplus \cdots \oplus n_r I_r$. 由于 I_k 是不可约 A-模, 故 $\mathrm{Hom}_A(I_k, M) \cong n_k \mathrm{Hom}_A(I_k, I_k)$ 作为右 D_k-模的维数是 n_k. 所以作为 F-线性空间,

$$\dim_F(\mathrm{Hom}_A(I_k, M) \otimes_{D_k} I_k) = n_k \dim_F(I_k).$$

比较维数可知 Φ 是同构. $\qquad \square$

此命题中的 $\mathrm{Hom}_A(I, M)$ 是 A'-模. 设 $f \in \mathrm{Hom}_A(I, M)$, $u \in A' = \mathrm{End}_A(M)$, 则 A' 的作用为 $u(f) = u \circ f$. 下面我们证明 $\mathrm{Hom}_A(I, M)$ 是 A' 的不可约模, 并且与 A 的极小左理想 I 一一对应.

命题 1.4.3　设 I_k 是 A 的极小左理想, 则 $\mathrm{Hom}_A(I_k, M)$ 是不可约 A'-模. 若 I_j 是 A 的极小左理想, 且 $\mathrm{Hom}_A(I_j, M)$ 和 $\mathrm{Hom}_A(I_k, M)$ 是同构的 A'-模, 则 $I_k \cong I_j$.

证明　设 $f_1, f_2 \in \mathrm{Hom}_A(I_k, M)$ 为非零 A'-模同态, 下面说明存在 $u \in A'$ 使得 $f_2 = u \circ f_1$. 设 P_1 为 $f_1(I_k)$ 的补模, 即 $M = f_1(I_k) \oplus P_1$. 由 I_k 是不可约 A-模, 可知 $f_1(I_k)$ 与 $f_2(I_k)$ 同构. 对 $x \in f_1(I_k)$ 和 $y \in P_1$, 令 $u(x+y) = f_2 \circ f_1^{-1}(x)$, 则 $u \in \mathrm{End}_A(M)$, 且 $f_2 = u \circ f_1$. 因此 $\mathrm{Hom}_A(I_k, M)$ 是不可约 A'-模.

设 $\varphi: \mathrm{Hom}_A(I_k, M) \to \mathrm{Hom}_A(I_j, M)$ 是 A'-模同构, $f \in \mathrm{Hom}_A(I_k, M)$ 为非零 A-模同态. 于是 $f(I_k)$ 为 M 中与 I_k 同构的 A-子模. 令 $p \in A'$ 为从 M 到 $f(I_k)$ 的投影. 注意到 $\varphi(f)(I_j)$ 是 M 中与 I_j 同构的 A-子模, 且 $\varphi(f) = \varphi(p \circ f) = p \circ \varphi(f)$(因为 φ 是 A'-模同态), 所以 $\varphi(f)(I_j)$ 在 p 的像中, 故 $\varphi(f)(I_j) = f(I_k)$. 因此 $I_k \cong I_j$. □

由命题 1.4.2 和命题 1.4.3 可知,

$$M \cong \mathrm{Hom}_A(I_1, M) \otimes_{D_1} I_1 \oplus \cdots \oplus \mathrm{Hom}_A(I_r, M) \otimes_{D_r} I_r$$

$$\cong \dim_{D_1}(I_1)\mathrm{Hom}_A(I_1, M) \oplus \cdots \oplus \dim_{D_r}(I_r)\mathrm{Hom}_A(I_r, M)$$

是 M 分解为不可约 A'-模的直和分解. 这样的分解体现了 A 和 A' 的对偶性. 它们互为中心化子. 并且它们的不可约表示之间有一一对应关系. 在 4.6 节中, 我们将运用中心化子的性质来讨论对称群与一般线性群之间的 Schur-Weyl 对偶.

习题

1. 证明命题 1.1.1.

2. 证明: 半单模的子模和商模都是半单的.

3. 设 A 是结合代数, e 是 A 中的幂等元, M 是 A-模, $\mathrm{Hom}_A(Ae, M)$ 是从 Ae 到 M 的模同态组成的线性空间. 证明: $\mathrm{Hom}_A(Ae, M)$ 作为线性空间同构于 eM.

4. 设 A 是 $\mathbb{C}$ 上的半单结合代数, I 是 A 的极小左理想. 证明: $\mathrm{Hom}_A(I, A)$ 同构于 I 的对偶空间 I^*.

5. 将矩阵代数 $M^{n \times n}(F)$ 分解为极小左理想的直和.

6. 证明不可约分解的唯一性: 设 V 是代数 A 的模, 且 $V \cong n_1 V_1 \oplus \cdots \oplus n_r V_r$ 和 $V \cong m_1 V_1 \oplus \cdots \oplus m_s V_s$ 是 V 的两个不可约分解, 即 $V_1, \cdots, V_r$ 是彼此不同构的不可约 A-模, $W_1, \cdots, W_s$ 是彼此不同构的不可约 A-模, 则 $T = s$, 且存在置换 σ, 使得 $W_i = V_{\sigma(i)}$, $1 \leqslant i \leqslant s$.

7. 设 M 是代数 A 的模, $nM = \left\{ (x_1, \cdots, x_n)^{\mathrm{T}} \mid x_1, \cdots, x_n \in M \right\}$ 为 n 个 M 的

直和. 则 nM 是矩阵代数 $M^{n \times n}(A)$ 的模. 证明: nM 是不可约 $M^{n \times n}(A)$-模当且仅当 M 是不可约 A-模.

8. 设 D 是除环. 证明: 矩阵代数 $M^{n \times n}(D)$ 的中心为 $\{z \cdot I_n \mid z \in Z(D)\}$, 其中 $Z(D)$ 是 D 的中心.

9. 设 $s = c_1 e_1 + \cdots + c_k e_k$ 为代数 A 的元素, 其中 $c_1, \cdots, c_k \in F$, $e_1, \cdots, e_k$ 是 A 的两两正交的幂等元. 则对 $i = 1, \cdots, k$, 存在多项式 $p_i(x) \in F[x]$, 使得 $e_i = p_i(s)$.

10. 设 G 是有限群, 证明: 对任意 $a \in \mathbb{C}[G]$, 方程 $axa = a$ 在 $\mathbb{C}[G]$ 有解.

11. 证明: 由等式

$$xy = f(x,y)e + \sum_{g \neq e} a_g g, \quad x,y \in F[G], a_g \in F$$

定义的函数 $f(x,y)$ 是群代数 $F[G]$ 上的对称双线性函数, 并且 f 的核是 $F[G]$ 的理想.

12. 求 3 个有限群, 使得其群代数 $\mathbb{C}[G]$ 分别是 1, 2, 3 个矩阵代数的直和.

13. 设 G 是有限群, 群代数 $\mathbb{C}[G]$ 没有幂零元, 证明: G 是交换群.

14. 将群代数 $\mathbb{C}[Q_8]$ 分解为极小左理想的直和, 以及单理想的直和.

15. 设 H 是有限群 G 的子群, 证明:

(1) $\dfrac{1}{|H|} \sum_{h \in H} h$ 是群代数 $F[H]$ 的幂等元;

(2) $\dfrac{1}{|H|} \sum_{h \in H} h$ 是 $F[H]$ 的中心幂等元当且仅当 H 是 G 的正规子群.

第二章

群表示的基本概念

本章我们将介绍群表示的基本概念, 包括表示的定义、子表示、不可约表示等. 我们还将给出大量群表示的例子.

我们在《代数学 (一)》中曾经提到, 对称是数学中最为重要的研究对象之一, 而代数学是研究对称的最主要的工具. 群论是描述和研究对称性的重要理论, 特别地, 对称产生群, 而群又可以用来描述对称性. 我们介绍的群在集合上的作用的相关概念和性质, 是利用群研究对称性的主要途径. 群作用就是群到一个集合的全变换群上的一个同态. 而群的表示或线性表示, 就是由群到一个线性空间的一般线性群的一个同态, 因此是特殊的群作用.

也许有人会问, 既然如此, 是不是只从群同态的角度来研究表示就可以了呢? 答案是否定的. 一方面, 如果只从群同态的观点来研究表示, 会有很多与线性空间相关的性质不能直观地表现出来, 例如子表示与不可约性, 还有线性空间本身附带的其他结构, 例如 Euclid (欧几里得) 空间的内积, Banach (巴拿赫) 空间的范数, Hilbert (希尔伯特) 空间的内积, 等等. 进一步, 有些结构对应的特殊的表示, 例如正交表示, 酉表示等, 很难只用同态的工具研究清楚. 另一方面, 从群作用的角度来看, 表示其实是特殊的群作用, 而群作用的观点威力巨大. 例如我们在抽象代数中学过的 Sylow (西罗) 定理, 用群作用的观点给出的证明就非常简洁. 1872 年, F. Klein (克莱因) 提出的 Erlangen (爱尔兰根) 纲领将各种几何视为相应的变换群作用下不变的几何, 对几何学的发展起到了极大的推动作用, 而几何学中群作用的理论不能完全用同态的语言刻画清楚. 最后, 表示的研究有时需要很多代数的工具, 例如群 G 的表示可以看成群代数的模, 这些性质也不能用群的同态完全刻画出来.

从数学思想的角度看, 其实群的表示也可以看作将群线性化的过程. 历史上, 群表示论起源于 Dedekind (戴德金) 关于群行列式的研究. Dedekind 引进群行列式的定义后, 发现了若干有趣的事实, 并且定义了有限交换群的特征的概念. 但 Dedekind 在非交换群的群行列式的研究中遇到了困难, 因此他与 Frobenius (弗罗贝尼乌斯) 进行了交流. Frobenius 解决了 Dedekind 的问题并且在一般情形得到了群的特征的概念. Frobenius 的工作由 Burnside (伯恩赛德) 和 Schur 进行了改善和简化, 并获得了很多漂亮和深入的结果, 标志着群表示论这一理论的建立. 著名女数学家 Noether 使用模这一代数结构将代数结构理论和群表示理论进行融合, 使得表示理论和模论这两个数学分支都得到了极大发展. 现代的表示理论已经非常广泛, 不只是有有限群的表示, 还有李群的表示、结合代数的表示、李代数的表示, 等等, 而且很多时候研究的都是无穷维表示. 本书的最后我们将简单介绍李群李代数的表示理论.

2.1 群表示的定义

本节我们将给出表示的定义. Cayley (凯莱) 定理告诉我们, 任何群都可以描述成一个集合上的变换群. 这个定理的证明, 一般是直接构造群到该群的左平移变换群或右平移变换群的同构. 从这里可以看出, 任何群都可以实现为该群作为一个集合的一个变换群. 但很多时候, 我们希望将群实现为具有更好的数学结构的集合上的具有更好的性质的变换组成的群. 例如, 我们研究几何的时候, 自然会希望将群中的元素实现为保持几何性质不变的变换 (例如, 保持 Euclid 空间的内积, 或度量空间的距离, 或拓扑空间的拓扑结构, 等等). 这提醒我们, 将一个抽象的群实现为性质较好的特殊的变换群更为重要. 作为线性代数的核心研究对象, 线性空间也是整个现代数学的基石, 而线性空间的对称性对应的群是一般线性群, 因此将群实现为一般线性群的子群 (当然这也是线性空间作为一个集合上的变换群) 会特别有意义, 而这就是群的表示或线性表示的定义.

我们先来看一个例子.

例 2.1.1 考虑 Euclid 平面 $\mathbb{R}^2$ 中以 $A(0,1)$、$B\left(\frac{\sqrt{3}}{2}, -\frac{1}{2}\right)$、$C\left(-\frac{\sqrt{3}}{2}, -\frac{1}{2}\right)$ 为顶点的正三角形, 如图 2.1 所示. 这个正三角形的对称群, 即由所有保持该三角形整体不变 (注意不是每一点都不动) 的所有刚体运动作成的群, 记为 D_3.

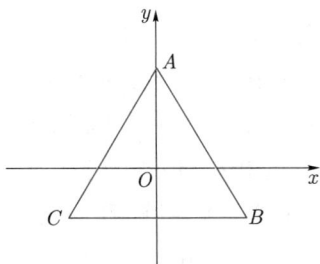

图 2.1

容易看出, D_3 包含 6 个元素 $r_0, r_1, r_2, s_1, s_2, s_3$. 其中 r_0 是恒等变换, r_1、r_2 分别是以坐标原点 O 为中心的逆时针 $120°$ 和 $240°$ 旋转, s_1、s_2、s_3 分别是 OA、OB、OC 为对称轴的镜面反射. 这些刚体运动对应的变换都是平面上的线性变换, 在 $\mathbb{R}^2$ 中的标准正交基下, 可以用矩阵表示出来:

$$\rho(r_0) = \begin{pmatrix} 1 & 0 \\ 0 & 1 \end{pmatrix}, \quad \rho(r_1) = \begin{pmatrix} -\frac{1}{2} & -\frac{\sqrt{3}}{2} \\ \frac{\sqrt{3}}{2} & -\frac{1}{2} \end{pmatrix}, \quad \rho(r_2) = \begin{pmatrix} -\frac{1}{2} & \frac{\sqrt{3}}{2} \\ -\frac{\sqrt{3}}{2} & -\frac{1}{2} \end{pmatrix},$$

$$\rho(s_1) = \begin{pmatrix} -1 & 0 \\ 0 & 1 \end{pmatrix}, \quad \rho(s_2) = \begin{pmatrix} \dfrac{1}{2} & \dfrac{\sqrt{3}}{2} \\ \dfrac{\sqrt{3}}{2} & -\dfrac{1}{2} \end{pmatrix}, \quad \rho(s_3) = \begin{pmatrix} \dfrac{1}{2} & -\dfrac{\sqrt{3}}{2} \\ -\dfrac{\sqrt{3}}{2} & -\dfrac{1}{2} \end{pmatrix}.$$

我们可以直接验证, 对 D_3 中的任意元素 x 和 y, $\rho(xy) = \rho(x)\rho(y)$ 都成立, 也就是说, 这些矩阵给出了群 D_3 到 $\mathbb{R}^2$ 上的一般线性群的一个同态, 这就是 D_3 的一个 2 维表示.

事实上, 群 D_3 与对称群 S_3 是同构的. 这是因为 D_3 与三个顶点 A、B、C 的所有置换的集合之间存在一个双射, 而且在这个双射之下, D_3 的乘法与置换之间的乘法恰好对应. 于是以上矩阵也给出了对称群 S_3 的一个 2 维表示.

例 2.1.1 中, 如果我们从对称群 S_3 出发, 实际上就是将 S_3 实现为 $\mathrm{GL}(\mathbb{R}^2)$ 的一个子群. 当然, 例子中涉及的同态恰好为单同态, 但这个条件太强了, 不能当作一个一般性的条件来对待. 因此我们稍微放松一点, 就得到群的表示的定义.

定义 2.1.1   设 G 是群, V 是域 F 上的线性空间, $\mathrm{GL}(V)$ 是 V 的一般线性群. G 在 V 上的一个**表示**是一个群同态

$$\rho : G \to \mathrm{GL}(V),$$

记为 (ρ, V) 或 ρ. 有时我们为了强调域的重要性, 会把上面的表示说成是 G 的一个 F-表示. 特别地, 当 $F = \mathbb{R}$ 或 $\mathbb{C}$ 时, 我们说该表示是**实表示**或**复表示**. 一般我们把 V 称为表示 ρ 的**表示空间**, 它的维数称为表示 ρ 的**维数**, 记为 $\dim \rho$. 如果 ρ 是单同态, 则称 ρ 为**忠实表示**.

粗略地说, 群的一个忠实表示就是将群实现为一个线性空间的一般线性群的子群. 可以证明, 任何有限群都存在忠实表示. 从定义我们看出, 群的表示把群元素对应到可逆线性变换, 使得这些线性变换之间的乘法 (即复合) 与群元素之间的乘法保持一致. 由于线性变换可以用矩阵来具体表达出来, 下文中记号 $\rho(g)$ 既代表 g 在 ρ 下对应的线性变换, 也代表这一线性变换在一组基下的矩阵. 我们先给出一些常见的表示的例子.

例 2.1.2   设 $\rho : G \to \mathrm{GL}(V)$ 是平凡同态, 即对任意 $g \in G$, $\rho(g) = \mathrm{id}_V$, 则 ρ 是 G 的一个表示, 称为 G 的**平凡表示**.

例 2.1.3   注意非零复数组成的乘法群 $\mathbb{C}^*$ 是线性空间 $\mathbb{C}$ 的一般线性群. 一个群 G 的 1 维复表示 $\rho : G \to \mathbb{C}^*$ 也称为 G 的**特征**. 设 G 的阶是 n, 则对于任意 G 的特征 ρ 和 $g \in G$, 我们有 $\rho(g)^n = \rho(g^n) = \rho(e) = 1$, 因此 $\rho(g)$ 是 n 次单位根.

例 2.1.4   设 $\sigma \in S_n$, σ 的符号定义为 $\mathrm{sgn}(\sigma) = 1$, 若 σ 是偶置换; $\mathrm{sgn}(\sigma) = -1$, 若 σ 是奇置换. 容易看出, $\mathrm{sgn} : S_n \to \{\pm 1\} \subset \mathbb{C}^*$ 是一个同态. 因此 sgn 定义了 S_n 的一个 1 维复表示, 称为 S_n 的**符号表示**.

例 2.1.5   设 V 是 n 维线性空间, $\{e_1, \cdots, e_n\}$ 是它的一组基. 对 $\sigma \in S_n$, 我们可以将 σ 对基向量下指标的置换线性扩充成 V 上的线性变换. 对 V 中的向量 $\displaystyle\sum_{i=1}^{n} c_i e_i$,

定义

$$\rho(\sigma)\left(\sum_{i=1}^{n}c_ie_i\right)=\sum_{i=1}^{n}c_ie_{\sigma(i)}.$$

线性变换 $\rho(\sigma)$ 的矩阵是置换矩阵 (由单位矩阵做列置换所得). 这样的 ρ 给出的表示称为 S_n 在 V 上的**标准表示**或**自然表示**.

下面是群的表示与群代数上的模之间的关系.

定理 2.1.1　设 G 为有限群, F 是一个域, 则群 G 的 F-表示与 $F[G]$-模之间存在一个双射. 更精确地说, 如果 (ρ,V) 是 G 的一个 F-表示, 定义 $F[G]\times V\to V$:

$$\left(\sum_{g\in G}a_gg,v\right)\to\sum_{g\in G}a_g\rho(g)v,$$

则 V 成为一个 $F[G]$-模. 反之, 若 V 是一个 $F[G]$-模, 定义 $\rho:G\to\mathrm{GL}(V)$ 为

$$\rho(g)v=gv,\quad g\in G,v\in V,$$

则 (ρ,V) 是 G 的一个 F-表示.

这个命题与命题 1.1.1 类似. 它说明模论是研究有限群表示的一种途径. 下面我们主要从群表示的直接定义的角度来对群表示的基本性质进行研究, 在必要时也会采用模的观点来论述. 每次我们叙述一个结论, 读者都可以自己思考换一种方式如何叙述和证明.

现在我们回到群表示的研究. 假设群 G 在有限集 $X=\{x_1,\cdots,x_n\}$ 上有群作用 $\rho:G\times X\to X$, 则 ρ 可以看作是从 G 到 X 的对称群的同态. 我们把有限集 X 的元素作为基向量, 线性地张成域 F 上的线性空间

$$V_X=\left\{\sum_{i=1}^{n}c_ix_i\mid c_i\in F\right\}.$$

那么按上述方式可以定义 G 在 V_X 上的置换表示, 称为群作用 ρ 对应的**置换表示**.

考虑有限群 G 在自身上的左正则作用 (即左平移作用) ρ_L, 即对 $g,h\in G$, $\rho_L(g,h)=gh$. 对应的置换表示称为 G 的**左正则表示**, 记为 $(L,F[G])$. 这里的表示空间正是群代数 $F[G]$.

例 2.1.6　设 $G=\{e,g,g^2\}$ 是 3 阶循环群. 它的左正则表示是 G 的 3 维表示, 其中群元素 g 对应的线性变换为 $\rho(g)(c_0e+c_1g+c_2g^2)=c_2e+c_0g+c_1g^2$. 在这组基下, G 的 3 个元素对应的矩阵分别为

$$\rho(e)=\begin{pmatrix}1&0&0\\0&1&0\\0&0&1\end{pmatrix},\quad \rho(g)=\begin{pmatrix}0&0&1\\1&0&0\\0&1&0\end{pmatrix},\quad \rho(g^2)=\begin{pmatrix}0&1&0\\0&0&1\\1&0&0\end{pmatrix}.$$

可以看到, $c_0\rho(e) + c_1\rho(g) + c_2\rho(g^2)$ 是一个循环方阵.

例 2.1.7 对称群 S_3 中的偶置换组成正规子群 A_3, 它是 3 阶循环群. 设 σ 是不在 A_3 中的非单位元, 则商群 $S_3/A_3 = \{\bar{e}, \bar{\sigma}\}$, 其中 $\bar{e}$、$\bar{\sigma}$ 分别是左陪集 A_3 和 σA_3. 这个商群是 2 阶循环群, 即 $\bar{\sigma}^2 = \bar{e}$. 我们考虑 S_3 在 S_3/A_3 上的左正则作用 ρ. 若 $g \in A_3$, 则 $\rho(g)(\bar{\sigma}) = \bar{\sigma}$; 若 $g \notin A_3$, 则 $\rho(g)(\bar{\sigma}) = \bar{e}$. 于是在以 $\{\bar{e}, \bar{\sigma}\}$ 为基的线性空间上, 我们得到了 S_3 的一个 2 维表示:

$$\rho(A_3) = \begin{pmatrix} 1 & 0 \\ 0 & 1 \end{pmatrix}, \quad \rho(\sigma A_3) = \begin{pmatrix} 0 & 1 \\ 1 & 0 \end{pmatrix}.$$

本节的最后我们介绍一下 1 维复表示的若干性质. 上面我们说过, 一个群 G 的 1 维复表示也称为 G 的特征, 其实就是一个群同态 $\chi: G \to \mathbb{C}^*$, 其中 $\mathbb{C}^*$ 是非零复数按乘法组成的群. 对于有限群 G 而言, 它的元素 g 的阶 $\mathrm{o}(g)$ 是有限的, 从而 g 在 1 维复表示下的像总是 $\mathrm{o}(g)$ 次单位根, 于是 G 的所有 1 维复表示组成了一个有限集合, 记为 $\widehat{G}$. 进一步, 我们可以在 $\widehat{G}$ 中引入乘法运算, 使得 $\widehat{G}$ 成为群. 对 $\chi, \varphi \in \widehat{G}$, 定义映射 $\chi\varphi: G \to \mathbb{C}^*$ 如下:

$$(\chi\varphi)(g) = \chi(g)\varphi(g).$$

直接验证可知 $\chi\varphi$ 是从 G 到 $\mathbb{C}^*$ 的群同态. 容易看出, $\widehat{G}$ 对于这个运算满足结合律和交换律, 并且 1 维平凡表示是这个乘法运算的单位元. 而由 $\chi^{-1}(g) = \chi(g)^{-1}$ 定义的映射 χ^{-1} 是 χ 的逆元. 因此 $\widehat{G}$ 是交换群, 称为 G 的特征群.

例 2.1.8 设 C_n 是 n 阶循环群, g 是生成元, 即 $C_n = \langle g \rangle$, $g^n = e$. 则 C_n 的 1 维复表示 χ 作为群同态, 由生成元 g 的像完全决定, 即对任意整数 k, $\chi(g^k) = \chi(g)^k$. 对 $j = 0, \cdots, n-1$,

$$\chi_j(g) = \mathrm{e}^{\frac{2\pi j i}{n}}$$

给出了 C_n 的 n 个 1 维复表示. 于是 $\widehat{C_n} = \{\chi_0, \cdots, \chi_{n-1}\}$ 是以 χ_0 为单位元, χ_1 为生成元的 n 阶循环群, 从而我们有群同构 $\widehat{C_n} \cong C_n$.

对一般的有限交换群, 下面的命题指出了有限交换群的特征群与自身是同构的. 并且在证明中我们可以看到构造有限交换群的 1 维复表示的方法.

命题 2.1.1 设 G 是有限交换群, 则 $\widehat{G} \cong G$.

证明 根据有限交换群的结构定理, G 是一些有限循环群的直积. 设 $G = C_1 \times \cdots \times C_k$, 其中 C_i 是阶为 n_i 的循环群. 我们先证明 $\widehat{G} \cong \widehat{C_1} \times \cdots \times \widehat{C_k}$. 令 $\varphi: \widehat{C_1} \times \cdots \times \widehat{C_k} \to \widehat{G}$ 为下面定义的映射

$$\varphi((\chi_1, \cdots, \chi_k))(g_1 \cdots g_k) = \chi_1(g_1) \cdots \chi_k(g_k),$$

其中 $\chi \in \widehat{C_i}$, $g_j \in C_j$, $1 \leqslant i, j \leqslant k$. 先说明 F 是群同态, 事实上,

$$\varphi((\chi_1, \cdots, \chi_k)(\chi_1', \cdots, \chi_k'))(g_1 \cdots g_k) = (\chi_1\chi_1')(g_1) \cdots (\chi_k\chi_k')(g_k)$$

$$=\chi_1(g_1)\chi_1'(g_1)\cdots\chi_k(g_k)\chi_k'(g_k)=(\chi_1(g_1)\cdots\chi_k(g_k))(\chi_1'(g_1)\cdots\chi_k'(g_k))$$

$$=\varphi((\chi_1,\cdots,\chi_k))(g_1\cdots g_k)\varphi((\chi_1',\cdots,\chi_k'))(g_1\cdots g_k)$$

$$=(\varphi((\chi_1,\cdots,\chi_k))\varphi((\chi_1',\cdots,\chi_k')))(g_1\cdots g_k).$$

注意, 我们在第三个等式中用到 G 是交换群的条件.

接下来说明 φ 是双射. 对 $\chi\in\widehat{G}$, 定义 $\chi_i\in\widehat{C_i}$ 为 $\chi_i(g_i)=\chi(g_i)$, 其中 g_i 为 C_i 中任意元素. 于是 $\varphi((\chi_1,\cdots,\chi_k))=\chi$. 即 φ 是满射. 若存在 $\chi\in\widehat{C_i}$, $1\leqslant i\leqslant k$, 使得 $\varphi((\chi_1,\cdots,\chi_k))$ 是 G 的平凡特征, 则对任意 $g_i\in C_i$, $1\leqslant i\leqslant k$, 都有 $\chi_i(g_i)=\varphi((\chi_1,\cdots,\chi_k))(g_i)=1$. 也就是说 χ_i 是 G_i 的平凡特征. 故 φ 是双射.

因此 $\widehat{G}\cong\widehat{C_1}\times\cdots\times\widehat{C_k}$. 由于对循环群 C_i, $1\leqslant i\leqslant k$, 我们有同构 $\widehat{C_i}\cong C_i$, 所以 $\widehat{G}\cong C_1\times\cdots\times C_k\cong G$. □

一般有限群 G 的 1 维表示可以约化为交换群 G^{ab} 的 1 维表示. 这里 $G^{\mathrm{ab}}=G/G^{(1)}$ 是 G 对换位子群 $G^{(1)}$ 的商群, 称为 G 的交换化. 下面命题是构造 1 维表示的常用工具.

命题 2.1.2 有限群 G 的 1 维表示与 G^{ab} 的 1 维表示一一对应.

证明 设 π 是 G 到 G^{ab} 的自然映射, $\rho:G\to\mathrm{GL}(F)=F^*$ 是 G 的 1 维表示. 由于 F^* 是交换群, 对任意 $g,h\in G$,

$$\rho(ghg^{-1}h^{-1})=\rho(g)\rho(h)\rho(g^{-1})\rho(h^{-1})=\rho(g)\rho(g^{-1})\rho(h)\rho(h^{-1})=1.$$

故 $G^{(1)}\subseteq\mathrm{Ker}(\rho)$. 从而若 $\pi(g)=\pi(h)$, 则 $\rho(g)=\rho(h)$. 对 $g\in G$, $\overline{g}\in G^{\mathrm{ab}}$ 为 g 所在的左陪集, 令 $\overline{\rho}(\overline{g})=\rho(g)$. 由上述讨论可知 $\overline{\rho}$ 不依赖于左陪集 $\overline{g}$ 中代表元的选取, 即该定义是合理的. 所以我们得到 G^{ab} 的 1 维表示 $\overline{\rho}$.

另一方面, 若 $\theta:G\to\mathrm{GL}(F)$ 是 G^{ab} 的 1 维表示. 令 $\widehat{\theta}=\theta\circ\pi$, 则我们得到 G 的 1 维表示 $\widehat{\theta}$. 直接验证可知 $\widehat{\overline{\rho}}=\rho$, 且 $\overline{\widehat{\theta}}=\theta$. 因此有限群 G 的 1 维表示与 G^{ab} 的 1 维表示一一对应. □

2.2 子表示与表示的可约性

上节我们给出了群表示的定义和一些基本例子. 表示理论最重要的目标是给出一个群的全部表示的分类, 这需要我们对于表示的结构有一个比较深入的了解. 数学中的研究方法, 一般是将复杂的结构进行分解, 化为简单的对象来研究. 同样的, 研究表示的结构的一个重要方法是将表示分解成维数较低的表示的和, 并一直将其分解到不能再分的情形. 这自然会导出子表示和不可约表示的概念. 我们先给出相关的定义.

定义 2.2.1   设 (ρ, V) 是群 G 的一个表示. V 的一个子空间 W 称为 G-**不变子空间**, 如果对任意 $g \in G$, $\rho(g)(W) \subseteq W$. 令 $\rho|_W(g) := \rho(g)|_W$, 则容易看出 $(\rho|_W, W)$ 是 G 的一个表示, 称为 (ρ, V) 的一个**子表示**. 显然 V 和零空间 $\{0\}$ 都是 V 的 G-不变子空间, 这两个空间对应的子表示称为**平凡子表示**. 如果表示 (ρ, V) 只有平凡子表示, 那么称它为**不可约表示**, 否则称为**可约表示**.

显然, 如果我们把群 G 的表示 (ρ, V) 看成群代数 $F[G]$-模, 那么 (ρ, V) 的子表示对应到模 V 的子模, 而不可约表示的概念与单模对应.

如果 W 是 V 的 G-不变子空间, 取 V 的一组基

$$\{e_1, \cdots, e_k, e_{k+1}, \cdots, e_n\},$$

使得 $\{e_1, \cdots, e_k\}$ 是 W 的一组基. 则在这组基下, 表示矩阵 $\rho(g)$ 是分块上三角的, 即对任意 $g \in G$, 我们有

$$\rho(g) = \begin{pmatrix} A(g) & C(g) \\ 0 & B(g) \end{pmatrix},$$

其中 $k \times k$ 可逆方阵 $A(g)$ 是子表示 $\rho|_W$ 的矩阵, 也就是说, 若表示 (ρ, V) 有非平凡的 G-不变子空间, 则对所有 $g \in G$, 表示矩阵 $\rho(g)$ 可以同时分块上三角化.

需要注意的是, 一个表示的不可约性还与基域有关, 我们举一个例子来加以说明. 考虑实数域上的 2 维线性空间 V. 取定 V 的一组基, 对 3 阶循环群 $G = \{e, g, g^2\}$, 定义

$$\rho(g) = \begin{pmatrix} -\dfrac{1}{2} & -\dfrac{\sqrt{3}}{2} \\ \dfrac{\sqrt{3}}{2} & -\dfrac{1}{2} \end{pmatrix}.$$

容易看出, $\rho(g)$ 决定了 G 在 V 上的一个表示. ρ 作为实数域上的表示是不可约的, 因为 2 维表示的非平凡子表示必是 1 维的, 而 1 维 G-不变子空间一定是 $\rho(g)$ 的特征子空间. 但是 $\rho(g)$ 没有实特征值, 所以 ρ 在实数域上没有非平凡子表示, 从而是不可约的. 但是如果我们考虑复数域上 2 维线性空间, 用同样的 $\rho(g)$ 定义 G 的表示, 则该表示的两个特征子空间给出 ρ 的非平凡 1 维子表示, 从而是可约的.

容易看出, 任何群的 1 维表示都是不可约的.

与子表示直接相关的构造是商表示. 设 W 是表示空间 V 的 G-不变子空间, 则在商空间 $V/W = \{v + W \mid v \in V\}$ 上可以定义如下 G 的表示: 对任意 $g \in G$,

$$\rho_{V/W}(g)(v + W) = \rho(g)(v) + W.$$

$(\rho_{V/W}, V/W)$ 称为 (ρ, V) 关于子表示 $(\rho|_W, W)$ 的**商表示**. 在此定义里, 我们需要检查 $\rho_{V/W}(g)$ 与陪集代表元 v 的选取无关. 即若 $v - v' \in W$, 则 $\rho(g)(v - v') \in W$. 而

这是由 W 是 G-不变子空间保证的. 延用前面使 $\rho(g)$ 成为分块上三角矩阵的 V 的基 $\{e_1, \cdots, e_k, e_{k+1}, \cdots, e_n\}$, 则 $\{e_{k+1} + W, \cdots, e_n + W\}$ 是 V/W 的基, 并且 $B(g)$ 是 $\rho_{V/W}(g)$ 在这组基下的矩阵.

我们已经介绍了表示的基本概念和一系列常见的表示的例子. 表示理论中有很多种方法, 可以由已知的表示构造新的表示, 其中最简单的方法就是直和. 所谓群 G 的两个表示的直和, 就是将两个表示 "相加" 得到一个新的表示. 从模论的观点来说, 这就是群代数上的两个模做外直和. 我们先给出直和的概念. 后面我们还将介绍表示的张量积, 对偶表示等.

定义 2.2.2 设 (ρ_1, V_1) 和 (ρ_2, V_2) 是群 G 的两个表示. 它们的**直和** $(\rho_1 \oplus \rho_2, V_1 \oplus V_2)$ 是 G 在线性空间 $V_1 \oplus V_2$ 上的一个表示, 其定义为: 对任意 $v_1 \in V_1$, $v_2 \in V_2$, $g \in G$,

$$(\rho_1 \oplus \rho_2)(g)((v_1, v_2)) = (\rho_1(g)(v_1), \rho_2(g)(v_2)).$$

取定 V_1 的一组基为 $\{e_1, \cdots, e_n\}$, V_2 的一组基为 $\{f_1, \cdots, f_m\}$, 那么

$$\{(e_1, 0), \cdots, (e_n, 0), (0, f_1), \cdots, (0, f_m)\}$$

是 $V_1 \oplus V_2$ 的一组基. 在这组基下, 表示矩阵 $(\rho_1 \oplus \rho_2)(g)$ 为

$$(\rho_1 \oplus \rho_2)(g) = \begin{pmatrix} \rho_1(g) & 0 \\ 0 & \rho_2(g) \end{pmatrix}.$$

例 2.2.1 对称群 S_3 作用在集合 $\{e_1, e_2, e_3\}$ 上. 设 V 是以 $\{e_1, e_2, e_3\}$ 为基的线性空间, 置换 $\sigma \in S_3$ 在 V 上的置换作用由 $\rho(\sigma)(e_i) = e_{\sigma(i)}$ 给出. 于是我们可以写下所有群元素在 S_3 的标准表示下对应的矩阵

$$\rho((1)) = \begin{pmatrix} 1 & 0 & 0 \\ 0 & 1 & 0 \\ 0 & 0 & 1 \end{pmatrix}, \quad \rho((123)) = \begin{pmatrix} 0 & 0 & 1 \\ 1 & 0 & 0 \\ 0 & 1 & 0 \end{pmatrix}, \quad \rho((321)) = \begin{pmatrix} 0 & 1 & 0 \\ 0 & 0 & 1 \\ 1 & 0 & 0 \end{pmatrix},$$

$$\rho((12)) = \begin{pmatrix} 0 & 1 & 0 \\ 1 & 0 & 0 \\ 0 & 0 & 1 \end{pmatrix}, \quad \rho((13)) = \begin{pmatrix} 0 & 0 & 1 \\ 0 & 1 & 0 \\ 1 & 0 & 0 \end{pmatrix}, \quad \rho((23)) = \begin{pmatrix} 1 & 0 & 0 \\ 0 & 0 & 1 \\ 0 & 1 & 0 \end{pmatrix}.$$

下面我们来讨论这个表示的子表示. 设 W_1 是由向量 $v_1 = e_1 + e_2 + e_3$ 生成 V 的 1 维子空间, 则由定义容易看出, W_1 是 S_3-不变子空间, 且 $\rho|_{W_1}$ 是平凡表示. 此外, 设 $W_2 = \{c_1 e_1 + c_2 e_2 + c_3 e_3 | c_1 + c_2 + c_3 = 0\}$, 则 W_2 也是 S_3-不变子空间. 事实上, 我们可以取 W_2 的一组基为 $\{v_2 = e_2 - e_1, v_3 = e_3 - e_1\}$, 那么容易验证, 对任意 $\sigma \in S_3$, $\rho(\sigma)(v_2)$ 和 $\rho(\sigma)(v_3)$ 仍在 W_2 中.

现在我们证明 W_2 是不可约的. 事实上, 设 U 是 W_2 的非零 S_3-不变子空间. 取 U 中的非零向量 $u = c_1e_1 + c_2e_2 + c_3e_3$, 则由 $U \cap W_1 = \{\mathbf{0}\}$ 知其系数必不全相等. 不妨设 $c_1 \neq c_2$, 于是 $(c_1 - c_2)(e_2 - e_1) = \rho((12))(u) - u \in U$, 从而 $e_2 - e_1 \in U$. 进而 $\rho((23))(u) = e_3 - e_1$. 所以 $W_2 \subseteq U$. 这说明 $U = W_2$. 故 W_2 中不存在非平凡不变子空间. 表示 $(\rho|_{W_2}, W_2)$ 称为 S_3 的约减表示.

若取 $\{v_1, v_2, v_3\}$ 为 V 的一组基, 则我们得到以下表示矩阵:

$$\widetilde{\rho}((1)) = \begin{pmatrix} 1 & 0 & 0 \\ 0 & 1 & 0 \\ 0 & 0 & 1 \end{pmatrix}, \quad \widetilde{\rho}((123)) = \begin{pmatrix} 1 & 0 & 0 \\ 0 & -1 & -1 \\ 0 & 1 & 0 \end{pmatrix}, \quad \widetilde{\rho}((321)) = \begin{pmatrix} 1 & 0 & 0 \\ 0 & 0 & 1 \\ 0 & -1 & -1 \end{pmatrix},$$

$$\widetilde{\rho}((12)) = \begin{pmatrix} 1 & 0 & 0 \\ 0 & -1 & -1 \\ 0 & 0 & 1 \end{pmatrix}, \quad \widetilde{\rho}((13)) = \begin{pmatrix} 1 & 0 & 0 \\ 0 & 1 & 0 \\ 0 & -1 & -1 \end{pmatrix}, \quad \widetilde{\rho}((23)) = \begin{pmatrix} 1 & 0 & 0 \\ 0 & 0 & 1 \\ 0 & 1 & 0 \end{pmatrix}.$$

这表明 $\rho = \rho|_{W_1} \oplus \rho|_{W_2}$, 并且表示对应的矩阵 $\rho(\sigma)$ 被同时分块对角化. 事实上, 取

$$U = \begin{pmatrix} 1 & -1 & -1 \\ 1 & 1 & 0 \\ 1 & 0 & 1 \end{pmatrix},$$

则对所有 $\sigma \in S_3$, $\tilde{\rho}(\sigma) = U^{-1}\rho(\sigma)U$.

在例 2.2.1中, 我们实际上得到了 S_3 的两个 3 维表示 ρ 和 $\tilde{\rho}$, 而且这两个表示给出的 6 个矩阵能够通过一个公共的相似变换相互转换. 它们都来自 S_3 的置换作用, 只是因为基的选取才变为不同的矩阵. 这说明 ρ 和 $\tilde{\rho}$ 应该被视为"相同"的表示. 一般地, 我们应当考虑群 G 的不同表示之间的关系, 并定义表示之间的等价关系, 进而在等价的意义下对 G 的所有表示进行分类.

定义 2.2.3   设 (ρ_1, V_1) 和 (ρ_2, V_2) 是群 G 的两个 F-表示. 一个从 V_1 到 V_2 的线性变换 T 称为**缠结算子** (或 G-态射), 如果对任意 $g \in G$, $T \circ \rho_1(g) = \rho_2(g) \circ T$. 换言之, 缠结算子就是与群作用可交换的线性变换. 两个表示间的缠结算子的集合记为 $\mathrm{Hom}_G(V_1, V_2)$ 或 $\mathrm{Hom}_G(\rho_1, \rho_2)$.

如果两个表示间存在某个缠结算子为线性同构, 那么称这两个表示是**同构的**或**等价的**. 群表示论的一个主要目标是在同构的意义下, 构造和分类一个给定的群的所有表示. 容易看出, 如果 (ρ_1, V_1) 和 (ρ_2, V_2) 是群 G 的两个等价的表示, 则有

$$\mathrm{tr}(\rho_1(g)) = \mathrm{tr}(\rho_2(g)), \quad \forall g \in G.$$

例 2.2.2   作为一个例子我们分析一下上面的例 2.1.1, 例 2.1.7 和例 2.2.1, 那里分别给出了 S_3 的三个 2 维表示. 考虑表示矩阵的迹我们可以看出, 例 2.1.7 的表示与

例 2.1.1, 例 2.2.1 的表示均不等价. 而例 2.1.1 与例 2.2.1 的表示是等价的. 作为练习, 请读者写出对应的缠结算子.

缠结算子能够保持表示的不变子空间结构.

命题 2.2.1 设 (ρ_1, V_1) 和 (ρ_2, V_2) 是群 G 的两个表示, $T: V_1 \to V_2$ 是缠结算子. W_1 是 V_1 的 G-不变子空间, W_2 是 V_2 的 G-不变子空间. 则

(1) $T(W_1)$ 是 V_2 的 G-不变子空间;

(2) $T^{-1}(W_2)$ 是 V_1 的 G-不变子空间. 特别地, $\mathrm{Ker}(T)$ 是 V_1 的 G-不变子空间.

证明 (1) 对任意 $g \in G$ 和 $w_1 \in W_1$, $\rho_2(g)(T(w_1)) = T(\rho_1(g)(w_1))$. 由 W_1 是 V_1 的 G-不变子空间, 可知 $\rho_2(g)(T(w_1)) \in T(W_1)$. 从而 $T(W_1)$ 是 V_2 的 G-不变子空间.

(2) 对任意 $w_2 \in W_2$, 存在 $w_1 \in W_1$, 使得 $T(w_1) = w_2$. 于是对任意 $g \in G$, $T(\rho_1(g)(w_1)) = \rho_2(g)(T(w_1)) = \rho_2(g)(w_2)$. 由 W_2 是 V_2 的 G-不变子空间, 可知 $T(\rho_1(g)(w_1)) \in W_2$, $\rho_1(g)(w_1) \in T^{-1}(W_2)$. 从而 $T^{-1}(W_2)$ 是 V_1 的 G-不变子空间. $\square$

从例 2.2.1中我们可以看到, G-不变子空间 W_1 和 W_2 的存在性对应于表示空间 V 的直和分解, 且相应的表示矩阵能被同时分块对角化. 这个例子对于我们研究群的表示有特殊的意义. 我们学习线性代数时, 经常希望找出线性子空间的补空间, 从而把问题进行简化. 特别地, 一个 Euclid 空间的任何线性子空间都存在唯一的正交补, 这个结果在我们处理 Euclid 空间的几何问题时至关重要. 在研究表示理论时, 我们自然希望, 对任何子表示都存在另一个子表示使得整个表示空间可以写成这两个子表示的直和. 这种性质就是所谓的完全可约性. 完全可约性可以让我们将表示逐步分解为一些基本的单元 (即不可约子表示) 加以研究.

定义 2.2.4 设 (ρ, V) 是群 G 的表示. 如果对 V 的任意 G-不变子空间 W, 存在 G-不变子空间 U, 使得 $V = W \oplus U$, 那么 (ρ, V) 称为**完全可约**的.

例 2.2.3 实数集 $\mathbb{R}$ 按加法成为群. 平面上的平移变换给出了 $\mathbb{R}$ 的一个 2 维表示 ρ. 对 $r \in \mathbb{R}$,

$$\rho(r) = \begin{pmatrix} 1 & r \\ 0 & 1 \end{pmatrix}.$$

对 $r \neq 0$, $\rho(r)$ 是上三角形矩阵, 但不是可对角化的, 所以表示 ρ 是可约的, 但不是完全可约的.

上述例子中的表示不是完全可约的, 部分原因在于 $\mathbb{R}$ 是无限群. 事实上, 我们即将证明, 在大多数情形, 有限群的任何表示都是完全可约的.

定理 2.2.1 (Maschke (马斯切克) 定理) 设 G 是有限群, 且域 F 的特征不整除 G 的阶, 则 G 的任何有限维 F-表示都是完全可约的.

证明 设 V 是 G 的有限维表示, W 是 V 的 G-不变子空间. 我们希望找到 W 的一个补空间, 使得这个补空间也是 G-不变的. 为此, 我们考虑从 V 到 W 的投影算子

$p : V \to W$, 由此得到直和分解

$$V = \operatorname{Im}(p) \oplus \operatorname{Ker}(p) = W \oplus \operatorname{Ker}(p).$$

如果 p 是缠结算子, 那么 $\operatorname{Ker}(p)$ 是 V 的 G-不变子空间. 然而一般的投影算子 p 不一定是缠结算子, 我们需要先对 p 做一些修改. 令

$$\widetilde{p} = \frac{1}{|G|} \sum_{g \in G} \rho(g) \circ p \circ \rho(g)^{-1}.$$

我们下面来验证 $\widetilde{p}$ 是从 V 到 W 的投影算子并且是缠结算子. 对 $h \in G$,

$$\begin{aligned}
\rho(h) \circ \widetilde{p} &= \frac{1}{|G|} \sum_{g \in G} \rho(h) \circ \rho(g) \circ p \circ \rho(g)^{-1} = \frac{1}{|G|} \sum_{g \in G} \rho(hg) \circ p \circ \rho(g)^{-1} \\
&= \frac{1}{|G|} \sum_{s \in G} \rho(s) \circ p \circ \rho(h^{-1}s)^{-1} = \frac{1}{|G|} \sum_{g \in G} \rho(s) \circ p \circ \rho(s)^{-1} \circ \rho(h) \\
&= \widetilde{p} \circ \rho(h).
\end{aligned}$$

这说明 $\widetilde{p}$ 是缠结算子. 对 $v \in V$, $p \circ \rho(g)^{-1}(v) \in W$. 由 W 是 G-不变的, 知 $\widetilde{p}(v) \in W$. 对 $w \in W$, $\rho(g) \circ p \circ \rho(g)^{-1}(w) = \rho(g) \circ \rho(g)^{-1}(w) = w$. 所以 $\operatorname{Im}(\widetilde{p}) = W$ 且 $\widetilde{p}|_W = \operatorname{id}_W$, 即 $\widetilde{p}$ 是从 V 到 W 的一个投影算子. 因此 $V = W \oplus \operatorname{Ker}(p)$, 且 $\operatorname{Ker}(p)$ 是 V 的 G-不变子空间. $\qquad\square$

回到群代数的语言, Maschke 定理说明, 当域 F 的特征不整除 G 的阶时, 群代数 $\mathbb{C}[G]$ 是半单代数.

在 Maschke 定理的条件下, 如果有限群 G 的有限维表示 V 有非平凡子表示 W, 则有直和分解 $V = W \oplus U$ 使得 U 也是 G 的表示. 对 W 和 U, 我们可以考虑继续做分解, 从而将 V 分解为若干个不可约子表示的直和:

$$V = V_1 \oplus V_2 \oplus \cdots \oplus V_m,$$

其中每个 V_i 都是不可约表示. 因此有限群 G 的有限维表示都是不可约表示的直和. 这一性质和完全可约性是等价的. 这一事实的证明与半单代数相应性质的证明完全类似.

命题 2.2.2 设 (ρ, V) 是群 G 的有限维表示, 则下列条件是等价的:

(1) V 是完全可约的;

(2) V 是不可约表示的直和.

由上面的定理和命题, 当 $\operatorname{ch} F$ 不整除 G 的阶时, 我们可以将有限维表示的分类转化为寻找 G 的所有不等价的不可约表示. 但当 $\operatorname{ch} F$ 整除 G 的阶时, G 的 F-表示不总是完全可约的. 我们将满足条件 $\operatorname{ch} F \mid |G|$ 的表示称为**模表示**. 在这种情形, 除了不可约表示外, 我们还会遇到可约的但不可分解的表示. 这使得分类问题变得非常复杂. 此外, 为了区分起见, 我们将满足条件 $\operatorname{ch} F \nmid |G|$ 的表示称为**常表示**.

对于复数域和实数域上的线性空间, 我们可以在上面赋予内积, 使之具有内积空间的结构. 相应地, 当线性空间上有群作用时, 我们考虑内积在群作用下的表现. 设 (ρ, V) 是 G 的复表示 (实表示), 表示空间 V 上的内积 $\langle\ ,\ \rangle$ 称为 G-不变内积, 如果对任意 $g \in G, v_1, v_2 \in V$,

$$\langle \rho(g)(v_1), \rho(g)(v_2) \rangle = \langle v_1, v_2 \rangle.$$

如果这样的内积存在, 那么 $\rho(g)$ 是 V 上的酉变换 (正交变换). 这样的表示 ρ 称为**酉表示 (正交表示)**. 从矩阵的观点来看, 取 V 关于不变内积的一组标准正交基, 则 $\rho(g)$ 对应的矩阵就是酉矩阵 (正交矩阵).

命题 2.2.3　设 (ρ, V) 是群 G 的有限维复表示 (实表示), 则 V 上存在 G-不变内积.

证明　有限维线性空间 V 的内积总是存在的. 设 $\langle\ ,\ \rangle_0$ 是 V 上的某个内积. 对 $v_1, v_2 \in V$, 令

$$\langle v_1, v_2 \rangle = \frac{1}{|G|} \sum_{g \in G} \langle \rho(g)(v_1), \rho(g)(v_2) \rangle_0.$$

则 $\langle\ ,\ \rangle$ 仍是 V 的内积. 并且对 $h \in G$,

$$\langle \rho(h)(v_1), \rho(h)(v_2) \rangle = \frac{1}{|G|} \sum_{g \in G} \langle \rho(gh)(v_1), \rho(gh)(v_2) \rangle_0$$
$$= \frac{1}{|G|} \sum_{g_1 \in G} \langle \rho(g_1)(v_1), \rho(g_1)(v_2) \rangle_0 = \langle v_1, v_2 \rangle$$

其中我们做了变量代换 $g_1 = gh$. 因此 $\langle\ ,\ \rangle$ 是 G-不变内积.　□

由此命题我们得到有限群的有限维复表示 (实表示) 总是等价于某个酉表示 (正交表示). 进而我们可以用不变内积来给出完全可约性的另一个证明.

定理 2.2.2　设 G 是有限群, 则 G 的任何有限维复表示 (实表示) 都是完全可约的.

证明　由于实表示和复表示的证明完全相同, 以下我们只叙述复表示的证明. 设 (ρ, V) 是 G 的有限维复表示, $\langle\ ,\ \rangle$ 是 V 的 G-不变内积. 若 W 是 V 的 G-不变子空间. 令 $U = \{v \in V \mid \langle v, w \rangle = 0, w \in W\}$ 为 W 的正交补空间. 于是对任意 $g \in G, w \in W$, $v \in U$,

$$\langle \rho(g)(v), w \rangle = \langle v, \rho(g^{-1})(w) \rangle = 0.$$

这表明 U 也是 G-不变子空间. 所以 (ρ, V) 是完全可约的.　□

2.3   表示的张量积

前面提到, 从已知的表示构造新的表示是表示理论中重要的研究方法. 我们已经介绍了表示的直和的概念, 本节继续介绍这方面的方法. 后面将会介绍诱导表示和限制表示的概念, 这在现代表示理论 (包括李群的表示) 也是最基本的研究方法. 我们首先介绍有限群表示的张量积.

定义 2.3.1   设 (ρ_1, V_1) 和 (ρ_2, V_2) 是群 G 的两个有限维表示. 对 $g \in G$, 定义

$$(\rho_1 \otimes \rho_2)(g) = \rho_1(g) \otimes \rho_2(g) \in \mathrm{GL}(V_1 \otimes V_2),$$

可以验证, $\rho_1 \otimes \rho_2 : G \to \mathrm{GL}(V_1 \otimes V_2)$ 是 G 的表示. 我们将 $(\rho_1 \otimes \rho_2, V_1 \otimes V_2)$ 称为 (ρ_1, V_1) 和 (ρ_2, V_2) 的**张量积**.

例 2.3.1   我们考虑例 2.1.1 中 D_3 的 2 维表示 (ρ, V) 和自身的张量积. D_3 可以由两个元素生成, 即 $D_3 = \langle r, s | r^3 = 1, s^2 = 1, sr^2 = rs \rangle$. 由

$$\rho(r) = \begin{pmatrix} -\dfrac{1}{2} & -\dfrac{\sqrt{3}}{2} \\ \dfrac{\sqrt{3}}{2} & -\dfrac{1}{2} \end{pmatrix}, \quad \rho(s) = \begin{pmatrix} -1 & 0 \\ 0 & 1 \end{pmatrix}$$

可知,

$$(\rho \otimes \rho)(r) = \begin{pmatrix} -\dfrac{1}{2} & -\dfrac{\sqrt{3}}{2} \\ \dfrac{\sqrt{3}}{2} & -\dfrac{1}{2} \end{pmatrix} \otimes \begin{pmatrix} -\dfrac{1}{2} & -\dfrac{\sqrt{3}}{2} \\ \dfrac{\sqrt{3}}{2} & -\dfrac{1}{2} \end{pmatrix} = \begin{pmatrix} \dfrac{1}{4} & \dfrac{\sqrt{3}}{4} & \dfrac{\sqrt{3}}{4} & \dfrac{3}{4} \\ -\dfrac{\sqrt{3}}{4} & \dfrac{1}{4} & -\dfrac{3}{4} & \dfrac{\sqrt{3}}{4} \\ -\dfrac{\sqrt{3}}{4} & -\dfrac{3}{4} & \dfrac{1}{4} & \dfrac{\sqrt{3}}{4} \\ \dfrac{3}{4} & -\dfrac{\sqrt{3}}{4} & -\dfrac{\sqrt{3}}{4} & \dfrac{1}{4} \end{pmatrix},$$

$$(\rho \otimes \rho)(s) = \begin{pmatrix} -1 & 0 \\ 0 & 1 \end{pmatrix} \otimes \begin{pmatrix} -1 & 0 \\ 0 & 1 \end{pmatrix} = \begin{pmatrix} 1 & 0 & 0 & 0 \\ 0 & -1 & 0 & 0 \\ 0 & 0 & -1 & 0 \\ 0 & 0 & 0 & 1 \end{pmatrix}.$$

下面我们证明, $\rho \otimes \rho$ 是可约的, 并计算它的不变子空间. 将 V 对 $\rho(r)$ 的特征子空间做直和分解. $\rho(r)$ 的特征值为 $\omega = \mathrm{e}^{2\pi \mathrm{i}/3}$ 和 ω^2. 设对应的特征子空间为 V_ω 和 V_{ω^2}, 则 $V = V_\omega \oplus V_{\omega^2}$. 由 $sr^2 = rs$ 可知 $\rho(s)(V_\omega) \subseteq V_{\omega^2}$, $\rho(s)(V_{\omega^2}) \subseteq V_\omega$. 取 $b_1 \in V_\omega$ 和 $b_2 \in V_{\omega^2}$, 使得 $\rho(s)b_1 = b_2$. 在 V 的基 $\{b_1, b_2\}$ 下, 表示 ρ 的矩阵为

$$\rho(r) = \begin{pmatrix} \omega & 0 \\ 0 & \omega^2 \end{pmatrix}, \quad \rho(s) = \begin{pmatrix} 0 & 1 \\ 1 & 0 \end{pmatrix}.$$

设 W_1 是由 $v_1 = b_1 \otimes b_2 + b_2 \otimes b_1$ 生成的 1 维子空间. 由 $(\rho \otimes \rho)(r)(v_1) = v_1$ 及 $(\rho \otimes \rho)(s)(v_1) = v_1$, 可知 $\rho \otimes \rho|_{W_1}$ 是 1 维平凡表示 ρ_1.

设 W_2 是由 $v_2 = b_1 \otimes b_2 - b_2 \otimes b_1$ 生成的 1 维子空间. 由 $(\rho \otimes \rho)(r)(v_2) = v_2$ 以及 $(\rho \otimes \rho)(s)(v_2) = -v_2$, 可知 $\rho \otimes \rho|_{W_2}$ 等价于 1 维符号表示 ρ_{-1}.

设 W_3 是由 $v_3 = b_2 \otimes b_2$ 和 $v_4 = b_1 \otimes b_1$ 生成的 2 维子空间. 由于 $(\rho \otimes \rho)(r)(v_3) = \omega v_3$, $(\rho \otimes \rho)(r)(v_4) = \omega^2 v_4$, $(\rho \otimes \rho)(s)(v_3) = v_4$, 以及 $(\rho \otimes \rho)(s)(v_4) = v_3$, 所以 $\rho \otimes \rho|_{W_3}$ 等价于 D_3 的 2 维表示 ρ.

上面的分析表明, $\rho \otimes \rho$ 可以分解为不可约表示的直和 $\rho \otimes \rho \cong \rho_1 \oplus \rho_{-1} \oplus \rho$. 这个例子说明不可约表示的张量积不一定是不可约的.

表示的张量积在量子物理中有重要的应用, 将张量积空间分解为不可约表示的直和是其中的一个重要课题. 张量积空间中有两个特殊的子空间. 设 V 是线性空间, $V \otimes V$ 中由形如 $v_1 \otimes v_2 + v_2 \otimes v_1$ 的张量线性生成的子空间称为对称张量空间, 记为 $S^2(V)$. 而由形如 $v_1 \otimes v_2 - v_2 \otimes v_1$ 的张量线性生成的子空间称为反对称张量空间, 记为 $\wedge^2(V)$. 对任意 $v_1, v_2 \in V$,

$$v_1 \otimes v_2 = \frac{1}{2}(v_1 \otimes v_2 + v_2 \otimes v_1) + \frac{1}{2}(v_1 \otimes v_2 - v_2 \otimes v_1)$$

于是我们得到

$$V \otimes V = S^2(V) \oplus \wedge^2(V).$$

设 (ρ, V) 是群 G 的表示, 则 $S^2(V)$ 和 $\wedge^2(V)$ 都是 $V \otimes V$ 的 G-不变子空间, 张量积 $\rho \otimes \rho$ 在这两个子空间上的子表示分别称为表示 ρ 的对称积 $\rho_{S^2(V)}$ 和外积 $\rho_{\wedge^2(V)}$.

对于两个群 G_1 和 G_2, 我们也可以通过张量积来构造它们的直积群 $G_1 \times G_2$ 的表示. 设 (ρ_1, V_1) 和 (ρ_2, V_2) 分别是 G_1 和 G_2 的有限维表示. 对 $g_1 \in G_1$ 和 $g_2 \in G_2$, 令

$$(\rho_1 \otimes \rho_2)((g_1, g_2)) = \rho_1(g_1) \otimes \rho_2(g_2) \in \mathrm{GL}(V_1 \otimes V_2),$$

则 $(\rho_1 \otimes \rho_2, \mathrm{GL}(V_1 \otimes V_2))$ 是 $G_1 \times G_2$ 的表示.

接下来我们介绍对偶表示的概念. 设 (ρ, V) 是群 G 的有限维表示, V^* 是 V 的对偶空间, 它的元素是 V 上的线性函数. 对 $g \in G$, $f \in V^*$, 定义

$$\rho^*(g)(f) = f \circ \rho(g)^{-1} \in V^*,$$

则 $\rho^*(g)(f)$ 是 V 上的线性函数, 即对 $v \in V$, $\rho^*(g)(f)(v) = f(\rho(g)^{-1}(v))$. 容易验证 ρ^* 是 G 的表示, 称为 (ρ, V) 的**对偶表示**. 事实上, 对 $g_1, g_2 \in G$, $f \in V^*$,

$$\rho^*(g_1 g_2)(f) = f \circ \rho(g_1 g_2)^{-1} = f \circ \rho(g_2)^{-1} \circ \rho(g_1)^{-1}$$

$$=\rho^*(g_2)(f) \circ \rho(g_1)^{-1} = (\rho^*(g_1) \circ \rho^*(g_2))(f).$$

故 $\rho^*(g_1 g_2) = \rho^*(g_1) \circ \rho^*(g_2)$.

设 $\{e_1, \cdots, e_n\}$ 是 V 的一组基, $\rho(g)$ 是在这组基下的表示矩阵. 当 V^* 的基取为相应的对偶基 $\{e_1^*, \cdots, e_n^*\}$ 时, $\rho^*(g)$ 的表示矩阵为 $(\rho(g)^{-1})^{\mathrm{T}}$, 其中上标 T 代表矩阵的转置.

最后我们说明, 给定一个群有两个表示, 我们可以在这两个表示空间之间的线性映射空间上构造该群的表示. 设 (ρ_1, V_1) 和 (ρ_2, V_2) 是群 G 的有限维表示, $\mathrm{Hom}(V_1, V_2)$ 是由从 V_1 到 V_2 的线性映射组成的线性空间. 对 $g \in G$, $T \in \mathrm{Hom}(V_1, V_2)$, 定义

$$\rho_{\mathrm{Hom}}(g)(T) = \rho_2(g) \circ T \circ \rho_1(g)^{-1} \in \mathrm{Hom}(V_1, V_2).$$

与对偶表示类似, 我们可以验证 ρ_{Hom} 是群 G 的表示. 特别地, 当 (ρ_2, V_2) 是 1 维平凡表示时, ρ_{Hom} 正是 ρ_1 的对偶表示 ρ_1^*.

命题 2.3.1 作为 G 的表示, $\mathrm{Hom}(V_1, V_2)$ 与 $V_1^* \otimes V_2$ 是等价的.

证明 定义映射 $\varphi : V_1^* \otimes V_2 \to \mathrm{Hom}(V_1, V_2)$, 使得 $\varphi(f \otimes v_2)(v_1) = f(v_1)v_2$, 其中 $f \in V_1^*$, $v_1 \in V_1$, $v_2 \in V_2$. 我们需要验证 φ 是线性同构而且是缠结算子. 详细的证明留作练习. $\qquad\square$

V_1 和 V_2 间的缠结算子构成 $\mathrm{Hom}(V_1, V_2)$ 的一个特殊子空间. 由

$$\rho_{\mathrm{Hom}}(g)(T) = T \Leftrightarrow \rho_2(g) \circ T \circ \rho_1(g)^{-1} = T \Leftrightarrow \rho_2(g) \circ T = T \circ \rho_1(g)$$

可见缠结算子是所有 $\rho_{\mathrm{Hom}}(g)$ 作用的公共不动点.

$$\mathrm{Hom}_G(V_1, V_2) = \mathrm{Hom}(V_1, V_2)^G = \{T \mid \rho_{\mathrm{Hom}}(g)(T) = T, \forall g \in G\}.$$

我们已看到有限群 G 的有限维表示和线性空间一样, 可以定义直和、张量积和对偶等代数运算, 因此群的表示和线性空间应是某种一般代数结构的特例. 在本套书的《代数学 (四)》中, 我们学习了范畴的概念. 范畴是由对象和对象间的态射组成的. 设 $\mathrm{Vec}(F)$ 是域 F 上有限维线性空间的全体, 则 $\mathrm{Vec}(F)$ 是一个范畴, 它的对象是有限维线性空间, 对象间的态射则是线性映射. 类似地, 设 G 的所有有限维表示的全体为 $\mathrm{Rep}(G)$, 则 $\mathrm{Rep}(G)$ 也是一个范畴, 对象为 G 的有限维表示, 态射为缠结算子. 运用范畴的语言, 我们能够把 G 的表示系统地组织在一起. 在向量空间范畴和群表示的范畴中, 对象之间的态射全体组成线性空间, 对象可以做直和、张量积和对偶等代数运算. 这样的范畴是张量范畴的重要例子. 张量范畴还包括了许多复杂代数结构的表示范畴, 比如李代数、量子群等. 这说明各种不同代数结构之间的某些共性, 并且我们仍然能够使用线性代数的技术加以研究.

2.4　Schur 引理与正交性

在第一章中, 我们学习了代数的不可约模的 Schur 引理. 即两个不可约模之间的模同态要么是零同态, 要么是模同构. 由群代数的模和表示之间的对应关系, 在表示理论我们也有对应的 Schur 引理. 它的证明和模的版本完全一样.

定理 2.4.1 (Schur 引理)　设 (ρ_1, V_1) 和 (ρ_2, V_2) 是群 G 的不等价的不可约表示, 则

(1) $\mathrm{Hom}_G(V_1, V_2) = \{0\}$;

(2) $\mathrm{Hom}_G(V_1, V_1)$ 是除环;

(3) 若 F 是代数闭域 (例如复数域 $\mathbb{C}$), 则 $\mathrm{Hom}_G(V_1, V_1) = \{\lambda \cdot \mathrm{id}_{V_1} | \lambda \in F\} \cong F$.

注 2.4.1　无论从内容还是证明看, Schur 引理似乎都很简单. 然而后面我们将看到, 这个引理威力非常大. 现代数学中出现了各种版本的 Schur 引理, 例如李代数表示的 Schur 引理, 李群表示中的 Schur 引理, 等等, 这些结果在相关领域中都起着重要作用.

推论 2.4.1　设 (ρ, V) 是有限群 G 的有限维 F-表示且 $\mathrm{Ch}F \times |G|$, 则 ρ 是不可约表示当且仅当 $\mathrm{Hom}_G(V, V)$ 是 F 上的除环.

证明　若 $\mathrm{Hom}_G(V, V)$ 是 F 上的除环, 但 V 是可约的, 则 $V = W \oplus U$, 其中 W 和 U 是非平凡的 G-不变子空间, 于是存在 V 到 W 的投影算子 p 为缠结算子, 但投影算子 p 是不可逆的. 这与 Schur 引理中 $\mathrm{Hom}_G(V, V)$ 是除环的结论矛盾. $\qquad\square$

这个推论给出了一个判别不可约性的方法. 域 F 上除环的分类也给出了不可约表示的某种分类. 特别地, 当 $F = \mathbb{R}$ 时, 我们有

定理 2.4.2 (Frobenius)　实数域上的有限维除环只能是实数域、复数域或四元数除环.

证明　设 D 是 $\mathbb{R}$ 上的有限维除环. 若 D 是域, 即它的乘法可交换, 则 D 为 $\mathbb{R}$ 的代数扩域, 因此 $D \cong \mathbb{R}$ 或 $\mathbb{C}$. 下面考虑 D 不是域的情况. 取 $r \in D \setminus \mathbb{R}$, 则由 $\mathbb{R}$ 上的不可约多项式都是 2 次的, 可知 $\mathbb{R}(r)$ 是 $\mathbb{R}$ 的 2 次扩张, 从而 $\mathbb{R}(r) \cong \mathbb{C}$. 所以不失一般性, 我们假设 $\mathbb{R} \subset \mathbb{C} \subset D$.

考虑除环 D 上的映射 τ, $\tau(x) = \mathrm{i}x\mathrm{i}^{-1}$, $x \in D$. 则 τ 是复线性的, 且 $\tau^2 = \mathrm{id}_D$. 将 D 分解为 τ 的特征子空间的直和 $D = D_+ \oplus D_-$, 其中 $D_{\pm} = \{x \in D \mid \tau(x) = \pm x\}$. 下面我们说明 $D_+ = \mathbb{C}$. 一方面容易看到 $\mathbb{C} \subseteq D_+$, 另一方面, 设 $u \in D_+$, 则 u 与 $\mathbb{C}$ 中的元素都交换, 从而 u 是 $\mathbb{C}$ 上的某个多项式的根, 即存在 $p[X] \in \mathbb{C}[X]$, 使得 $p(u) = 0$. 由于 $\mathbb{C}$ 上的不可约多项式都是 1 次的, 所以 $u \in \mathbb{C}$. 于是 $D_+ = \mathbb{C}$. 任取非零元 $y \in D_-$, 则左乘 y 是从 D_+ 到 D_- 作为实线性空间的同构. 因此 $\dim_{\mathbb{R}}D_- = \dim_{\mathbb{R}}D_+ = 2$, 从而 $\dim_{\mathbb{R}}D = 4$.

设 $z = a + bi \in D_+$. 对任意 $w \in D_-$, 有 $w\bar{z} = wa - wbi = aw + biw = zw$, 进而 $w^2\bar{z} = zw^2$. 再由 $w^2 \in D_+ = \mathbb{C}$, 我们有 $w^2 \in \mathbb{R}$. 进一步, $w^2 < 0$, 否则 $w \in \mathbb{R}$. 令 $j = \dfrac{w}{\sqrt{-w^2}}$, 则 $j^2 = -1$, 且 $ij = -ji$. 令 $k = ij$, 则 $1, i, j, k$ 组成 D 的基. 由此容易验证使得 $D \cong \mathbb{H}$.   □

例 2.4.1   设 $G = \{\pm 1, \pm i\}$ 是 4 阶循环群, $V = \mathbb{C}$ 是 2 维实线性空间, G 在 V 上的作用是复数乘法. 则

$$\rho(i) = \begin{pmatrix} 0 & -1 \\ 1 & 0 \end{pmatrix}$$

给出了 G 的 2 维实表示.

设实方阵

$$T = \begin{pmatrix} a & b \\ c & d \end{pmatrix}$$

是一个缠结算子, 则由条件 $\rho(i)T = T\rho(i)$ 可以解出 $T = aI + cJ$, 其中 I 是单位矩阵,

$$J = \begin{pmatrix} 0 & -1 \\ 1 & 0 \end{pmatrix}.$$

由于 $J^2 = -I$, 故 $\mathrm{Hom}_G(\rho, \rho) \cong \mathbb{C}$.

除了以上 2 维实不可约表示 ρ 外, G 还有 2 个 1 维实表示 ρ_1, ρ_2, 分别由 $\rho_i(i) = \pm 1$ 确定. 由 $4 = 1^2 + 1^2 + 2 \cdot 1^2$ 和推论 1.2.2 可知, G 的所有实不可约表示为: ρ_1, ρ_2 和 $\rho_3 = \rho$. 进而我们有左正则表示 $(L, \mathbb{R}[G])$ 的不可约分解

$$L \cong \rho_1 \oplus \rho_2 \oplus \rho_3.$$

以及

$$\mathbb{R}[G] \cong \mathbb{R}^{1 \times 1} \oplus \mathbb{R}^{1 \times 1} \oplus \mathbb{C}^{1 \times 1}.$$

例 2.4.2 $D_4 = \langle a, b \mid a^2 = b^4 = e, a^{-1}ba = b^{-1} \rangle$ 是正方形的对称群. 由正方形的对称操作, 我们得到 D_4 的 2 维实表示

$$\rho(a) = \begin{pmatrix} 0 & 1 \\ 1 & 0 \end{pmatrix}, \quad \rho(b) = \begin{pmatrix} 0 & -1 \\ 1 & 0 \end{pmatrix}.$$

设实方阵

$$T = \begin{pmatrix} a & b \\ c & d \end{pmatrix}$$

是一个缠结算子, 则与前一个例子类似, 由 $T\rho(b) = \rho(b)T$ 可得 $T = aI + cJ$. 再结合 $T\rho(a) = \rho(a)T$, 我们得到 $T = aI$. 也就是 $\mathrm{Hom}_{D_4}(\rho, \rho) \cong \mathbb{R}$. 从而 (ρ, V) 是实不可约表示.

D_4 有 4 个 1 维实表示 $\rho_1, \rho_2, \rho_3, \rho_4$, 分别由 $\rho_i(a) = \pm 1$ 和 $\rho_i(b) = \pm 1$ 来确定. 除此之外, 上面的计算给出了 D_4 的 1 个 2 维实不可约表示 $\rho_5 = \rho$. 于是由 $8 = 1^2 + 1^2 + 1^2 + 1^2 + 2^2$ 和推论 1.2.2 可知, 这 5 个表示是 D_4 的所有实不可约表示, 并且由定理 1.2.4 可知, 左正则表示 $(L, \mathbb{R}[D_4])$ 的不可约分解为

$$L \cong \rho_1 \oplus \rho_2 \oplus \rho_3 \oplus \rho_4 \oplus 2\rho_5.$$

对群代数, 我们有

$$\mathbb{R}[D_4] \cong \mathbb{R}^{1\times 1} \oplus \mathbb{R}^{1\times 1} \oplus \mathbb{R}^{1\times 1} \oplus \mathbb{R}^{1\times 1} \oplus \mathbb{R}^{2\times 2}.$$

例 2.4.3 考虑四元数群 $Q_8 = \{\pm\mathbf{1}, \pm\mathbf{i}, \pm\mathbf{j}, \pm\mathbf{k}\}$. 设 $V = \mathbb{H}$ 是以 $\{\mathbf{1}, \mathbf{i}, \mathbf{j}, \mathbf{k}\}$ 为基的 4 维实线性空间, Q_8 在 V 上的作用是四元数的左乘, 即 $\rho(g)v = gv$. Q_8 的生成元 $\mathbf{i}$ 和 $\mathbf{j}$ 的表示矩阵为

$$\rho(\mathbf{i}) = \begin{pmatrix} 0 & -1 & 0 & 0 \\ 1 & 0 & 0 & 0 \\ 0 & 0 & 0 & -1 \\ 0 & 0 & 1 & 0 \end{pmatrix}, \quad \rho(\mathbf{j}) = \begin{pmatrix} 0 & 0 & -1 & 0 \\ 0 & 0 & 0 & 1 \\ 1 & 0 & 0 & 0 \\ 0 & -1 & 0 & 0 \end{pmatrix}.$$

设实方阵

$$T = \begin{pmatrix} A_{2\times 2} & B_{2\times 2} \\ C_{2\times 2} & D_{2\times 2} \end{pmatrix}$$

是一个缠结算子, 则由条件 $\rho(\mathbf{i})T = T\rho(\mathbf{i})$ 和 $\rho(\mathbf{j})T = T\rho(\mathbf{j})$ 可以解出

$$T = aI + b\begin{pmatrix} J & 0 \\ 0 & -J \end{pmatrix} + c\begin{pmatrix} 0 & -I \\ I & 0 \end{pmatrix} + d\begin{pmatrix} 0 & J \\ J & 0 \end{pmatrix}.$$

直接验证可知, $T \mapsto a + b\mathbf{i} + c\mathbf{j} + d\mathbf{k}$ 给出了同构 $\mathrm{Hom}_G(\rho, \rho) \cong \mathbb{H}$. 由此也可看出 (ρ, V) 是不可约表示.

Q_8 有 4 个 1 维实表示 $\rho_1, \rho_2, \rho_3, \rho_4$, 分别由 $\rho_i(\mathbf{i}) = \pm 1$ 和 $\rho_i(\mathbf{j}) = \pm 1$ 来确定. 并且我们也得到了 Q_8 的 1 个 4 维实不可约表示 $\rho_5 = \rho$. 与 D_4 的情形类似, 由 $8 = 1^2 + 1^2 + 1^2 + 1^2 + 4\cdot 1^2$ 和推论 1.2.2 可知, 这 5 个表示是 Q_8 的所有实不可约表示, 而且对左正则表示 $(L, \mathbb{R}[Q_8])$, 我们有

$$L \cong \rho_1 \oplus \rho_2 \oplus \rho_3 \oplus \rho_4 \oplus \rho_5,$$

以及

$$\mathbb{R}[Q_8] \cong \mathbb{R}^{1\times 1} \oplus \mathbb{R}^{1\times 1} \oplus \mathbb{R}^{1\times 1} \oplus \mathbb{R}^{1\times 1} \oplus \mathbb{H}^{1\times 1}.$$

下面我们利用 Schur 引理来研究不可约复表示的矩阵的性质. 设 (ρ_1, V_1), (ρ_2, V_2) 是群 G 的两个不可约复表示, $T \in \text{Hom}(V_1, V_2)$ 是从 V_1 到 V_2 的线性映射, 则与 Maschke 定理的证明类似, 利用平均法我们可以得到缠结算子 $\widetilde{T} \in \text{Hom}_G(V_1, V_2)$,

$$\widetilde{T} = \frac{1}{|G|} \sum_{g \in G} \rho_2(g) \circ T \circ \rho_1(g)^{-1}.$$

事实上, $T \mapsto \widetilde{T}$ 是从 $\text{Hom}(V_1, V_2)$ 到 $\text{Hom}_G(V_1, V_2)$ 的投影.

如果 ρ_1 与 ρ_2 不等价, 则由 Schur 引理, 对任意 $T \in \text{Hom}(V_1, V_2)$, 我们有

$$\frac{1}{|G|} \sum_{g \in G} \rho_2(g) \circ T \circ \rho_1(g)^{-1} = 0.$$

当 $\rho_1 = \rho_2$ 时, 由 Schur 引理, 对任意 $T \in \text{Hom}(V_1, V_1)$, 存在 $\lambda \in \mathbb{C}$, 使得

$$\frac{1}{|G|} \sum_{g \in G} \rho_1(g) \circ T \circ \rho_1(g)^{-1} = \lambda \cdot \text{id}_{V_1}.$$

对这个方程的两边取迹, 可得

$$\frac{1}{|G|} \sum_{g \in G} \text{tr}(\rho_1(g) \circ T \circ \rho_1(g)^{-1}) = \text{tr}(\lambda \cdot \text{id}_{V_1}),$$

即

$$\frac{1}{|G|} \sum_{g \in G} \text{tr}(T) = \lambda \cdot \text{tr}(\text{id}_{V_1}).$$

注意到此等式的左边是对 $\text{tr}(T)$ 的重复求和, 右边是恒等映射的迹, 我们得到 $\text{tr}(T) = \lambda \cdot \dim(V_1)$. 由此解出 $\lambda = \dfrac{\text{tr}(T)}{\dim(V_1)}$. 于是

$$\frac{1}{|G|} \sum_{g \in G} \rho_1(g) \circ T \circ \rho_1(g)^{-1} = \frac{\text{tr}(T)}{\dim(V_1)} \cdot \text{id}_{V_1}.$$

下面我们取特殊的 T 来计算相应的缠结算子. 设 $[\rho_{ij}^1(g)]_{n \times n}$ 和 $[\rho_{kl}^2(g)]_{m \times m}$ 分别是 $\rho_1(g)$ 和 $\rho_2(g)$ 的矩阵. 令 $T = [\delta_{sp}\delta_{qt}]_{m \times n}$ 是在第 p 行和第 q 列交叉处为 1, 其余位置均为 0 的矩阵 (0-1 矩阵). 那么

$$\widetilde{T} = \frac{1}{|G|} \sum_{g \in G} [\rho_{kl}^2(g)]_{m \times m} [\delta_{sp}\delta_{qt}]_{m \times n} [\rho_{ij}^1(g^{-1})]_{n \times n}$$

$$= \frac{1}{|G|} \sum_{g \in G} \left[\sum_{l=1}^{m} \sum_{i=1}^{n} \rho_{kl}^2(g) \delta_{lp} \delta_{qi} \rho_{ij}^1(g^{-1}) \right]_{m \times n} = \left[\frac{1}{|G|} \sum_{g \in G} \rho_{kp}^2(g) \rho_{qj}^1(g^{-1}) \right]_{m \times n}.$$

当 ρ_1 与 ρ_2 不等价时, 由 Schur 引理可知

$$\frac{1}{|G|}\sum_{g\in G}\rho^2_{kp}(g)\rho^1_{qj}(g^{-1})=0.$$

而对 ρ_1 有

$$\frac{1}{|G|}\sum_{g\in G}\rho^1_{kp}(g)\rho^1_{qj}(g^{-1})=\frac{\mathrm{tr}([\delta_{pq}]_{n\times n})}{n}\delta_{kj}=\frac{1}{n}\delta_{pq}\delta_{kj}.$$

这就是不可约表示的矩阵元素的正交性质. 如果上面的复表示是酉表示, 这些等式可以用内积的方式表达出来. 事实上, 将表示的矩阵元素 $\rho^1_{ij}(g)$ 和 $\rho^2_{kl}(g)$ 视为群 G 上的复值函数, 对群 G 上的复值函数 φ 和 ψ, 我们定义它们之间的内积为

$$(\varphi,\psi)=\frac{1}{|G|}\sum_{g\in G}\varphi(g)\overline{\psi(g)},$$

其中 $\bar{z}$ 是 z 的复共轭. 若 $[\rho^1_{ij}(g)]_{n\times n}$ 和 $[\rho^2_{kl}(g)]_{m\times m}$ 是酉矩阵, 则我们有

$$[\rho^1_{ij}(g^{-1})]_{n\times n}=[\overline{\rho^1_{ji}(g)}]_{n\times n}.$$

由此我们得到

命题 2.4.1　设 (ρ_1,V_1) 和 (ρ_2,V_2) 是群 G 的不等价不可约酉表示, 则

$$(\rho^2_{kp},\rho^1_{jq})=0,\qquad(\rho^1_{kp},\rho^1_{jq})=\frac{1}{\dim(V_1)}\delta_{kj}\delta_{pq}.$$

后面我们将会看到, 一个群的所有不等价不可约酉表示的矩阵的元素共同组成了该群上复值函数空间的一组正交基.

例 2.4.4　考虑 D_3 的不可约复表示. 设 (ρ_1,V_1) 是 1 维平凡表示, (ρ_2,V_2) 是正三角形对称性给出的 2 维表示. 由例 2.1.1 中的表示矩阵可得以下矩阵元函数的值:

	r_0	r_1	r_2	s_1	s_2	s_3
ρ^1_{11}	1	1	1	1	1	1
ρ^2_{11}	1	$-\frac{1}{2}$	$-\frac{1}{2}$	-1	$\frac{1}{2}$	$\frac{1}{2}$
ρ^2_{12}	0	$-\frac{\sqrt3}{2}$	$\frac{\sqrt3}{2}$	0	$\frac{\sqrt3}{2}$	$-\frac{\sqrt3}{2}$
ρ^2_{21}	0	$\frac{\sqrt3}{2}$	$-\frac{\sqrt3}{2}$	0	$\frac{\sqrt3}{2}$	$-\frac{\sqrt3}{2}$
ρ^2_{22}	1	$-\frac{1}{2}$	$-\frac{1}{2}$	1	$-\frac{1}{2}$	$-\frac{1}{2}$

直接计算可得, $(\rho^1_{11},\rho^2_{12})=0$, $(\rho^2_{12},\rho^2_{21})=0$, $(\rho^2_{12},\rho^2_{12})=(\rho^2_{21},\rho^2_{21})=\frac{1}{2}$. 正交性的其他等式留给读者自己验证.

习题

1. 设 ρ 是有限群 G 的有限维复表示. 证明: 对任意 $g \in G$, 矩阵 $\rho(g)$ 是可对角化的.

2. 证明: 有限群都有有限维忠实表示.

3. 设 H 是 G 的指数为 2 的子群, (ρ, V) 是 G 的表示, 证明: 以下定义的 $\overline{\rho}$ 是 G 的表示.

$$\overline{\rho}(g) = \begin{cases} \rho(g), & g \in H, \\ -\rho(g), & g \notin H. \end{cases}$$

4. 按照矩阵和列向量的乘法, $V = \mathbb{C}^n$ 成为一般线性群 $\mathrm{GL}_n(\mathbb{C})$ 的表示. 证明: V 是 $\mathrm{GL}_n(\mathbb{C})$ 的不可约表示.

5. 与题 4 相同, $V = \mathbb{C}^n$ 是一般线性群 $\mathrm{GL}_n(\mathbb{C})$ 的表示. 由此, 张量积空间 $V \otimes V$ 也是 $\mathrm{GL}_n(\mathbb{C})$ 的表示: $g(v_1 \otimes v_2) = gv_1 \otimes gv_2, \forall g \in \mathrm{GL}_n(\mathbb{C})$. 进而对称张量积空间 $S^2(V)$ 和反对称张量积 $\wedge^2(V)$ 都是 $V \otimes V$ 的子表示. 证明: $S^2(V)$ 和 $\wedge^2(V)$ 都是 $\mathrm{GL}_n(\mathbb{C})$ 的不可约表示.

6. 已知正四面体的对称群是交错群 A_4,

(1) 用正四面体的对称操作给出 A_4 的 3 维表示; (建立 3 维坐标系, 写下 A_4 的元素对应的矩阵.)

(2) 证明这个 3 维表示是不可约的.

7. 设 ρ 是四元数群 Q_8 的 2 维复表示:

$$\rho(\pm 1) = \pm \begin{pmatrix} 1 & 0 \\ 0 & 1 \end{pmatrix}, \qquad \rho(\pm \mathbf{i}) = \pm \begin{pmatrix} \mathrm{i} & 0 \\ 0 & -\mathrm{i} \end{pmatrix},$$

$$\rho(\pm \mathbf{j}) = \pm \begin{pmatrix} 0 & 1 \\ -1 & 0 \end{pmatrix}, \qquad \rho(\pm \mathbf{k}) = \pm \begin{pmatrix} 0 & \mathrm{i} \\ \mathrm{i} & 0 \end{pmatrix}.$$

证明: ρ 是不可约表示.

8. 设 ρ 是有限群 G 的 3 维复表示, 证明: ρ 是不可约的当且仅当对任意 $g \in G$, $\rho(g)$ 没有公共的特征向量.

9. 设 (ρ, V) 是有限群 G 的 2 维表示, 且 $\rho(G)$ 不是交换群. 证明: (ρ, V) 是不可约表示.

10. 设 ρ 是有限群 G 的忠实 2 维实表示, 且对任意 $g \in G, \det\rho(g) = 1$. 证明: G 是循环群.

11. 设 (ρ, V) 是有限群 G 的有限维表示. 令 $V^G = \{v \in V \mid \rho(g)(v) = v, \forall g \in G\}$,

$$P = \frac{1}{|G|} \sum_{g \in G} \rho(g).$$

(1) 证明：P 是从 V 到 V^G 的投影;

(2) 证明：P 是缠结算子;

(3) 证明：V^G 是 V 的 G-不变子空间, 它的维数是 $\dim V^G = \frac{1}{|G|} \sum_{g \in G} \operatorname{tr}(\rho(g))$.

12. 设 G_1 和 G_2 为有限交换群, $F: G_1 \to G_2$ 是群同态. 对 $\chi \in \widehat{G}_2$, 定义 $\widehat{F}(\chi) = \chi \circ F$.

(1) 证明：$\widehat{F}: \widehat{G}_2 \to \widehat{G}_1$ 是特征群之间的同态;

(2) 证明：若 F 是单射, 则 $\widehat{F}$ 是满射.

13. 设 $\rho: G \to \operatorname{GL}_n(\mathbb{R})$ 是有限群 G 的实表示, 证明：ρ 等价于一个正交表示, 即存在 $T \in \operatorname{GL}_n(\mathbb{R})$, 使得对任意 $g \in G$, $T^{-1}\rho(g)T$ 是正交矩阵.

14. 设 (ρ, V) 是有限群 G 的 2 维表示, 则 $S^2(\rho \otimes \rho) \cong \det(\rho)$, 其中 $\det(\rho)$ 是由行列式给出的表示：$\det(\rho)(g) = \det(\rho(g))$.

15. 设 (ρ_1, V_1) 和 (ρ_2, V_2) 是有限群 G 的有限维表示, 证明：表示 $\rho_{\operatorname{Hom}}$ 与 $\rho_1^* \otimes \rho_2$ 是等价的.

第三章

特征标与正交关系

本章我们研究不可约表示之间的关系, 这在研究表示的分类时至关重要. 前面我们提到, 表示理论最初起源于 Dedekind 和 Frobenius 的研究, 此后 Burnside 和 Schur 对 Frobenius 的工作做了简化和发展. 这里一个非常关键的技巧就是 Schur 引理, 它给出了不可约表示之间的缠结算子一个非常精确的刻画, 从而导出特征标的正交性, 并由此决定了有限群的所有复表示.

3.1　表示的特征标

我们知道, 取定表示空间的基后, 群表示将群元素对应到可逆矩阵. 根据线性变换的理论, 当我们取表示空间的不同的基时, 同一个表示的矩阵会有所不同. 例如我们已经看到, S_3 的两个 2 维表示, 虽然表示的矩阵完全不同, 却是等价的表示. 数学理论中寻找不变量是一个重要的技巧, 因此我们希望找到一个量, 其不依赖基的选取, 用以区分和刻画不同的群表示. 回忆一下, 线性变换在不同的基下的矩阵是相似的, 而相似的矩阵的迹是相同的. 这引导我们定义表示的特征标.

定义 3.1.1　设 (ρ, V) 是群 G 的表示, G 上的函数 $\chi_\rho(g) = \mathrm{tr}(\rho(g))$, $g \in G$, 称为表示 (ρ, V) 的**特征标**.

下面的命题给出了特征标的一些基本性质.

命题 3.1.1　(1) 设 e 是群 G 的单位元, 则 $\chi_\rho(e) = \dim(\rho)$;

(2) 设 $g, h \in G$, 则 $\chi_\rho(h^{-1}gh) = \chi_\rho(g)$;

(3) 若 ρ_1 和 ρ_2 是等价的表示, 则 $\chi_{\rho_1} = \chi_{\rho_2}$;

(4) 设 ρ_1 和 ρ_2 是 G 的表示, 则 $\chi_{\rho_1 \oplus \rho_2} = \chi_{\rho_1} + \chi_{\rho_2}$, $\chi_{\rho_1 \otimes \rho_2} = \chi_{\rho_1} \chi_{\rho_2}$;

(5) 设 (ρ, V) 是 G 的表示, 则

$$\chi_{S^2(\rho)}(g) = \frac{1}{2}(\chi(g)^2 + \chi(g^2)), \chi_{\wedge^2(\rho)}(g) = \frac{1}{2}(\chi(g)^2 - \chi(g^2));$$

(6) 设 (ρ, V) 是有限群 G 的复表示, 则 $\chi_\rho(g^{-1}) = \overline{\chi_\rho(g)}$;

(7) 设 ρ_1 和 ρ_2 是 G 的不等价不可约复表示, 则对于 G 上复值函数间的内积, 我们有

$$(\chi_{\rho_1}, \chi_{\rho_2}) = 0, \quad (\chi_{\rho_1}, \chi_{\rho_1}) = (\chi_{\rho_2}, \chi_{\rho_2}) = 1.$$

证明　(1)—(4) 是特征标的定义的直接推论.

(5) 设 $\{e_1, \cdots, e_n\}$ 是 V 的一组基, $\rho(g)$ 在这组基下的作用为 $\rho(e_i) = \sum_{k=1}^{n} a_{ki} e_k$. 则 $\wedge^2 V$ 的一组基为 $\{e_i \otimes e_j - e_j \otimes e_i \mid 1 \leqslant i < j \leqslant n\}$. 下面我们用这组基来计算 $(\rho \otimes \rho)(g)$

的迹.

$$(\rho \otimes \rho)(g)(e_i \otimes e_j - e_j \otimes e_i) = \rho(g)(e_i) \otimes \rho(g)(e_j) - \rho(g)(e_j) \otimes \rho(g)(e_i)$$

$$= \left(\sum_{k=1}^{n} a_{ki}e_k\right) \otimes \left(\sum_{l=1}^{n} a_{lj}e_l\right) - \left(\sum_{l=1}^{n} a_{lj}e_l\right) \otimes \left(\sum_{k=1}^{n} a_{ki}e_k\right)$$

$$= (a_{ii}a_{jj} - a_{ij}a_{ji})(e_i \otimes e_j - e_j \otimes e_i) + \cdots,$$

其中我们省略了与计算迹无关的项. 于是

$$\chi_{\wedge^2(\rho)}(g) = \sum_{i<j}(a_{ii}a_{jj} - a_{ij}a_{ji})$$

$$= \frac{1}{2}\left(\left(\sum_{i=1}^{n} a_{ii}\right)\left(\sum_{j=1}^{n} a_{jj}\right) - \sum_{i=1}^{n}\sum_{j=1}^{n} a_{ij}a_{ji}\right)$$

$$= \frac{1}{2}(\chi(g)^2 - \chi(g^2)).$$

由 $V \otimes V = S^2(V) \oplus \wedge^2(V)$ 可得 $\chi_{S^2(\rho)}(g) = \chi_{\rho \otimes \rho}(g) - \chi_{\wedge^2(\rho)}(g) = \frac{1}{2}(\chi(g)^2 + \chi(g^2))$.

(6) 由 G 是有限群, 知 $g \in G$ 的阶 $o(g)$ 是有限的, 从而 $\rho(g)^{o(g)}$ 是单位矩阵, 所以 $\rho(g)$ 的特征值是单位根, 且 $\rho(g^{-1})$ 的特征值是 $\rho(g)$ 的特征值的复共轭. 因此

$$\chi_\rho(g^{-1}) = \overline{\chi_\rho(g)}.$$

(7) 将等式

$$\frac{1}{|G|}\sum_{g \in G} \rho_{kk}^2(g)\rho_{qq}^1(g^{-1}) = 0$$

的两边对指标 k 以及 q 求和, 我们得到

$$\frac{1}{|G|}\sum_{g \in G}\sum_{k=1}^{m}\sum_{q=1}^{n} \rho_{kk}^2(g)\rho_{qq}^1(g^{-1}) = 0,$$

即

$$\frac{1}{|G|}\sum_{g \in G} \chi_{\rho_1}(g)\chi_{\rho_2}(g^{-1}) = 0.$$

再利用性质 (5), 我们得到 $(\chi_{\rho_1}, \chi_{\rho_2}) = 0$.

将等式

$$\frac{1}{|G|}\sum_{g \in G} \rho_{kp}^1(g)\rho_{qj}^1(g^{-1}) = \frac{1}{n}\delta_{pq}\delta_{kj}$$

的两边对指标 $k = p$ 以及 $j = q$ 求和, 可得

$$\frac{1}{|G|}\sum_{g \in G}\sum_{k=1}^{n}\sum_{q=1}^{n} \rho_{kk}^1(g)\rho_{qq}^1(g^{-1}) = \frac{1}{n}\sum_{k=1}^{n}\sum_{q=1}^{n} \delta_{kq},$$

即

$$\frac{1}{|G|} \sum_{g \in G} \chi_{\rho_1}(g)\chi_{\rho_1}(g^{-1}) = \frac{1}{n} \cdot n = 1,$$

从而 $(\chi_{\rho_1}, \chi_{\rho_1}) = 1$. □

由性质 (2) 可知, 特征标在同一个共轭类中的元素上取值相同. 满足这样条件的复值函数称为**类函数**. 以下对某特征标的取值列表显示时, 总是把同一共轭类上的取值合并成一列, 并用该共轭类的代表元标记此列. 有时为了计数方便, 会在代表元下方用圆括号中的数字标记该共轭类中元素的个数.

例 3.1.1   前面我们介绍了 S_3 的 3 个不可约复表示, 分别是 1 维平凡表示 ρ_1, 符号表示 ρ_{-1} 和 2 维表示 ρ_2. 下面是这些表示的特征标:

	{(1)} (1)	{(12)} (3)	{(123)} (2)
χ_{ρ_1}	1	1	1
$\chi_{\rho_{-1}}$	1	-1	1
χ_{ρ_2}	2	0	-1

设 $H(G)$ 是 G 上全体类函数组成的线性空间, 即 $f \in H(G)$ 当且仅当

$$f(h^{-1}gh) = f(g), \forall g, h \in G.$$

设 $C_1, C_2, \cdots, C_r$ 是 G 的所有共轭类, 对 $i = 1, \cdots, r$, 定义函数 f_i 使得 $f_i(g) = 1$, 若 $g \in C_i$; $f_i(g) = 0$, 若 $g \notin C_i$, 即 f_i 是共轭类 C_i 的特征函数. 可以验证, $f_1, \cdots, f_r$ 组成 $H(G)$ 的一组基. 因此 $H(G)$ 的维数等于 G 的共轭类的个数. 此外, 由特征标的正交性可知, G 的所有不等价不可约复表示的特征标组成 $H(G)$ 中的一个正交集, 特别地, 不等价不可约复表示的特征标作为 $H(G)$ 中的元素是线性无关的, 从而不等价特征标的数目不超过 $H(G)$ 的维数. 于是我们有

命题 3.1.2   有限群 G 的不等价不可约复表示的个数不超过 G 的共轭类的个数.

例 3.1.2   由于 S_3 有 3 个共轭类, 而我们前面已经给出 S_3 的 3 个互不等价的不可约复表示, 因此这 3 个表示就是 S_3 的所有不等价的不可约复表示.

从上面的分析我们可以看出, 特征标的正交性是对可约复表示进行分类、计数的核心工具. 设 (ρ, V) 是有限群 G 的有限维复表示, 根据有限维表示的完全可约性, 有

$$\rho \cong m_1\rho_1 \oplus \cdots \oplus m_k\rho_k,$$

其中 $\{\rho_i\}_{i=1}^{k}$ 是彼此不等价的不可约复表示, m_i 是 ρ_i 出现的重数. 考虑对应的特征标, 则

$$\chi_\rho = m_1\chi_{\rho_1} + \cdots + m_k\chi_{\rho_k}.$$

上式的两边分别与 χ_{ρ_i} 做内积, 得 $m_i = (\chi_\rho, \chi_{\rho_i})$. 这说明特征标完全决定了有限维复表示.

总结上面的结论, 我们得到

命题 3.1.3 设 ρ 是群 G 的有限维复表示, 则 ρ 不可约当且仅当 $(\chi_\rho, \chi_\rho) = 1$.

定理 3.1.1 设 ρ_1 和 ρ_2 是群 G 的有限维复表示, 则 $\rho_1 \cong \rho_2$ 当且仅当 $\chi_{\rho_1} = \chi_{\rho_2}$.

例 3.1.3 对 S_3 的 2 维不可约表示 ρ_2, 我们计算过 $\rho_2 \otimes \rho_2$ 的分解. 我们可以使用特征标得到同样的结果. 由 $\chi_{\rho_2\otimes\rho_2} = \chi_{\rho_2}\chi_{\rho_2}$, 可得

	{(1)}	{(12)}	{(123)}
	(1)	(3)	(2)
$\chi_{\rho_2\otimes\rho_2}$	4	0	1

于是

$$(\chi_{\rho_2\otimes\rho_2}, \chi_{\rho_1}) = \frac{1}{6}(4\cdot1 + 0\cdot1\cdot3 + 1\cdot1\cdot2) = 1,$$

$$(\chi_{\rho_2\otimes\rho_2}, \chi_{\rho_{-1}}) = (\chi_{\rho_2\otimes\rho_2}, \chi_{\rho_2}) = 1.$$

因此 $\rho_2 \otimes \rho_2 \cong \rho_1 \oplus \rho_{-1} \oplus \rho_2$.

3.2 左正则表示

在这一节中, 我们来计算有限群的左正则表示的特征标, 并将左正则表示分解为不可约表示的直和. 回忆一下, 有限群 G 的群代数 $\mathbb{C}[G]$ 是以 G 的元素为基生成的线性空间 (注意这里的 $\mathbb{C}[G]$ 与函数空间 $C(G)$ 的区别), 即

$$\mathbb{C}[G] = \left\{ \sum_{g_i \in G} c_i g_i \,\middle|\, c_i \in \mathbb{C} \right\}.$$

群 G 的左乘给出其在自身上的左正则作用 $g_i \mapsto gg_i$, 这个作用通过线性扩张成为 $\mathbb{C}[G]$ 上的可逆线性变换 $L(g)$:

$$L(g)\left(\sum_{g_i \in G} c_i g_i \right) = \sum_{g_i \in G} c_i gg_i.$$

由此我们得到 G 在 $\mathbb{C}[G]$ 作为复线性空间上的表示 $(L, \mathbb{C}[G])$, 这就是 G 的左正则表示. 注意到对于 $g \in G$, 左乘 g 使 $(L, \mathbb{C}[G])$ 的基向量产生了一个置换, 故 $L(g)$ 的矩阵是置

换矩阵, 它的迹等于左乘 g 的不动点的个数. 由此我们得到左正则表示的特征标为

$$(\chi_L)(g) = \begin{cases} |G|, & g \text{ 是单位元}, \\ 0, & g \text{ 不是单位元}. \end{cases}$$

下面我们来计算左正则表示 L 的分解. 设

$$L \cong m_1\rho_1 \oplus \cdots \oplus m_k\rho_k,$$

其中 $\{(\rho_i, V_i)\}_{i=1}^k$ 是 G 的全体互不等价的不可约复表示. 则 ρ_i 出现的重数为

$$m_i = (\chi_L, \chi_{\rho_i}) = \frac{1}{|G|} \sum_{g \in G} \chi_L(g)\overline{\chi_{\rho_i}(g)} = \frac{1}{|G|}\chi_L(e)\chi_{\rho_i}(e) = \chi_{\rho_i}(e) = \dim(\rho_i).$$

因此，每个不可约复表示都出现在 L 的不可约分解中, 且出现的重数等于该不可约复表示的维数. 因此我们有直和分解:

$$\mathbb{C}[G] \cong (\dim V_1)V_1 \oplus \cdots \oplus (\dim V_k)V_k.$$

注意到 $\mathbb{C}[G]$ 的维数恰好为 G 的阶, 我们得到

定理 3.2.1   设 $\{(\rho_i, V_i)\}_{i=1}^k$ 是有限群 G 的不等价不可约复表示, 则

$$|G| = \sum_{i=1}^k (\dim V_i)^2.$$

这个等式与利用半单代数得到的结论是一致的. 而现在我们能够使用特征标来方便地计算直和分解的系数. 该等式是关于有限群不可约表示维数的重要公式, 它给出了不可约表示维数的限制. 在某些特殊情形, 我们可以通过上述公式确定有限群的所有不可约表示. 我们给出一些例子加以说明.

例 3.2.1   四元数群 $Q_8 = \{\pm\mathbf{1}, \pm\mathbf{i}, \pm\mathbf{j}, \pm\mathbf{k}\}$ 的换位子群是 $Q_8^{(1)} = \{\pm\mathbf{1}\}$. 于是

$$Q_8/Q_8^{(1)} \cong \{\pm\mathbf{1}\} \times \{\pm\mathbf{1}\}$$

的 1 维表示给出了 Q_8 的所有 1 维表示. 所以 Q_8 有 4 个 1 维表示. 那么由上述公式, 维数大于 1 的不可约复表示只有一种可能性, 也就是 1 个 2 维表示. 所以 Q_8 共有 5 个不可约复表示, 维数分别为 $1, 1, 1, 1, 2$.

这个 2 维表示 ρ_2 可用量子物理中的 Pauli (泡利) 矩阵来表达. Pauli 矩阵共有三个, 即

$$\sigma_x = \begin{pmatrix} 0 & 1 \\ 1 & 0 \end{pmatrix}, \quad \sigma_y = \begin{pmatrix} 0 & -i \\ i & 0 \end{pmatrix}, \quad \sigma_z = \begin{pmatrix} 1 & 0 \\ 0 & -1 \end{pmatrix}.$$

容易验证, $\rho_2(\mathbf{i}) = -i\sigma_x$, $\rho_2(\mathbf{j}) = -i\sigma_y$ 和 $\rho_2(\mathbf{k}) = -i\sigma_z$ 给出了 Q_8 的一个 2 维不可约复表示.

例 3.2.2 设 $\{(\rho_i, V_i)\}_{i=1}^r$ 是有限群 G 的所有彼此不等价不可约酉表示, 其中每个不可约表示的矩阵元 $\rho_{pq}^i(g)$ 均是 G 上的函数. 这些不等价不可约酉表示共含有 $\sum_{i=1}^r (\dim V_i)^2$ 个矩阵元. 前面我们已经看到这些矩阵元是两两正交的. 另一方面, 有限群 G 上函数空间 $C(G)$ 的维数等于 $|G|$ (这是因为全体群元素对应的特征函数给出了 $C(G)$ 的一组基). 于是由上述定理可知, 全体不等价不可约酉表示的矩阵元组成了函数空间 $C(G)$ 的一组正交基. 进一步令 $e_{pq}^i = \frac{1}{\sqrt{\dim V_i}} \rho_{pq}^i$, 则这组函数 $\{e_{pq}^i\}$ 组成了 $C(G)$ 的标准正交基.

接下来我们讨论有限群 G 的群行列式. 这是群表示论的起源之一. 历史上, Dedekind 首先在计算群行列式时发现这种行列式作为多项式是可约的, 之后 Frobenius 创立了群表示的理论并解释了群行列式的分解规律.

设 $G = \{g_1, \cdots, g_n\}$ 是有限群. 以 G 的元素为指标引进不定元 $x_{g_1}, \cdots, x_{g_n}$. 我们可以把群的乘法表看作一个 $n \times n$ 矩阵 X_G, 它的第 i 行第 j 列的元素为 $x_{g_i g_j^{-1}}$. 矩阵 X_G 称为 G 的**群矩阵**, 而 X_G 的行列式 D_G 称为 G 的**群行列式**.

例 3.2.3 设 $G = \langle g \mid g^3 = e \rangle$ 是 3 阶循环群. 令 $x_1 = e, x_2 = g, x_3 = g^2$. 则 G 的群矩阵为

$$X_G = \begin{pmatrix} x_1 & x_3 & x_2 \\ x_2 & x_1 & x_3 \\ x_3 & x_2 & x_1 \end{pmatrix}.$$

直接计算它的行列式可得 $D_G = x_1^3 + x_2^3 + x_3^3 - 3x_1 x_2 x_3$. 将这个 3 元多项式分解因式并不容易. 注意到 X_G 是一个循环矩阵, 可以写为以下形式:

$$X_G = x_1 \begin{pmatrix} 1 & 0 & 0 \\ 0 & 1 & 0 \\ 0 & 0 & 1 \end{pmatrix} + x_2 \begin{pmatrix} 0 & 0 & 1 \\ 1 & 0 & 0 \\ 0 & 1 & 0 \end{pmatrix} + x_3 \begin{pmatrix} 0 & 1 & 0 \\ 0 & 0 & 1 \\ 1 & 0 & 0 \end{pmatrix}.$$

令 $J = \begin{pmatrix} 0 & 0 & 1 \\ 1 & 0 & 0 \\ 0 & 1 & 0 \end{pmatrix}$, 则 $X_G = x_1 I + x_2 J + x_3 J^2$. 由于 J 的特征值为 1, ω 和 ω^2, 其中 $\omega = e^{2\pi i/3}$, 所以 X_G 的特征值为 $x_1 + x_2 + x_3$、$x_1 + \omega x_2 + \omega^2 x_3$ 和 $x_1 + \omega^2 x_2 + \omega x_3$. 因此

$$D_G = (x_1 + x_2 + x_3)(x_1 + \omega x_2 + \omega^2 x_3)(x_1 + \omega^2 x_2 + \omega x_3).$$

可以直接验证 J 是 G 的左正则表示中 g 对应的矩阵. 群行列式 D_G 分解成 3 个不可约因子的乘积. 这正好对应了 G 的左正则表示可分解为 3 个不可约复表示的直和.

对一般的有限群 G, 群行列式可分解为一些不可约多项式的乘积, 这些不可约多项式的次数和出现的重数都等于 G 的不可约复表示的维数. 而不同的不可约因子的个数则等于 G 的共轭类的个数.

定理 3.2.2　设 G 是有限群, 则群行列式 D_G 的分解为

$$D_G = \prod_{i=1}^{r} p_i(\boldsymbol{x})^{\deg(p_i(\boldsymbol{x}))},$$

其中 p_i 是不定元 $\boldsymbol{x} = (x_{g_1}, \cdots, x_{g_n})$ 的不可约多项式, $\deg(p_i(\boldsymbol{x}))$ 等于 G 的不可约复表示的维数, r 是 G 的共轭类的个数.

证明　群矩阵 X_G 可写成 $X_G = \sum_{j=1}^{n} x_{g_j} L(g_j)$, 其中 $L(g_j)$ 是 g_j 在左正则表示中对应的矩阵. 设 $(\rho_1, V_1), \cdots, (\rho_r, V_r)$ 是 G 的不等价不可约复表示. 则存在可逆矩阵 T, 使得对任意 $g \in G$, $T^{-1} L(g) T$ 为分块对角矩阵

$$\mathrm{diag}[\rho_1(g), \cdots, \rho_1(g), \rho_2(g), \cdots, \rho_2(g), \cdots, \rho_r(g), \cdots, \rho_r(g)],$$

其中 $\rho_j(g)$ 出现的次数等于 $\dim(V_j)$, $j = 1, \cdots, r$. 故

$$D_G = \mathrm{Det}\left(\mathrm{diag}\left[\sum_{i=1}^{n} x_{g_i}\rho_1(g), \cdots, \sum_{i=1}^{n} x_{g_i}\rho_1(g), \cdots, \sum_{i=1}^{n} x_{g_i}\rho_r(g), \cdots, \sum_{i=1}^{n} x_{g_i}\rho_r(g)\right]\right)$$

$$= \prod_{i=1}^{r} \mathrm{Det}\left(\sum_{j=1}^{n} x_{g_j}\rho_i(g)\right)^{\dim(V_i)}.$$

在 D_G 的因式分解中, $p_i(\boldsymbol{x}) := \mathrm{Det}\left(\sum_{j=1}^{n} x_{g_j}\rho_i(g)\right)$ 是不定元 $\boldsymbol{x} = (x_{g_1}, \cdots, x_{g_n})$ 的多项式, 次数和在乘积中出现的重数均为 $\dim(V_i)$.

下面我们来证明 $p_i(\boldsymbol{x})$ 是不可约的. 设 $y_{i,pq}$ 是 $\dim(V_i) \times \dim(V_i)$ 矩阵的第 p 行第 q 列处矩阵元坐标函数, E_{pq} 是 (p,q) 位置的 0-1 矩阵, 则 $\sum_{j=1}^{n} x_{g_j}\rho_i(g) = \sum_{p,q} y_{i,pq} E_{pq}$. 由于不可约复表示的矩阵元组成函数空间 $C(G)$ 的一组基, 所以 $\{x_{g_j}\}$ 和 $\{y_{i,pq}\}$ 可以相互线性表示, 从而 $p_i(\boldsymbol{x})$ 是 $\{x_{g_j}\}$ 的不可约多项式等价于行列式函数 $\mathrm{Det}([y_{i,pq}])$ 是 $\{y_{i,pq}\}$ 的不可约多项式. 而这正是下面引理的结论. □

引理 3.2.1　设 n 阶矩阵 Y 的矩阵元是不定元 $\{y_{ij}\}$, 则 $\det(Y)$ 是 $\{y_{ij}\}$ 的 n 次不可约多项式.

证明　假设 $\det(Y)$ 是 $\{y_{ij}\}$ 的可约多项式. 对 $i \geqslant 1$, 令 $y_{ii} = t$, $y_{i,i+1} = z_i (i = n$ 时, $y_{n1} = z_n)$, 其余 y_{kl} 均为 0. 此时 $Y = tI + \sum_{i} z_i E_{i,i+1}$, 且 $\det(Y) = t^n +$

$(-1)^{n+1}z_1 \cdots z_n$. 但这是关于 $t, z_1, \cdots, z_n$ 的不可约多项式, 矛盾. 因此 $\det(Y)$ 是 $\{y_{ij}\}$ 的不可约多项式. $\square$

3.3 函数空间

前面我们已经看到, 不可约复表示的特征标组成类函数空间 $H(G)$ 中的一个正交子集. 下面我们证明它们事实上组成 $H(G)$ 的一组正交基.

定理 3.3.1 设 $\{(\rho_i, V_i)\}_{i=1}^k$ 是群 G 的全体不等价复不可约表示, 则 $\{\chi_{\rho_i}\}_{i=1}^k$ 是函数空间 $H(G)$ 的一组基.

证明 由特征标的正交性可知它们是线性无关的, 因此只需证明若 f 是类函数, 且 $(f, \chi_{\rho_i}) = 0$ 对所有 χ_{ρ_i} 成立, 则 $f = 0$. 直接计算可得

$$(f, \chi_{\rho_i}) = \frac{1}{|G|} \sum_{g \in G} f(g) \overline{\chi_{\rho_i}(g)} = \frac{1}{|G|} \sum_{g \in G} f(g) \chi_{\rho_i}(g^{-1})$$

$$= \frac{1}{|G|} \sum_{g \in G} f(g) \mathrm{tr}(\rho_i(g^{-1})) = \mathrm{tr}\Big(\frac{1}{|G|} \sum_{g \in G} f(g) \rho_i(g^{-1}) \Big).$$

给定 G 的表示 (ρ, V), 考虑线性变换

$$\rho(f) = \frac{1}{|G|} \sum_{g \in G} f(g) \rho(g^{-1}).$$

下面我们验证对 $f \in H(G)$, $\rho(f)$ 是缠结算子. 事实上, 对任意 $h \in G$, 我们有

$$\rho(h)\rho(f) = \frac{1}{|G|} \sum_{g \in G} f(g) \rho(h) \rho(g^{-1}) = \frac{1}{|G|} \sum_{g \in G} f(g) \rho(hg^{-1})$$

$$= \frac{1}{|G|} \sum_{s \in G} f(hsh^{-1}) \rho(s^{-1}h) = \frac{1}{|G|} \sum_{s \in G} \rho(s^{-1}) \rho(h) = \rho(f)\rho(h).$$

若 ρ 为不可约复表示, 则由 Schur 引理, 存在 $\lambda \in \mathbb{C}$ 使得 $\rho(f) = \lambda \cdot \mathrm{id}_V$. 对等式两边取迹, 我们得到

$$\lambda = \frac{1}{\dim V} \mathrm{tr}(\rho(f)) = \frac{1}{\dim V}(f, \chi_\rho).$$

如果 $(f, \chi_{\rho_i}) = 0$ 对所有 χ_{ρ_i} 成立, 则 $\rho_i(f) = 0$. 于是对左正则表示 $L \cong (\dim V_1)\rho_1 \oplus \cdots \oplus (\dim V_k)\rho_k$, 我们有 $L(f) = 0$. 特别地, 在单位元 e 处, $L(f)(e) = 0$. 由此我们得到 $0 = \frac{1}{|G|} \sum_{g \in G} f(g) L(g^{-1})(e) = \frac{1}{|G|} \sum_{g \in G} f(g)g^{-1}$. 由于群元素在 $\mathbb{C}[G]$ 中是线性无关的, 所以对任意 $g \in G$, $f(g) = 0$, 即 $f = 0$. 至此定理得证. $\square$

这一定理说明, 若 G 为有限群, 则 G 的有限维不可约复表示在等价的意义下组成了一个有限集. 我们将这一集合记为 $\mathrm{Irr}(G)$. 于是有

推论 3.3.1   设 G 是有限群, 则 $\mathrm{Irr}(G)$ 的元素个数等于 G 的共轭类的个数.

例 3.3.1   一个有限群是交换群当且仅当它的共轭类个数等于群的阶. 另一方面, G 的不可约复表示维数的平方和等于群的阶. 由此得到, 一个有限群是交换群当且仅当它的不可约复表示都是 1 维的.

命题 3.3.1   设 G_1 和 G_2 是有限群. 则 ρ 是其直积 $G_1 \times G_2$ 的不可约复表示当且仅当 $\rho = \rho_1 \otimes \rho_2$, 其中 ρ_1 是 G_1 的不可约复表示, ρ_2 是 G_2 的不可约复表示.

证明   设 ρ_1 和 ρ_2 分别是 G_1 和 G_2 的不可约复表示, 则

$$(\chi_{\rho_1 \otimes \rho_2}, \chi_{\rho_1 \otimes \rho_2}) = \frac{1}{|G_1| \times |G_2|} \sum_{g_1 \in G_1, g_2 \in G_2} \chi_{\rho_1}(g_1) \chi_{\rho_2}(g_2) \overline{\chi_{\rho_1}(g_1) \chi_{\rho_2}(g_2)}$$

$$= \left(\frac{1}{|G_1|} \sum_{g_1 \in G_1} \chi_{\rho_1}(g_1) \overline{\chi_{\rho_1}(g_1)} \right) \left(\frac{1}{|G_2|} \sum_{g_2 \in G_2} \chi_{\rho_2}(g_2) \overline{\chi_{\rho_2}(g_2)} \right)$$

$$= (\chi_{\rho_1}, \chi_{\rho_1})(\chi_{\rho_2}, \chi_{\rho_2}) = 1.$$

因此 $\rho_1 \otimes \rho_2$ 是 $G_1 \times G_2$ 的不可约表示. 因为 $G_1 \times G_2$ 的共轭类的数目是 G_1 及 G_2 的共轭类数目的乘积, 所以 $G_1 \times G_2$ 的不可约表示都是 G_1 和 G_2 的不可约表示的张量积. □

设 $\{(\rho_i, V_i)\}_{i=1}^r$ 是 G 的全体不等价不可约复表示. 若 (ρ, V) 是 G 的有限维复表示, $(\rho|_W, W)$ 是它的不可约子表示, 它们的特征标分别为 χ 和 χ_W. 则由定理 3.3.1 的证明过程可知, $\rho(\chi_i)$ 是 V 上的缠结算子, 并且

$$\rho(\chi_i)|_W = \frac{1}{|G|} \sum_{g \in G} \chi_i(g) \rho|_W(g^{-1}) = \frac{(\chi_i, \chi_W)}{\dim W} \mathrm{id}_W = \begin{cases} \dfrac{1}{\dim W} \mathrm{id}_W, & W \cong V_i, \\ 0, & W \not\cong V_i. \end{cases}$$

令 $p_i = (\dim V_i)\rho(\chi_i)$, 则 p_i 是投影算子. 设 W_i 是 V 中与 V_i 等价的所有 G-不变子空间的和, 则从上面的计算可以看出 $W_i \subseteq \mathrm{Im}(p_i)$. 另一方面, 将 V 分解为不可约 G-不变子空间的直和

$$V = W_{11} \oplus \cdots \oplus W_{1m_1} \oplus \cdots \oplus W_{r1} \oplus \cdots \oplus W_{rm_r},$$

其中 $W_{ij} \cong V_i$, $j = 1, \cdots, m_i$. 则 $\mathrm{Im}(p_i) = W_{i1} \oplus \cdots \oplus W_{im_i} \subseteq W_i$. 因此 $\mathrm{Im}(p_i) = W_i$. 于是我们有如下直和分解:

$$V = W_1 \oplus W_2 \oplus \cdots \oplus W_r.$$

这个分解称为 V 的**自然分解**. 注意, 将 V 分解为 W_{ij} 的分解依赖于不可约子表示的选取, 但自然分解则不依赖不可约子表示的选取, 因此具有唯一性.

定理 3.3.1 的证明中的变换 $\rho(f) = \dfrac{1}{|G|} \sum\limits_{g \in G} f(g)\rho(g^{-1})$ 是从函数空间 $C(G)$ 到缠结

算子空间 $\mathrm{Hom}_G(V,V)$ 的变换. 当 G 是有限循环群时, 它就是通常的离散 Fourier (傅里叶) 变换. 这可以从数学分析中的 Fourier 变换说起. 设 f 是 $\mathbb{R}$ 上以 2π 为周期的连续复值函数. 则 f 可展开成 Fourier 级数

$$f(t) = \sum_{k \in \mathbb{Z}} c_n \mathrm{e}^{kti},$$

这里 $\chi_k(t) = \mathrm{e}^{kti}$ 是群 $G = S^1 = \{\mathrm{e}^{ti} \mid t \in \mathbb{R}\}$ 的特征, 也就是 1 维复表示. 展开式的系数

$$\widehat{f}(k) = c_k = \frac{1}{2\pi} \int_0^{2\pi} f(x) \mathrm{e}^{-kti} \mathrm{d}t$$

给出了函数 $f(x)$ 的 Fourier 变换 $\widehat{f}(k)$. 可以看到 $\widehat{f}$ 是特征群 $\widehat{G}$ 上的函数.

类比于连续 Fourier 变换, 我们考虑有限循环群 $G = C_n = \langle g | g^n = e \rangle$. 它的特征为 $\chi_k(g) = \mathrm{e}^{\frac{2\pi ki}{n}}$ $(k = 0, \cdots, n-1)$. 相应地, 函数 $f : G \to \mathbb{C}$ 的离散 Fourier 变换定义为

$$\widehat{f}(k) = \frac{1}{n} \sum_{j=0}^{n-1} f(g^j) \mathrm{e}^{-2\pi kji}.$$

此时 $\widehat{f}$ 也是特征群 $\widehat{G}$ 上的函数, 并且与 $\rho(f)$ 在 ρ 为 1 维表示时的情况相符. 离散 Fourier 变换在密码学、计算机等学科中有许多应用.

对于一般的有限群 G, 我们可以对函数 $f : G \to \mathbb{C}$ 定义如下的 **Fourier 变换**. 设 (ρ, V) 是 G 的表示, 令

$$\widehat{f}(\rho) = \sum_{g \in G} f(g)\rho(g).$$

则 $\widehat{f}(\rho)$ 是 V 上的线性变换.

注 3.3.1 这里我们调整了 $\rho(f)$ 中的一些系数, 目的是让这个变换能保持函数空间 $C(G)$ 中的乘法结构. 这样的有限群 Fourier 变换也是被广泛使用的定义.

命题 3.3.2 设 $\rho_1, \cdots, \rho_r$ 是有限群 G 的所有不等价不可约复表示, 维数分别为 $d_1, \cdots, d_r$, 则 Fourier 变换的逆变换为

$$f(g) = \frac{1}{|G|} \sum_{k=1}^{r} d_k \mathrm{tr}\left(\widehat{f}(\rho_k)\rho_k(g^{-1})\right).$$

证明 直接计算可得

$$\frac{1}{|G|} \sum_{k=1}^{r} d_k \mathrm{tr}\left(\widehat{f}(\rho_k)\rho_k(g^{-1})\right) = \frac{1}{|G|} \sum_{k=1}^{r} d_k \mathrm{tr}\left(\sum_{h \in G} f(h)\rho_k(h)\rho_k(g^{-1})\right)$$

$$= \frac{1}{|G|} \sum_{h \in G} f(h) \mathrm{tr} \left(\sum_{k=1}^{r} d_k \rho_k(hg^{-1}) \right) = \frac{1}{|G|} \sum_{h \in G} f(h) \sum_{k=1}^{r} d_k \chi_k(hg^{-1})$$

$$= \frac{1}{|G|} \sum_{h \in G} f(h) \chi_L(hg^{-1}) = \frac{1}{|G|} f(g) \chi_L(e) = f(g),$$

这里 χ_L 是左正则表示的特征标, 并且 $\chi_L = \sum_{k=1}^{r} d_k \chi_{\rho_k}$. □

在函数空间 $C(G)$ 上, 我们可以引入函数之间的卷积, 使得 $C(G)$ 成为一个代数. 设 $f_1, f_2 \in C(G)$, 卷积 $f_1 * f_2$ 是 G 上的函数, 其定义为

$$(f_1 * f_2)(g) = \sum_{h \in G} f_1(gh^{-1}) f_2(h) = \sum_{h \in G} f_1(h) f_2(h^{-1}g).$$

下面的命题说明 Fourier 变换保持乘法结构, 从而是代数同态.

命题 3.3.3 设 $f_1, f_2 \in C(G)$, 则 $\widehat{f_1 * f_2}(\rho) = \widehat{f_1}(\rho) \widehat{f_2}(\rho)$.

证明

$$\widehat{f_1 * f_2}(\rho) = \sum_{g \in G} \sum_{h \in G} f_1(h) f_2(h^{-1}g) \rho(g) = \sum_{t \in G} \sum_{h \in G} f_1(h) f_2(t) \rho(ht)$$

$$= \left(\sum_{h \in G} f_1(h) \rho(h) \right) \left(\sum_{t \in G} f_2(t) \rho(t) \right) = \widehat{f_1}(\rho) \widehat{f_2}(\rho).$$

过程中我们做了变量替换 $t = h^{-1}g$. □

定理 3.3.2 设 $\rho_1, \cdots, \rho_r$ 是有限群 G 的所有不等价不可约复表示, 维数分别为 $d_1, \cdots, d_r$, 则

$$C(G) \cong M^{d_1 \times d_1}(\mathbb{C}) \oplus \cdots \oplus M^{d_r \times d_r}(\mathbb{C}),$$

其中 $M^{d_k \times d_k}(\mathbb{C})$ 是 $d_k \times d_k$ 矩阵代数.

证明 令 $T : C(G) \to M^{d_1 \times d_1}(\mathbb{C}) \oplus \cdots \oplus M^{d_r \times d_r}(\mathbb{C})$ 为

$$T(f) = \begin{pmatrix} \widehat{f}(\rho_1) & & \\ & \ddots & \\ & & \widehat{f}(\rho_r) \end{pmatrix}.$$

T 是一个线性映射. 且由 Fourier 逆变换公式可知, 若 $\widehat{f}(\rho_1) = \cdots = \widehat{f}(\rho_r) = 0$, 则 $f = 0$. 即 T 是单射. 由 $\dim(C(G)) = |G| = d_1^2 + \cdots + d_r^2$, 我们得到 T 是满射, 从而 T 是线性同构. 又由上面的命题可知 $T(f_1 * f_2) = T(f_1) T(f_2)$, 因此 T 是代数同构. □

3.4 特征标表和正交关系

我们可以将有限群 G 的所有不等价特征标的取值列在一个表格里. 这样的表格称为 G 的特征标表. 设 $C_1, C_2, \cdots, C_r$ 是有限群 G 的全体共轭类, $\chi_1, \chi_2, \cdots, \chi_r$ 是所有不等价不可约复表示特征标. G 的特征标表如下所示:

	C_1	$\cdots$	C_r
χ_1	$\chi_1(C_1)$	$\cdots$	$\chi_1(C_r)$
$\vdots$	$\vdots$		$\vdots$
χ_r	$\chi_r(C_1)$	$\cdots$	$\chi_r(C_r)$

其中 $\chi_i(C_j)$ 是 χ_i 对共轭类 C_j 中元素的值.

由特征标的正交关系得到

$$(\chi_i, \chi_j) = \frac{1}{|G|} \sum_{g \in G} \chi_i(g)\overline{\chi_j(g)} = \delta_{ij},$$

也就是

$$\sum_{k=1}^{r} |C_k|\chi_i(C_k)\overline{\chi_j(C_k)} = |G|\delta_{ij}.$$

这称为**第一正交关系**. 它反映了特征标表里行之间的正交关系. 考虑矩阵

$$Y = \begin{pmatrix} \sqrt{\dfrac{|C_1|}{|G|}}\chi_1(C_1) & \cdots & \sqrt{\dfrac{|C_r|}{|G|}}\chi_1(C_r) \\ \vdots & & \vdots \\ \sqrt{\dfrac{|C_1|}{|G|}}\chi_r(C_1) & \cdots & \sqrt{\dfrac{|C_r|}{|G|}}\chi_r(C_r) \end{pmatrix},$$

则由第一正交关系可得 $Y\overline{Y}^{\mathrm{T}} = I$. 故 $\overline{Y}^{\mathrm{T}}Y = I$. 于是我们得到

命题 3.4.1 (第二正交关系) $\displaystyle\sum_{k=1}^{r} \chi_k(C_i)\overline{\chi_k(C_j)} = \frac{|G|}{\sqrt{|C_i||C_j|}}\delta_{ij}.$

这反映了特征标表里列之间的正交关系. 以此我们可以通过特征标表计算与群 G 的结构有关的一些量.

推论 3.4.1   设 $g \in G$ 所属的共轭类的元素个数为 $c(g)$, g 在 G 中的中心化子为 $C_g(G)$, 则

$$\sum_{k=1}^{r} |\chi_k(g)|^2 = \frac{|G|}{c(g)} = |C_g(G)|.$$

特别地, $g \in Z(g)$ 当且仅当

$$\sum_{k=1}^{r} |\chi_k(g)|^2 = |G|.$$

例 3.4.1   设 G 为一个 8 阶非交换群. 为了计算 G 的 1 维表示, 我们需要确定 G 的换位子群 $G^{(1)}$. 为此先考虑 G 的中心 $Z(G)$, 它的阶可能是 $1, 2, 4, 8$. 由 G 是非交换群可知 $|Z(G)| \neq 8$. 又由 $|G| = 2^3$ 可知 G 的中心非平凡, 即 $|Z(G)| > 1$. 如果 $|Z(G)| = 4$, 则 $[G : Z(G)] = 2$, 从而 $G/Z(G)$ 是循环群, 由此容易看出 G 是交换群, 这与 G 的假设矛盾. 因此 $Z(G)$ 的阶等于 2. 由于 $|G/Z(G)| = 4$, 所以 $G/Z(G)$ 是交换群, 从而 $G^{(1)} \subseteq Z(G)$, 即 $|G^{(1)}| = 1$ 或 2. 又由 G 是非交换群, 知 $G^{(1)}$ 是非平凡的, 于是 $G^{(1)} = Z(G)$.

接下来我们计算商群 $G/G^{(1)}$. 作为一个 4 阶群, $G/G^{(1)}$ 只能同构于 C_4 或 $C_2 \times C_2$. 如果 $G/G^{(1)} \cong C_4$, 则由 $G/Z(G)$ 是循环群可以推出 G 是交换群, 因此 $G/G^{(1)} \cong C_2 \times C_2$. 于是 G 有且只有 4 个 1 维表示. 它们的特征标与 $C_2 \times C_2$ 的 1 维表示相同. 由 $8 - 4 \cdot 1^2 = 4$ 可知 G 还有 1 个 2 维不可约复表示. 因此 G 共有 5 个不可约复表示, 对应地 G 有 5 个共轭类. 设 G 的共轭类为 C_1、C_2、C_3、C_4 和 C_5, 其中 $C_1 = \{e\}$, $|C_2| = 1$, $|C_3| = |C_4| = |C_5| = 2$. 于是 G 的特征标表如下:

	C_1	C_2	C_3	C_4	C_5
χ_1	1	1	1	1	1
χ_2	1	1	1	-1	-1
χ_3	1	1	-1	1	-1
χ_4	1	1	-1	-1	1
χ_5	2	a	b	c	d

由第二正交关系, 第 2 至第 5 列均与第 1 列正交, 即

$$
\begin{cases}
1 + 1 + 1 + 1 + 2a & = 0, \\
1 + 1 - 1 - 1 + 2b & = 0, \\
1 - 1 + 1 - 1 + 2c & = 0, \\
1 - 1 - 1 + 1 + 2d & = 0.
\end{cases}
$$

从上式可以解出 $a = -2$, $b = c = d = 0$. 这样我们就完全确定了 8 阶非交换群的特征标表. 值得注意的是, 四元数群 Q_8 和正方形对称群 D_4 都是 8 阶非交换群, 但它们不同构. 这说明两个不同构的群可能有完全相同的特征标表.

最后我们来看看怎样由一个群的表示来确定其正规子群. 我们可以从特征标表读取群的所有正规子群和中心. 群 G 的表示 (ρ, V) 对应于群同态 $\rho : G \to \mathrm{GL}(V)$, 因此 $\mathrm{Ker}(\rho)$ 是 G 的正规子群.

引理 3.4.1   设 (ρ, V) 是群 G 的复表示, 特征标为 χ, 则

(1) $|\chi(g)| = \chi(e)$ 当且仅当 $\rho(g)$ 是数乘变换.

(2) $\chi(g) = \chi(e)$ 当且仅当 $g \in \mathrm{Ker}(\rho)$.

证明 设 $\lambda_1, \cdots, \lambda_n$ 是 $\rho(g)$ 的特征值, 则 λ_i 是单位根. 考虑以下不等式:

$$|\chi(g)| = \left| \sum_{i=1}^n \lambda_i \right| \leqslant \sum_{i=1}^n |\lambda_i| = n = \chi(e),$$

其中等号成立当且仅当 λ_i 的方向相同. 由于 λ_i 是单位根, 故等号成立当且仅当 $\lambda_1 = \cdots = \lambda_n$. 于是 $|\chi(g)| = \chi(e)$ 当且仅当 $\rho(g)$ 是数乘变换.

进一步, 若 $\chi(g) = \chi(e)$, 则 $\lambda_1 = \cdots = \lambda_n = 1$, 即 $\rho(g) = \mathrm{id}_V$. 反之, 若 $g \in \mathrm{Ker}(\rho)$, 则显然有 $\chi(g) = \chi(e)$. $\square$

对特征标 χ, 我们引进以下记号:

$$\mathrm{Z}(\chi) = \{ g \in G \mid |\chi(g)| = \chi(e) \}, \qquad \mathrm{Ker}(\chi) = \{ g \in G \mid \chi(g) = \chi(e) \}.$$

命题 3.4.2 设 $\chi_1, \cdots, \chi_r$ 是群 G 的全体不可约复表示特征标, 则

$$Z(G) = \bigcap_{i=1}^r \mathrm{Z}(\chi_i).$$

证明 设 ρ 是 G 的复表示, 特征标为 χ. 令 $Z(\rho) = \{ g \in G \mid \rho(g) \in Z(\mathrm{Im}(\rho)) \}$. 我们先证明当 ρ 不可约时, $Z(\rho) = \mathrm{Z}(\chi)$. 若 $g \in \mathrm{Z}(\chi)$, 则 $\rho(g)$ 是数乘变换, 从而 $\rho(g) \in Z(\mathrm{Im}(\rho))$, 于是 $\mathrm{Z}(\chi) \subseteq Z(\rho)$. 若 $g \in Z(\rho)$, 则对任意 $h \in G$, $\rho(g)\rho(h) = \rho(h)\rho(g)$, 即 $\rho(g)$ 是 ρ 到自身的缠结算子. 由 Schur 引理, $\rho(g)$ 为数乘变换, 于是 $Z(\rho) \subseteq \mathrm{Z}(\chi)$. 因此 $Z(\rho) = \mathrm{Z}(\chi)$. $\square$

考虑 G 的左正则表示 L. 它是忠实表示, 即 $G \cong \mathrm{Im}(L)$, 从而 $Z(L) = Z(G)$. 由于 $L \cong \bigoplus_{i=1}^r (\dim\rho_i)\rho_i$, 所以 $Z(G) = Z(L) = \bigcap_{i=1}^r Z(\rho_i) = \bigcap_{i=1}^r \mathrm{Z}(\chi_i)$.

将上述证明中有关左正则表示的论证应用于 $\mathrm{Ker}(\chi)$, 我们得到以下结果.

命题 3.4.3 设 $\chi_1, \cdots, \chi_r$ 是群 G 的所有不可约复表示特征标, 则

$$\bigcap_{i=1}^r \mathrm{Ker}(\chi_i) = \{e\}.$$

作为此命题的推论, 我们可以由特征标表来寻找正规子群.

命题 3.4.4 设 $N \lhd G$, 则存在 G 的不可约复表示特征标 $\chi_1, \cdots, \chi_k$ 使得

$$N = \bigcap_{i=1}^k \mathrm{Ker}(\chi_i).$$

证明 设 π 从 G 到 G/N 是自然同态. 则 $\overline{\rho}$ 是 G/N 的不可约表示当且仅当 $\overline{\rho} \circ \pi$ 是 G 的不可约表示. 设 $\overline{\rho}_1, \cdots, \overline{\rho}_k$ 是 G/N 的所有不可约复表示, 则它们对应于 G 的不可约复表示特征标 $\rho_1, \cdots, \rho_k$, 故 $\bigcap_{i=1}^k \mathrm{Ker}(\chi_{\overline{\rho}_i}) = \{\overline{e}\}$ 等价于 $N = \bigcap_{i=1}^k \mathrm{Ker}(\chi_i)$. $\square$

例 3.4.2 Q_8 的特征标表如下:

	$\{\mathbf{1}\}$	$\{-\mathbf{1}\}$	$\{\pm\mathbf{i}\}$	$\{\pm\mathbf{j}\}$	$\{\pm\mathbf{k}\}$
χ_1	1	1	1	1	1
χ_2	1	1	1	-1	-1
χ_3	1	1	-1	1	-1
χ_4	1	1	-1	-1	1
χ_5	2	-2	0	0	0

由上表可知, $\mathrm{Ker}(\chi_1) = Q_8$, $\mathrm{Ker}(\chi_2) = \{\pm\mathbf{1}, \pm\mathbf{i}\}$, $\mathrm{Ker}(\chi_3) = \{\pm\mathbf{1}, \pm\mathbf{j}\}$, $\mathrm{Ker}(\chi_4) = \{\pm\mathbf{1}, \pm\mathbf{k}\}$, $\mathrm{Ker}(\chi_5) = \{\mathbf{1}\}$. 故 Q_8 的所有正规子群为 $\{\mathbf{1}\}$, Q_8, $\mathrm{Ker}(\chi_2) = \{\pm\mathbf{1}, \pm\mathbf{i}\}$, $\mathrm{Ker}(\chi_3) = \{\pm\mathbf{1}, \pm\mathbf{j}\}$, $\mathrm{Ker}(\chi_4) = \{\pm\mathbf{1}, \pm\mathbf{k}\}$ 和 $\bigcap\limits_{i=2}^{4} \mathrm{Ker}(\chi_i) = \{\pm\mathbf{1}\}$. 因 $\mathrm{Z}(\chi_1) = \mathrm{Z}(\chi_2) = \mathrm{Z}(\chi_3) = \mathrm{Z}(\chi_4) = Q_8$, $\mathrm{Z}(\chi_5) = \{\pm\mathbf{1}\}$, 故 $Z(Q_8) = \{\pm\mathbf{1}\}$.

3.5 特征标的整性

在 1.3 节中我们看到群代数 $\mathbb{C}[G]$ 的中心 $Z(\mathbb{C}[G])$ 有两组基: $\{e_1, \cdots, e_r\}$ 和 $\{c_1, \cdots, c_r\}$, 其中 e_i 为生成单理想的中心幂等元, c_j 为共轭类 C_j 中元素的和: $c_j = \sum\limits_{g \in C_j} g$. 设这两组基之间的过渡矩阵为 $M = [m_{ij}]_{r \times r}$, 即对 $j = 1, \cdots, r$,

$$c_j = \sum_{i=1}^{r} m_{ij} e_i.$$

下面我们计算矩阵元 m_{ij}. c_j 通过左乘 L_{c_j} 作用在单理想 Ae_i 上. 设 $Ae_i = I_1 \oplus \cdots \oplus I_{n_i}$, 其中 I_k 是彼此同构的极小左理想, 即 G 的不可约复表示, 且 $\dim I_k = n_i$. 于是 $\dim Ae_i = n_i^2$. 由于左乘 e_j 在 Ae_i 的作用为 $L_{e_j} = \delta_{ij}\mathrm{id}$. 于是

$$\mathrm{tr}(L_{c_j}) = m_{ij}\mathrm{tr}(L_{e_j}) = m_{ij}n_i^2.$$

另一方面, 我们用 $c_j = \sum\limits_{g \in C_j} g$ 来计算, 可以得到

$$\mathrm{tr}(L_{c_j}) = \sum_{g \in C_j} n_i \chi_i(g) = |C_j| n_i \chi_i(C_j).$$

所以 $m_{ij} n_i^2 = |C_j| n_i \chi_i(C_j)$, 于是 $m_{ij} = \dfrac{|C_j|}{n_i} \chi_i(C_j)$.

注意到 $e_k e_i = \delta_{ki} e_i$, 从而 $c_j e_i = m_{ij} e_i$. 可见 e_i 是左乘变换 L_{c_j} 的特征向量, m_{ij} 是对应的特征值.

设 L_{c_j} 在 $Z(\mathbb{C}[G])$ 的另一组基 $\{c_1, \cdots, c_r\}$ 下的矩阵为 $A_j = [a_{ik}^j]_{r \times r}$, 则

$$c_j c_k = \sum_{i=1}^r a_{ik}^j c_i.$$

这些基向量 c_i 之间乘法的展开式称为融合规则. 由于 $c_j c_k \in Z(\mathbb{C}[G])$ 是 $\{c_1, \cdots, c_r\}$ 的非负整系数线性组合, 即

$$a_{ik}^j = |\{(x, y) \in C_j \times C_k \mid xy \in C_i\}|$$

是非负整数, 所以 m_{ij} 是整系数矩阵 A_j 的特征值. 我们先回顾一下代数整数的基本性质, 然后推出 m_{ij} 是代数整数.

定义 3.5.1　一个复数 $\alpha \in \mathbb{C}$ 称为代数数, 如果 α 是某个整系数代数方程的根. 称 $\alpha \in \mathbb{C}$ 为代数整数, 如果 α 是某个首一整系数代数方程的根.

例 3.5.1　任何有理数, $\sqrt{-1}$, $\sqrt[3]{2}$ 等都是代数数, 而 $m + n\sqrt{2}(m, n \in \mathbb{Z})$, 单位根等都是代数整数.

引理 3.5.1　$\alpha \in \mathbb{C}$ 是代数整数当且仅当 α 是整系数矩阵的特征值.

证明　因为整系数矩阵的特征值是特征多项式的根, 而其特征多项式是首一整系数多项式, 所以整系数矩阵的特征值是代数整数. 反之, 若 α 是整系数多项式

$$x^n + a_{n-1} x^{n-1} + \cdots + a_1 x + a_0 = 0$$

的根. 令

$$A = \begin{pmatrix} 0 & 0 & \cdots & 0 & -a_0 \\ 1 & 0 & \cdots & 0 & -a_1 \\ 0 & 1 & \cdots & 0 & -a_2 \\ \vdots & \vdots & & \vdots & \vdots \\ 0 & 0 & \cdots & 1 & -a_{n-1} \end{pmatrix}$$

则 A 的特征多项式等于 $x^n + a_{n-1} x^{n-1} + \cdots + a_1 x + a_0$, 即 α 是整系数矩阵 A 的特征值. $\square$

命题 3.5.1　代数整数组成一个环.

证明　设 α 和 β 是代数整数, 它们分别是整系数矩阵 $A_{n \times n}$ 和 $B_{m \times m}$ 的特征值. 则 $\alpha \pm \beta$ 是整系数矩阵 $A \otimes I_m \pm I_n \otimes B$ 的特征值, 所以 $\alpha \pm \beta$ 是代数整数. 而 $\alpha\beta$ 是整系数矩阵 $A \otimes B$ 的特征值, 所以 $\alpha\beta$ 是代数整数. $\square$

由于有限群的有限维表示的特征标是单位根的和, 我们得到以下推论:

推论 3.5.1   设 χ 是有限群 G 的有限维表示的特征标, 则对任意 $g \in G, \chi(g)$ 是代数整数.

结合以上代数整数的性质, 我们得到以下关于不可约表示维数的重要定理.

定理 3.5.1   设 χ 是有限群 G 的不可约复表示的特征标, 则 $\chi(e) \mid |G|$.

证明   设 $\chi_1, \cdots, \chi_r$ 是 G 的所有不可约复表示特征标, 其中 $\chi = \chi_i$. 由第一正交关系: $1 = \dfrac{1}{|G|} \sum\limits_{g \in G} \chi_i(g)\overline{\chi_i(g)} = \dfrac{1}{|G|} \sum\limits_{j=1}^{r} |C_j|\chi_i(C_j)\overline{\chi_i(C_j)}$, 我们有

$$\sum_{j=1}^{r} \frac{|C_j|\chi_i(C_j)}{\chi_i(e)}\overline{\chi_i(C_j)} = \frac{|G|}{\chi_i(e)}.$$

另一方面, 我们已经知道 $\dfrac{|C_j|\chi_i(C_j)}{\chi_i(e)} = m_{ij}$ 是代数整数. 而 $\overline{\chi_i(C_j)}$ 也是代数整数, 所以 $\dfrac{|G|}{\chi_i(e)}$ 是代数整数. 注意到 $\dfrac{|G|}{\chi_i(e)}$ 是有理数, 因此 $\dfrac{|G|}{\chi_i(e)}$ 是整数, 也就是 $\chi_i(e) \mid |G|$. $\square$

由以上定理的证明, 我们可以得到计算特征标表的一个算法. 以下是算法的步骤:

(1) 求出 G 的共轭类 $C_1, \cdots, C_r$, 得到 $c_i = \sum\limits_{g \in C_i} g$;

(2) 计算 $c_j c_k = \sum\limits_{i=1}^{r} a_{ik}^{j} c_i$. 得到整系数矩阵 $A_j = [a_{ik}^j]_{r \times r}$, $j = 1, \cdots, r$;

(3) 求出 A_j 的特征值 m_{ij}. 则 m_{ij} 给出了 $\dfrac{|C_j|\chi_i(C_j)}{\chi_i(e)}$;

(4) 由第一正交关系得到 $\sum\limits_{j=1}^{r} \dfrac{1}{|C_j|} \dfrac{|C_j|\chi_i(C_j)}{\chi_i(e)} \dfrac{|C_j|\overline{\chi_i(C_j)}}{\chi_i(e)} = \dfrac{|G|}{\chi_i(e)^2}$, 求出维数 $\chi_i(e)$;

(5) 由 $m_{ij} = \dfrac{|C_j|\chi_i(C_j)}{\chi_i(e)}$ 和 $\chi_i(e)$ 得到 $\chi_i(C_j)$.

下面我们证明运用特征标来判断单群的一个条件. 设 C_g 是 $g \in G$ 所在的共轭类.

命题 3.5.2   设 χ 是有限群 G 的不可约复表示特征标. 如果存在 $g \in G$, 满足 $(\chi(e), |C_g|) = 1$, 那么 $\chi(g) = 0$ 或 $|\chi(g)| = \chi(e)$.

证明   由 $(\chi(e), |C_g|) = 1$ 可知, 存在 $a, b \in \mathbb{Z}$, 使得 $a\chi(e) + b|C_g| = 1$, 于是

$$a\chi(g) + b\frac{|C_g|}{\chi(e)}\chi(g) = \frac{\chi(g)}{\chi(e)}.$$

因为 $\chi(g)$ 和 $\dfrac{|C_g|}{\chi(e)}\chi(g)$ 是代数整数, 所以 $\dfrac{\chi(g)}{\chi(e)}$ 也是代数整数. 下面我们说明 $\dfrac{|\chi(g)|}{\chi(e)} = 0$ 或 1.

设 $\alpha_1 = \dfrac{\chi(g)}{\chi(e)}, \alpha_2, \cdots, \alpha_m$ 是 α_1 的极小多项式的根. 注意到 $\chi(g)$ 是单位根的和, 于是 α_1 是单位根的平均值, 从而 $|\alpha_1| \leqslant 1$. 进而对 $i = 2, \cdots, m$, $|\alpha_i| \leqslant 1$. 故

$$|\alpha_1 \alpha_2 \cdots \alpha_m| \leqslant 1.$$

由 α_1 是代数整数可知极小多项式是整系数多项式, 从而 $\alpha_1\alpha_2\cdots\alpha_m$ 是整数, 因此 $\alpha_1\alpha_2\cdots\alpha_m=0$ 或 1. 若 $\alpha_1=0$, 则 $\chi(g)=0$; 若 $\alpha_1=1$, 则 $|\chi(g)|=\chi(e)$. $\qquad\square$

定理 3.5.2 (Burnside)   设 G 是有限群. 如果存在 $g\in G$ 满足 $|C_g|=p^c$(p 为素数, $c\geqslant 1$), 那么 G 不是单群.

证明   这个定理的证明, 可以用群作用的方法给出, 参见本套书的《代数学 (三)》. 下面我们用表示论的方法来证明. 设 $\chi_1,\cdots,\chi_r$ 是 G 的不可约复表示特征标, 其中 χ_1 为平凡表示特征标. 则由第二正交关系,

$$0=\sum_{i=1}^r \chi_i(e)\chi_i(g)=1+\sum_{i=2}^r \chi_i(e)\chi_i(g).$$

于是 $\displaystyle\sum_{i=2}^r \chi_i(g)\frac{\chi_i(e)}{p}=-\frac{1}{p}$. 这不是代数整数, 故左边求和式中存在 χ_k 使得 $\chi_k(g)\neq 0$ 且 $p\nmid\chi_k(e)$. 于是 $(\chi_k(g),|C_g|)=1$. 由上述命题可知, $|\chi_k(g)|=\chi(e)$, 即 $Z(\chi_k)\neq\{e\}$. 假设 G 是单群, 则 $\operatorname{Ker}(\chi_k)=\{e\}$, 即 $\rho_k(G)\cong G$. 从而 $Z(G)=Z(\chi_k)\neq\{e\}$. 于是 $Z(G)=G$, 即 G 是交换群. 这与 $|C_g|\geqslant p>1$ 矛盾. $\qquad\square$

由以上定理可以推出下面关于可解群的著名定理. 这是群表示论解决群论问题的一个经典例子.

定理 3.5.3 (Burnside)   设 p,q 是素数, a,b 是非负整数, 且 $|G|=p^aq^b$. 则 G 是可解群.

证明   由于 p-群是可解群, 我们只需考虑 $a\geqslant 1,b\geqslant 1$ 的情况. 下面我们对群的阶数进行归纳. 回忆一下可解群的一个判别定理: 若群 G 有正规子群 H 使得 H 和 G/H 都是可解群, 则 G 也是可解群. 考虑 G 的 q-Sylow 子群 Q, 则 $|Q|=q^b$, 从而 $Z(Q)\neq\{e\}$. 取 $g\in Z(Q)$ 且 $g\neq e$, 则 $Q\subseteq C_G(g)$, 其中 $C_G(g)$ 是 g 在 G 中的中心化子. 于是 $|C_g|=|G|/|C_G(g)|=p^c$. 当 $c\geqslant 1$ 时, 由上述定理可知 G 不是单群, 从而存在非平凡的正规子群 H. 当 $c=0$ 时, $G=C_G(g)$. 令 $H=\langle g\rangle$, 则 $H\lhd G$. 由于 $|H|$ 和 $|G/H|$ 均满足定理中对群阶数的条件, 我们对阶数做归纳法可以证明 G 是可解群. $\qquad\square$

3.6   群中方程解的个数

有限群的许多计数问题涉及方程解的个数. 例如彼此交换的两个元素是二元方程 $xyx^{-1}y^{-1}=e$ 的解. 我们可以利用特征标的正交性来求解这些方程解的个数. 一般地, 对给定的 $g\in G$, 方程 $xyx^{-1}y^{-1}=g$ 的解的个数记为 $N(g)$. 这是关于 g 的函数, 并且容易看出这个函数是类函数. 设 $\chi_1,\cdots,\chi_r$ 是不等价不可约复表示特征标, $N(g)=$

$\sum\limits_{i=1}^{r} a_i\chi_i(g)$ 是 $N(g)$ 关于这些特征标的正交分解. 下面我们来求出分解中的系数 a_i. 由定义容易看出

$$a_i = (N, \chi_i) = \frac{1}{|G|}\sum_{h\in G} N(h)\overline{\chi_i(h)} = \frac{1}{|G|}\sum_{x,y\in G}\overline{\chi_i(xyx^{-1}y^{-1})}.$$

引理 3.6.1　设 χ 是不可约复表示特征标, 则对任意 $x, y \in G$,

$$\frac{1}{|G|}\sum_{g\in G}\chi(gxg^{-1}y) = \frac{\chi(x)\chi(y)}{\chi(e)}.$$

证明　设 χ 对应的不可约表示为 (ρ, V), 则可以直接验证 $\dfrac{1}{|G|}\sum\limits_{g\in G}\rho(gxg^{-1})$ 是 V 上的缠结算子. 由 Schur 引理可知它等于恒等算子 id_V 的常数倍. 即存在 $\lambda \in \mathbb{C}$, 使得 $\dfrac{1}{|G|}\sum\limits_{g\in G}\rho(gxg^{-1}) = \lambda \cdot \mathrm{id}_V$. 通过取迹可求出 $\lambda = \dfrac{\chi(x)}{\dim(V)}$. 从而得到

$$\frac{1}{|G|}\sum_{g\in G}\rho(gxg^{-1}) = \frac{\chi(x)}{\dim(V)}\mathrm{id}_V.$$

于是

$$\frac{1}{|G|}\sum_{g\in G}\rho(gxg^{-1}y) = \frac{1}{|G|}\sum_{g\in G}\rho(gxg^{-1})\rho(y) = \frac{\chi(x)}{\dim(V)}\rho(y).$$

两边取迹即得到引理中的等式.　　　　　　　　　　　　　　　　　　□

命题 3.6.1　设 χ_i 和 χ_j 是不可约复表示特征标, 则对任意 $x \in G$,

$$\frac{1}{|G|}\sum_{g\in G}\chi_i(xg)\chi_j(g^{-1}) = \delta_{ij}\frac{\chi_i(x)}{\chi_i(e)}.$$

该命题中等式的左边涉及有限群上两个函数的卷积, 故此等式称为特征标的卷积公式. 其证明与以上引理类似, 留作练习.

应用上述引理和命题, 我们对方程解数 $N(g)$ 的分解系数 a_i 可做如下计算:

$$a_i = \frac{1}{|G|}\sum_{x,y\in G}\chi_i(yxy^{-1}x^{-1}) = \sum_{x\in G}\frac{\chi_i(x)\chi_i(x^{-1})}{\chi_i(e)} = \frac{|G|\chi_i(e)}{\chi_i(e)^2} = \frac{|G|}{\chi_i(e)}.$$

由此我们得到

命题 3.6.2　设 $\chi_1, \cdots, \chi_r$ 是有限群 G 的不等价不可约复表示特征标, 则 G 中满足 $xyx^{-1}y^{-1} = g$ 的二元组 (x, y) 的个数等于 $N(g) = \sum\limits_{i=1}^{r}\dfrac{|G|\chi_i(g)}{\chi_i(e)}$.

由此可知群元素 g 可以写成交换子的形式当且仅当 $\sum\limits_{i=1}^{r}\dfrac{\chi_i(g)}{\chi_i(e)} \neq 0$. 一般地, 我们可以考虑群元素 g 是否等于 k 个交换子的乘积. 反复进行以上计算, 我们可以得到下面的结果.

命题 3.6.3 设 $\chi_1, \cdots, \chi_r$ 是有限群 G 的不等价不可约复表示特征标, 则方程

$$x_1 y_1 x_1^{-1} y_1^{-1} \cdots x_k y_k x_k^{-1} y_k^{-1} = g$$

的解的个数等于 $\displaystyle\sum_{i=1}^{r} \left(\frac{|G|}{\chi_i(e)} \right)^{2k-1} \chi_i(g)$.

这类计数问题可以给出两个群之间的同态的个数. 例如我们可以计算从二维曲面基本群到有限群的同态个数. 设 Σ_k 是亏格为 k 的二维可定向闭曲面, 它的基本群可表示为 $\pi_1(\Sigma) = \langle a_1, b_1, \cdots, a_k, b_k \mid a_1 b_1 a_1^{-1} b_1^{-1} \cdots a_k b_k a_k^{-1} b_k^{-1} = e \rangle$. 由以上命题, 从这个群到有限群 G 的同态个数为

$$|\mathrm{Hom}(\pi_1(\Sigma), G)| = |G| \sum_{i=1}^{r} \left(\frac{|G|}{\chi_i(e)} \right)^{2k-2}.$$

接下来我们来讨论另一个解的计数问题. 在 3.5 节中我们研究了群代数中心 $Z(\mathbb{C}[G])$ 的基 $\{c_1, \cdots, c_r\}$. 融合规则 $c_j c_k = \displaystyle\sum_{i=1}^{r} a_{ik}^j c_i$ 中的系数 a_{ik}^j 计数了集合 $\{(x, y) \in C_j \times C_k \mid xy \in C_i\}$ 的元素个数.

下面我们利用特征标的正交关系来求解 a_{ik}^j. 设左乘变换 L_{c_j} 在基 $\{c_1, \cdots, c_r\}$ 下的矩阵为 A_j, 则 $A_j = [a_{ik}^j]_{r \times r}$. 考虑 $Z(\mathbb{C}[G])$ 的另一组由中心幂等元组成的基 $\{e_1, \cdots, e_r\}$. 若这两组基之间的过渡矩阵为 $M = [m_{ij}]_{r \times r}$, 则 $c_j = \displaystyle\sum_{i=1}^{r} m_{ij} e_i$. 从而左乘变换 L_{c_j} 在基 $\{e_1, \cdots, e_r\}$ 下的矩阵为对角矩阵 $D_j := [\delta_{ik} m_{kj}]_{r \times r}$. 于是 $A_j = M^{-1} D_j M$, 即

$$a_{ik}^j = \sum_{1 \leqslant p, q \leqslant r} (M^{-1})_{ip} \delta_{pq} m_{qj} M_{qk} = \sum_{p=1}^{r} (M)_{ip}^{-1} m_{pj} m_{pk}.$$

设 $n_k = \chi_k(e)$, 由第一正交关系,

$$\sum_{j=1}^{r} m_{ij} \frac{\overline{\chi_k(C_j)} n_k}{|G|} = \frac{1}{|G|} \sum_{j=1}^{r} \frac{|C_j| n_k}{n_i} \chi_i(C_j) \overline{\chi_k(C_j)} = \delta_{ik}.$$

从而 $(M^{-1})_{ip} = \dfrac{1}{|G|} n_p \overline{\chi_p(C_i)}$. 于是我们得到以下计算融合规则系数 a_{ik}^j 的等式, 也称为 Verlinde (维林得) 公式.

命题 3.6.4 设 C_i, C_j, C_k 是有限群 G 的共轭类. 则

$$|\{(x, y) \in C_j \times C_k \mid xy \in C_i\}| = a_{ik}^j = \frac{|C_j||C_k|}{|G|} \sum_{p=1}^{r} \frac{\chi_p(C_j) \chi_p(C_k) \overline{\chi_p(C_i)}}{\chi_p(e)}.$$

习题

1. 设 (ρ, V) 是有限群 G 的有限维不可约复表示. 证明：对中心 $Z(G)$ 中任意元素 g, $\rho(g)$ 是 V 上的数乘变换.

2. 设 G 是有限群, 共轭作用 $\rho_C(g)(h) = g^{-1}hg$ 诱导了 G 的表示 ρ_C. 计算表示 ρ_C 的特征标.

3. 设 G 是有限群. 在函数空间 $C(G)$ 上引进 G 的作用：对任意 $f \in C(G)$ 和 $g \in G$, $R(g)(f)$ 是如下定义的函数：

$$(R(g)(f))(h) = f(g^{-1}h), \quad \forall h \in G.$$

证明: (1) $(R, C(G))$ 是 G 的表示;

(2) $(R, C(G))$ 与左正则表示 $(L, \mathbb{C}[G])$ 是等价的.

4. 将 $S_3 = \{(1), (12), (13), (23), (123), (321)\}$ 的元素依次换成变量 $x_1, x_2, x_3, x_4, x_5, x_6$. 把 S_3 的群行列式分解成不可约多项式的乘积.

5. 将 $Q_8 = \{\mathbf{1}, -\mathbf{1}, \mathbf{i}, -\mathbf{i}, \mathbf{j}, -\mathbf{j}, \mathbf{k}, -\mathbf{k}\}$ 的元素依次换成变量 $x_1, x_2, x_3, x_4, x_5, x_6, x_7, x_8$. 把 Q_8 的群行列式分解成不可约多项式的乘积.

6. 设 χ 是有限群 G 的有限维不可约复表示的特征标, $g \in G$, $c \in Z(G)$. 证明：$\chi(cg) = \dfrac{\chi(c)\chi(g)}{\chi(e)}$, 其中 $Z(G)$ 是 G 的中心, e 是 G 的单位元.

7. 设 ρ 是有限群 G 的不可约复表示, ρ_1 是 G 的 1 维复表示. 证明: $\rho_1 \otimes \rho$ 是 G 是不可约复表示.

8. 设 χ_i 和 χ_j 是有限群 G 的不可约复表示的特征标, 证明: 对任意 $x \in G$,

$$\frac{1}{|G|} \sum_{g \in G} \chi_i(xg)\chi_j\left(g^{-1}\right) = \delta_{ij} \frac{\chi_i(x)}{\chi_i(e)}.$$

9. 设 (ρ, V) 是有限群 G 的 d 维不可约复表示, χ 是它的特征标. 证明：

$$e = \frac{d}{|G|} \sum_{g \in G} \chi(g^{-1})g$$

是群代数 $\mathbb{C}[G]$ 的中心幂等元.

10. (Plancherel (普朗谢雷尔) 公式) 设 $\rho_1, \cdots, \rho_r$ 是有限群 G 的所有不等价不可约复表示, 维数分别为 $d_1, \cdots, d_r$. 证明: 设 $f_1, f_2 \in C(G)$, 则

$$(f_1, f_2) = \frac{1}{|G|} \sum_{k=1}^{r} d_k \mathrm{tr}\left(\widehat{f_1}(\rho_k) \overline{\widehat{f_2}(\rho_k)}^{\mathrm{T}}\right),$$

其中 $\overline{\widehat{f_2}(\rho_k)}^{\mathrm{T}}$ 为 $\widehat{f_2}(\rho_k)$ 的共轭转置.

11. 设 $G = \langle\, x, y \mid x^7 = y^3 = 1, yxy^{-1} = x^2 \,\rangle$, 求 G 的特征标表和所有正规子群.

12. 设 G 是非平凡的有限群, 证明: G 是单群当且仅当对任意不可约复表示特征标 χ 和非单位元 $g \in G$, 有 $\chi(g) \neq \chi(e)$.

13. 设 $\chi_1, \cdots, \chi_r$ 是有限群 G 的不等价不可约复表示特征标, 证明: 对 $g \in G$, 方程

$$x_1 y_1 x_1^{-1} y_1^{-1} \cdots x_k y_k x_k^{-1} y_k^{-1} = g$$

的解的个数等于 $\displaystyle\sum_{i=1}^{r} \left(\frac{|G|}{\chi_i(e)} \right)^{2k-1} \chi_i(g)$.

14. 设 p 是素数, $|G| = p^3$, 证明: G 有 p^2 个 1 维复表示和 $p-1$ 个 p 维不可约复表示.

15. 设 p 是素数, 证明: p^2 阶群 G 是交换群.

16. 设 p, q 是素数, 且 $p < q$, $p \nmid q - 1$. 证明: pq 阶群 G 是交换群.

17. 设 $C_1, \cdots, C_h$ 是有限群 G 的共轭类. 类函数空间 $H(G)$ 有两组基 $\{\chi_1, \cdots, \chi_h\}$ 和 $\{\delta_1, \cdots, \delta_h\}$, 其中 χ_i 是不可约复表示的特征标, δ_j 是共轭类的示性函数. 设 χ 是 G 的某个复表示的特征标. 在 $H(G)$ 上定义线性函数 $\varphi(f) = \chi f$. 证明:

(1) φ 在基 $\{\delta_1, \cdots, \delta_h\}$ 下的矩阵为对角矩阵 $\mathrm{diag}(\chi(C_1), \cdots, \chi(C_h))$;

(2) φ 在基 $\{\chi_1, \cdots, \chi_h\}$ 下的矩阵为 $M = [m_{ij}]$, 其中 $m_{ij} = (\chi_i, \chi_j)$;

(3) 多项式 $p(\lambda) = \displaystyle\prod_{i=1}^{h} (\lambda - \chi(C_i))$ 是整系数多项式。特别地, $\displaystyle\sum_{i=1}^{h} \chi(C_i)$ 和 $\displaystyle\prod_{i=1}^{h} \chi(C_i)$ 都是整数.

18. 设 G 是非交换有限群, $|G| = 21$, 求 G 的共轭类的个数, 以及不可约复表示的个数和维数.

19. 设 G 是非交换有限群, $|G| = 39$, 求 G 的共轭类的个数, 以及不可约复表示的个数和维数.

20. 设 (ρ, V) 是有限群 G 的不可约复表示, 且 $\dim V > 1$. 证明: 存在 $g \in G$, 使得 $\chi_\rho(g) = 0$.

21. 给定非负整数 n, 证明: 恰有 n 个不等价不可约复表示的有限群至多有有限个.

22. 设 (ρ, V) 是有限群 G 的不可约复表示, $H = \{(c_1, \cdots, c_m) \in Z(G)^m \mid c_1 \cdots c_m = e\}$.

(1) 证明: $\rho^{\otimes m}$ 诱导了 G^m / H 的不可约表示;

(2) 证明: $\dim V \mid [G : Z(G)]$.

第四章

一些特殊群的表示

本章我们介绍若干特殊有限群及其表示. 表示理论中最重要的任务之一就是给出具体的群的表示的分类, 特别是那些数学或科学领域中经常出现的重要的群的表示, 我们都希望有一个比较全面的了解. 本章我们将主要介绍点群的表示的相关结果及其应用. 点群是特殊正交群 SO(3) 的有限子群, 也是几何学中出现的重要的有限群, 而且在代数学、理论物理、化学等领域有重要应用. 特殊酉群 SU(2) 是 SO(3) 的二重覆盖, 我们可以由点群得到 SU(2) 的有限子群. 这些有限子群的不可约表示和 Dynkin (邓肯) 图有着有趣的对应关系. 而一般线性群 $\mathrm{GL}_n(\mathbb{C})$ 的有限子群的表示则与不变量理论紧密相关. 对称群 S_n 也是有诸多应用的一类有限群, 我们将介绍它的表示理论及其与一般线性群之间的对偶性.

4.1   置换表示

在本节中, 我们系统地学习置换表示及其特征标的应用. 先回顾一下置换表示的定义. 设有限群 G 在有限集合 P 上有群作用, $V = \left\{ \sum_{x \in P} a_x x \mid a_x \in \mathbb{C} \right\}$ 是以 P 的元素为基生成的复线性空间. 在 V 上我们有 G 的表示: $\rho(g) \left(\sum_{x \in P} a_x x \right) = \sum_{x \in P} a_x g x$. 这个表示 (ρ, V) 称为 G 的作用对应的**置换表示**. 设 $g \in G$ 的不动点集为 P^g. 则置换表示的特征标为 $\chi(g) = |P^g|$. 下面的命题, 一般文献上称为 Burnside 引理或 Polya (波利亚) 计数原理.

命题 4.1.1   设有限群 G 作用在有限集合 P 上, P^g 是 $g \in G$ 的不动点集, 则该群作用的轨道个数等于 $\dfrac{1}{|G|} \sum_{g \in G} |P^g|$.

证明   设 (ρ, V) 是 G 在 P 上的置换表示, $V^G = \{ v \in V \mid gv = v, \forall g \in G \}$ 是 V 中 G-不动点组成的子空间, 则

$$\dim V^G = (\chi_\rho, \chi_1) \dim V_1 = (\chi_\rho, \chi_1),$$

其中 χ_1 是 1 维平凡表示 (ρ_1, V_1) 的特征标. 由于 $\chi_\rho(g) = |P^g|$, 我们有

$$\dim V^G = (\chi_\rho, \chi_1) = \frac{1}{|G|} \sum_{g \in G} |P^g|.$$

设 $P_1, \cdots, P_k$ 是 G 在 P 中作用的所有轨道. 令 $v_i = \sum_{x \in P_i} x$, 则 $v_1, \cdots, v_k$ 组成 V^G 的一组基. 一方面, 由于轨道间两两不相交, 所以 $\{v_i\}_{i=1}^k$ 是线性无关的; 另一方面, 对任

意 $v = \sum a_x x \in V^G$, 由 $gv = v$ 可知 $a_{gx} = a_x$, 即在同一轨道内的每个元素对应的系数相等. 所以 v 是 $\{v_i\}_{i=1}^k$ 的线性组合. 这说明 $v_1, \cdots, v_k$ 是 V^G 的一组基. 于是 $\dim V^G$ 等于轨道的数目. □

注 4.1.1 这个命题可以通过组合计数的方法证明. 设 G_x 是 $x \in P$ 的稳定子群, 即 $G_x = \{g \in G \mid gx = x\}$. 考虑二元集合 $\{(g, x) \in G \times P \mid gx = x\}$. 我们有两种方式计算这个集合的大小, 即

$$\sum_{x \in P} |G_x| = |\{(g, x) \in G \times P \mid gx = x\}| = \sum_{g \in G} |P^g|.$$

由此可以推出上述命题.

一般来说, 置换表示 (ρ, V) 是可约的. 它有 1 维平凡子表示 $(\rho|_W, W)$. 事实上, 令 $w = \sum_{x \in P} x$, 则对任意 $g \in G$, $\rho(g)(w) = w$. 故 $W = \mathrm{Span}(w)$ 是 V 的 1 维 G-不变子空间, 且 $\rho|_W$ 是平凡表示. 下面我们构造 W 的 G-不变补空间. 设 $U = \left\{ \sum_{x \in P} a_x x \mid \sum_{x \in P} a_x = 0 \right\}$. 则容易验证 $V = W \oplus U$ 且 U 是 V 的 G-不变子空间. 表示 $(\rho|_U, U)$ 称为置换表示 (ρ, V) 的**约减表示**. 由定义立即可得约减表示的特征标为 $\chi_U(g) = |P^g| - 1$.

下面我们讨论约减表示的不可约性. 为此我们需要进一步考虑 G 在 $P \times P$ 上的作用: 对 $x, y \in G$, $g(x, y) = (gx, gy)$. 我们先给出一个有关群作用的定义.

定义 4.1.1 群 G 在集合 P 上的作用称为 2-传递的, 如果这个作用是传递的, 并且对 P 中任意 $x_1 \neq y_1$ 和 $x_2 \neq y_2$, 存在 $g \in G$ 使得 $x_2 = gx_1, y_2 = gy_1$.

可以直接验证, 2-传递性等价于 G 在 $P \times P$ 上的作用恰有 2 个轨道.

命题 4.1.2 设有限群 G 在有限集 P 上的群作用是 2-传递的, 则对应的约减表示是不可约的.

证明 设 χ 是置换表示的特征标, 则 $\chi(g) = |P^g|$. 由 Burnside 引理, G 在 $P \times P$ 上的作用的轨道数为

$$\frac{1}{|G|} \sum_{g \in G} |(P \times P)^g| = \frac{1}{|G|} \sum_{g \in G} |P^g|^2 = (\chi, \chi).$$

这里第一个等式是因为 $(P \times P)^g = P^g \times P^g$. 由 G 在 P 上的作用是 2-传递的, 可知 G 在 $P \times P$ 上的作用的轨道数为 2, 故 $(\chi, \chi) = 2$. 设 φ 为约减表示的特征标, χ_0 为 G 的 1 维平凡表示的特征标, 则 $\chi = \chi_0 + \varphi$. 由于 $(\chi_0, \chi_0) = 1$, 所以 $(\varphi, \varphi) = 1$, 即约减表示是不可约的. □

例 4.1.1 对称群 S_n 在集合 $\{1, 2, \cdots, n\}$ 上的作用是 2-传递的, 故对应的约减表示是 $n - 1$ 维不可约表示.

例 4.1.2   设 P 是 $\{1,2,3,4,5\}$ 的二元子集的集合, 即 P 的元素是形如 $\{x,y\}$ 的无序二元数组, 其中 $x,y \in \{1,2,3,4,5\}$ 且 $x \neq y$. 定义对称群 S_5 在 P 上的群作用如下:

$$g(\{x,y\}) = \{gx,gy\}.$$

这个作用不是 2-传递的. 例如不存在 $g \in S_5$ 把 $(\{1,2\},\{3,4\})$ 变成 $(\{1,2\},\{2,3\})$. S_5 在 P 上群作用对应的置换表示的维数为 $C_5^2 = 10$. 通过数不动点个数可以计算对应的约减表示的特征标 χ.

	$\{(1)\}$	$\{(12)\}$	$\{(123)\}$	$\{(1234)\}$	$\{(12345)\}$	$\{(12)(34)\}$	$\{(123)(45)\}$
χ	9	3	0	-1	-1	1	0

于是 $(\chi,\chi) = 2$, 故该表示对应的约减表示是可约的.

例 4.1.3   我们可以通过置换表示的分解和张量积来计算对称群 S_5 的特征标表.

	$\{(1)\}$	$\{(12)\}$	$\{(123)\}$	$\{(1234)\}$	$\{(12345)\}$	$\{(12)(34)\}$	$\{(123)(45)\}$
	(1)	(10)	(20)	(30)	(24)	(15)	(20)
χ_1	1	1	1	1	1	1	1
χ_2	1	-1	1	-1	1	1	-1
χ_3	4	2	1	0	-1	0	-1
χ_4	4	-2	1	0	-1	0	1
χ_5	5	1	-1	-1	0	1	1
χ_6	5	-1	-1	1	0	1	-1
χ_7	6	0	0	0	1	-2	0

其中 χ_1 和 χ_2 分别是平凡表示 ρ_1 和符号表示 ρ_2 的特征标. 考虑 S_5 在 $\{1,2,3,4,5\}$ 上的自然作用, 我们得到不可约的 4 维约减表示 ρ_3, 其特征标为 χ_3. 将 ρ_2 和 ρ_3 做张量积, 我们得到另一个不可约的 4 维表示, 其特征标为 χ_4.

在上例中, 我们考虑了 S_5 在 $\{1,2,3,4,5\}$ 的二元子集的集合 P 上的群作用. 设对应的置换表示为 (ρ,V). W 是由向量 $w_x = \sum\limits_{y \neq x}\{x,y\}\,(x=1,2,3,4,5)$ 线性生成的 5 维子空间. 由于这些向量满足对 $g \in S_5$, $\rho(g)(w_x) = w_{gx}$, 所以 W 是 V 的 S_5-不变子空间. 事实上, 我们容易发现 $(\rho|_W,W)$ 与 S_5 在 $\{1,2,3,4,5\}$ 上的自然作用对应的置换表示 $\rho_1 \oplus \rho_3$ 是等价的. 设 W 在 V 中的 S_5-不变补空间为 U, $\rho_5 := \rho|_U$. 则由 $\rho \cong \rho_1 \oplus \rho_3 \oplus \rho_5$ 可计算 ρ_5 的特征标 $\chi_5 = \chi - \chi_1 - \chi_3$. 再直接计算可以得到 $(\chi_5,\chi_5) = 1$, 因此 ρ_5 是 5 维不可约表示. 进一步将 ρ_2 和 ρ_5 做张量积, 我们得到另一个 5 维不可约表示, 其特征标为 χ_6.

最后由第二正交关系, 我们可解出 S_5 的 6 维不可约表示 ρ_7 的特征标 χ_7. 这个不可约表示可以由反对称张量积来构造. 将 ρ_3 与自身做反对称张量积 $\wedge^2\rho_3$, 我们得到一个 6 维表示. 进一步计算 $\wedge^2\rho_3$ 的特征标可知它是不可约的. 这就是 S_5 的 6 维不可约表示 ρ_7.

4.2 点群的分类及表示

我们先给出点群的定义. 回忆一下, 特殊正交群 $\mathrm{SO}(3) = \{g \in \mathbb{R}^{3\times3} \mid AA^\mathrm{T} = A^\mathrm{T}A = I, \det A = 1\}$ 的元素表示 3 维 Euclid 空间 $\mathbb{R}^3$ 中的旋转. 任何 $g \in \mathrm{SO}(3)$ 相似于形如

$$\begin{pmatrix} 1 & 0 & 0 \\ 0 & \cos(\omega) & -\sin(\omega) \\ 0 & \sin(\omega) & \cos(\omega) \end{pmatrix}$$

的矩阵. 当 ω 为零时上述矩阵为单位矩阵. 如果 $0 < \omega < 2\pi$, 特征值 1 对应的 1 维特征子空间 (旋转轴) 与 2 维球面 $S^2 = \{(x_1, x_2, x_3) \in \mathbb{R}^3 \mid x_1^2 + x_2^2 + x_3^2 = 1\}$ 相交于两点 x 与 $-x$. 这两点称为 g 的**极点**, 这两个点也可以由条件 $x \in S^2$ 且 $gx = x$ 完全确定.

$\mathrm{SO}(3)$ 的有限子群称为 (第一类) **点群**. 设 G 是一个点群, P 是 G 的非单位元的极点组成的集合. 则 G 在 P 上有群作用. 这是因为对 $x \in P$ 和 $h \in G$, 存在 $g \in G$ 使得 $gx = x$, 那么 $(hgh^{-1})(hx) = hgx = hx$, 也就是 hx 是 hgh^{-1} 的极点, 从而 $hx \in P$. 下面我们将 Burnside 引理应用于点群 G 和它的极点集 P. 设 $P_1, \cdots, P_k$ 是 P 的所有轨道. 由于任何非单位元都有 2 个极点, 我们得到

$$k = \frac{1}{|G|}\left(|P^e| + \sum_{g \neq e}|P^g|\right) = \frac{1}{|G|}\left(|P| + 2(|G|-1)\right) = \frac{1}{|G|}\left(\sum_{i=1}^k |P_i| + 2(|G|-1)\right).$$

这等价于 $\sum_{i=1}^k \left(1 - \frac{|P_i|}{|G|}\right) = 2\left(1 - \frac{1}{|G|}\right)$. 注意到同一个轨道中的元素的稳定子群是彼此共轭的. 设 n_i 是轨道 P_i 中某点的稳定子群的阶, 则 n_i 不依赖于轨道 P_i 代表元的选取, 且 $n_i = |G|/|P_i|$. 于是

$$\sum_{i=1}^k \left(1 - \frac{1}{n_i}\right) = 2\left(1 - \frac{1}{|G|}\right).$$

这是关于 n_i, k 和 $|G|$ 的一个不定方程. 注意到 $n_i \geqslant 2$, $|G| \geqslant 2$, 我们得到

$$\frac{k}{2} \leqslant \sum_{i=1}^{k} \left(1 - \frac{1}{n_i}\right) = 2\left(1 - \frac{1}{|G|}\right) < 2,$$

于是 $k < 4$. 若 $k = 1$, 则 $2\left(1 - \dfrac{1}{|G|}\right) = 1 - \dfrac{1}{n_1} < 1$, 从而 $|G| < 2$.

当 $k = 2$ 时, $1 - \dfrac{1}{n_1} + 1 - \dfrac{1}{n_2} = 2\left(1 - \dfrac{1}{|G|}\right)$, 即 $\dfrac{2}{|G|} = \dfrac{1}{n_1} + \dfrac{1}{n_2}$, 结合 $n_1 \leqslant n_2 \leqslant |G|$, 我们可解得 $|G| = n_1 = n_2$. 于是 $|P_1| = |P_2| = 1$, 即 G 有 2 个极点, 每个极点自成一个轨道.

当 $k = 3$ 时, 设 $n_1 \leqslant n_2 \leqslant n_3$, 则由 $1 - \dfrac{1}{n_1} + 1 - \dfrac{1}{n_2} + 1 - \dfrac{1}{n_3} = 2\left(1 - \dfrac{1}{|G|}\right)$ 得

$$\frac{3}{n_1} \geqslant \frac{1}{n_1} + \frac{1}{n_2} + \frac{1}{n_3} = 1 + \frac{2}{|G|} > 1.$$

故 $n_1 < 3$, 从而 $n_1 = 2$. 进一步地由 $\dfrac{1}{2} + \dfrac{1}{n_2} + \dfrac{1}{n_3} = 1 + \dfrac{2}{|G|}$ 得

$$\frac{2}{n_2} \geqslant \frac{1}{n_2} + \frac{1}{n_3} = \frac{1}{2} + \frac{2}{|G|} > \frac{1}{2}.$$

故 $n_2 < 4$, 从而 $n_2 = 2$ 或 3. 当 $n_1 = n_2 = 2$ 时, $|G| = 2n_3$. 当 $n_1 = 2, n_2 = 3$ 时, 由 $\dfrac{1}{2} + \dfrac{1}{3} + \dfrac{1}{n_3} = 1 + \dfrac{2}{|G|}$ 得

$$\frac{1}{n_3} = \frac{1}{6} + \frac{2}{|G|} > \frac{1}{6}.$$

故 $3 = n_2 \leqslant n_3 < 6$, 从而 $n_3 = 3$ 或 4 或 5. 对应地, $|G| = 12$ 或 24 或 60.

下面我们具体分析每种情况对应的有限群, 从而得到如下所示 SO(3) 的 5 类有限子群:

G	k	n_1	n_2	n_3	$|G|$	
C_n	2	n	n	—	n	$\langle a \mid a^n = e \rangle$
D_n	3	2	2	n	$2n$	$\langle a, b \mid a^2 = b^n = (ab)^2 = e \rangle$
T	3	2	3	3	12	$\langle a, b \mid a^2 = b^3 = (ab)^3 = e \rangle$
O	3	2	3	4	24	$\langle a, b \mid a^2 = b^3 = (ab)^4 = e \rangle$
I	3	2	3	5	60	$\langle a, b \mid a^2 = b^3 = (ab)^5 = e \rangle$

(1) $k = 2$. 此时极点集 P 被分成了两个轨道, 每个轨道中有 $|G|/n_i = 1$ 个极点. 故 G 有 2 个极点 $\{x, -x\}$. 从而 G 的元素为以通过 x 和 $-x$ 的直线为旋转轴的旋转. 这些旋转可视为与旋转轴垂直的平面内的旋转, 如图 4.1 所示.

设 $G = \{e, g_1, \cdots, g_{n-1}\}$. 非单位元对应的旋转角度分别为 $\theta_1 < \cdots < \theta_{n-1} < 360°$. 对于 θ_2, 存在正整数 m_2, 使得 $\theta_2 = m_2\theta_1 + \phi_2$, 其中 $0 \leqslant \phi_2 < \theta_1$. 从而 $g_2 g_1^{-m_2}$ 的旋转角

为 $\phi_2 < \theta_1$. 由于在 G 的非单位元中, g_1 的旋转角度 θ_1 最小, 所以 $\phi_2 = 0$, 即 $g_2 = g_1^{m_2}$. 类似地, G 的非单位元都是 g_1 的幂, 因此 G 是 n 阶循环群. 事实上, 我们证明了 SO(2) 的有限子群是循环群.

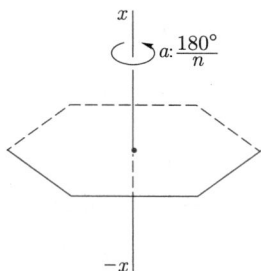

图 4.1

引理 4.2.1 设 G 是 SO(2) 的 n 阶子群. 则 G 是 n 阶循环群.

(2) $(k, n_1, n_2, n_3) = (3, 2, 2, n)$. 极点集 P 有 3 个轨道 P_1, P_2, P_3, 长度分别为 $n, n, 2$. P_1 和 P_2 中的极点对应旋转角度为 $180°$ 的旋转. 这些旋转交换 P_3 中的两个极点 $\{x, -x\}$. 因此 P_1 和 P_2 的点在同一个平面内, 并且 P_3 中的两极点连线垂直于该平面. 取这个平面中以 P_1 的点为顶点的正 n 边形. 则 G 包含了这个正多边形的旋转对称. 而交换 P_3 中两点的 $180°$ 旋转正是沿着正多边形对称轴的镜面反射, 如图 4.2 所示. 因此 G 是正 n 边形的对称群, 也称为二面体群, 记为 D_n.

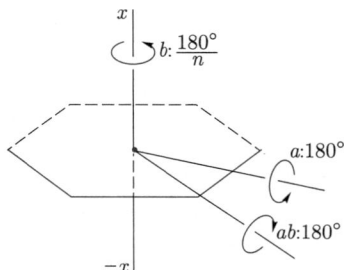

图 4.2

(3) $(k, n_1, n_2, n_3) = (3, 2, 3, 3)$. 极点集 P 有 3 个轨道 P_1, P_2, P_3, 长度分别为 $6, 4, 4$. 考虑 P_3 中的 4 个点. 注意到每个点的稳定子群为 3 阶的, 因此其中的元素为 $120°$ 或 $240°$ 的旋转. 从而这样的旋转以 P_3 中的某个点为不动点, 轮换其余的 3 个点. 又由于这 4 个点在同一个轨道里, 即 G 在它们之间的作用是等距且传递的, 所以这 4 个点组成了一个正四面体的顶点. 取这个正四面体的相对两棱的中点连线, 它们与单位球面的交点正是轨道 P_1 的 6 个点. 绕这些中点连线的 $180°$ 旋转给出 P_1 对应的 2 阶稳定子群, 如图 4.3 所示. 所以 G 是这个正四面体的对称群, 也称为正四面体群, 记为 T.

这个群的元素可看成 4 个顶点的置换. 从而 T 同构于对称群 S_4 的子群. 由于 T 的每个元素都是这些顶点的偶置换且 $|T| = 12$, 所以 T 同构于 A_4.

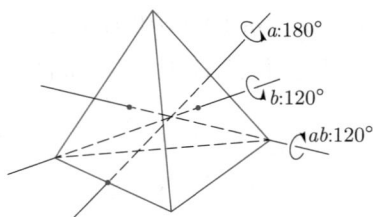

图 4.3

(4) $(k, n_1, n_2, n_3) = (3, 2, 3, 4)$. 极点集 P 有 3 个轨道 P_1, P_2, P_3, 长度分别为 $12, 8, 6$. 轨道 P_3 的稳定子群为 4 阶的, 它的元素对 P_3 中的 4 个点进行轮换, 其余 2 个点为不动点, 它们的连线为旋转轴. 由 G 在 P_3 的作用是等距且传递的, 可知这 6 个点组成了一个正八面体的顶点. 这个正八面体相对两个面的中心连线与单位球面的交点组成轨道 P_2. 以这些面中心连线为旋转轴的 $120°$ 旋转或 $240°$ 旋转组成 P_2 对应的稳定子群. 而正八面体相对两条棱的中心连线与单位球面的交点组成轨道 P_1. 以它们为旋转轴的 $180°$ 旋转组成 P_1 对应的稳定子群, 如图 4.4(a) 所示. 因此 G 是这个正八面体的对称群, 也称为正八面体群, 记为 O.

注意到正八面体的八个面的中心是一个立方体的顶点, 故 O 也是立方体的对称群. 群 O 也可以等同于某个置换群. 为此, 考虑正八面体相对两个面的中心连线的集合. 这个集合包含 4 条直线. 可以直接验证, O 能实现这 4 条直线之间的所有置换. 又由于 $|O| = 24$, 所以 O 同构于 S_4. 如图 4.4(b) 所示.

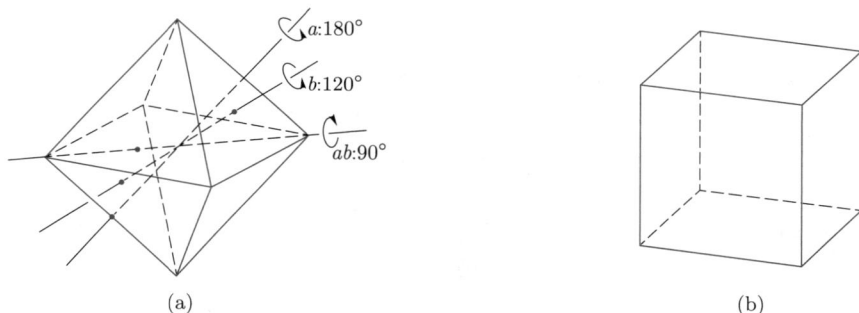

(a)   (b)

图 4.4

(5) $(k, n_1, n_2, n_3) = (3, 2, 3, 5)$. 极点集 P 有 3 个轨道 P_1, P_2, P_3, 长度分别为 $30, 20, 12$. 轨道 P_3 包含 12 个点, 对应的稳定子群为 5 阶的. 故该稳定子群的元素将 P_3 中的两组 5 个点分别进行轮换, 而将剩余的 2 个点保持不动. 这 2 个点的连线是这个 5 阶旋转的对称轴. 又因为 G 在 P_3 的作用是等距且传递的, 所以 P_3 的 12 个点组成一个正二十面体的顶点. 相对的棱中心连线和相对的面中心连线与单位球面的交点分别组成轨道 P_1 和 P_2. 对应的稳定子群包含以对棱中心连线为轴的 $180°$ 旋转, 以及以对面中心连线为轴的 $72°$ 倍数的旋转. 如图 4.5(a) 所示. 也就是说, G 给出了正二十面体的所有对称. 因此 G 是这个正二十面体的对称群, 也称为正二十面体群, 记为 I.

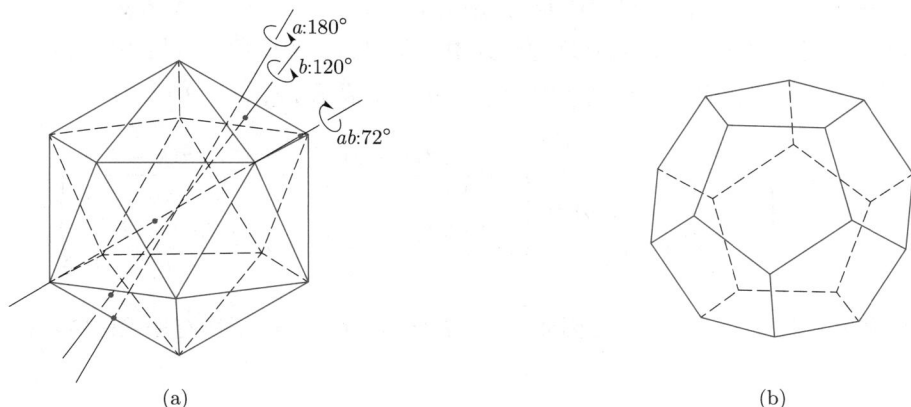

图 4.5

由于正二十面体的二十个面中心是一个正十二面体的顶点, 所以 I 也是正十二面体的对称群. 正二十面体的面可以分为 5 组, 使得每组的面中心组成一个正四面体的顶点. 故我们考虑群 I 在这些正四面体的集合上的置换作用. 经过直接验证可知, I 能实现这个集合中 5 个正四面体之间的所有偶置换, 故由 $|I| = 60$ 可知 I 同构于 A_5. 如图 4.5(b) 所示.

前面我们给出了点群的分类. 下面我们来详细研究这些群的表示. 在前面的章节中, 我们已给出循环群的不可约表示.

循环群 C_n 的表示 循环群 $C_n = \langle a | a^n = e \rangle$ 的不可约复表示都是 1 维的. 令 $\zeta = \mathrm{e}^{\frac{2\pi i}{n}}$, 则 C_n 的 1 维表示 $\rho_i(i = 0, \cdots, n-1)$ 由 $\rho_i(a^k) = \zeta^{ik}$ 给出, 其中 $k = 1, \cdots, n$.

二面体群 D_n 的表示 我们先分析群 $D_n = \langle a, b | a^2 = b^n = (ab)^2 = e \rangle$ 的共轭类. 由于 $aba^{-1} = b^{-1}$, D_n 的任意一个元素可以写成 $a^i b^j$ 的形式, 其中 $i = 0, 1$, $j = 0, 1, \cdots, n-1$. 从这个结论出发, 通过计算共轭作用, 我们就可以得到 D_n 的所有共轭类.

当 $n = 2m - 1$ 时, D_{2m-1} 有 $m + 1$ 个共轭类: $\{e\}$, $\{a, ab, ab^2, \cdots, ab^{2m-2}\}$, $\{b^j, b^{-j}\}(j = 1, 2, \cdots, m-1)$.

当 $n = 2m$ 时, D_{2m} 有 $m + 3$ 个共轭类: $\{e\}$, $\{a, ab^2, \cdots, ab^{2m-2}\}$, $\{ab, ab^3, \cdots, ab^{2m-1}\}$, $\{b^j, b^{-j}\}$ $(j = 1, 2, \cdots, m-1)$, $\{b^m\}$.

下面我们计算 D_n 的换位子群. 由 $bab^{-1}a^{-1} = b^2$, 可知 $\langle b^2 \rangle \subseteq D_n^{(1)}$. 另一方面, 容易验证 $\langle b^2 \rangle$ 是 D_n 的正规子群, 而 $|D_n/\langle b^2 \rangle| = 2$ 或 4, 因此 $D_n/\langle b^2 \rangle$ 是交换群, 从而 $D_n^{(1)} \subseteq \langle b^2 \rangle$. 故 $D_n^{(1)} = \langle b^2 \rangle$. 当 $n = 2m - 1$ 时, $D_{2m-1}^{(1)} = \langle b \rangle$ 为 $2m - 1$ 阶群. 当 $n = 2m$ 时, $D_{2m}^{(1)} = \langle b^2 \rangle$ 为 m 阶群.

以下我们根据 n 的奇偶性分情况讨论 D_n 的不可约表示.

(1) 当 $n = 2m - 1$ 时, D_{2m-1} 有 2 个 1 维表示, 分别对应 $D_{2m-1}/\langle b \rangle = \{\bar{e}, \bar{a}\}$ 的 1 维表示.

设 $d_3, \cdots, d_{m+1}$ 是其余的不可约复表示的维数, 则 $2 + d_3^2 + \cdots + d_{m+1}^2 = 2(2m-1)$. 由此可得 $d_3 = \cdots = d_{m+1} = 2$. 故 D_{2m-1} 有 $m-1$ 个 2 维不可约复表示.

D_{2m-1} 是正 $2m-1$ 边形的对称群, 其中 a 是以一三象限角平分线为对称轴平面反射, b 是旋转. 由此我们可以得到下面的一系列 2 维表示 ρ_k, $k = 3, \cdots, m+1$.

$$\rho_k(a) = \begin{pmatrix} 0 & 1 \\ 1 & 0 \end{pmatrix}, \quad \rho_k(b) = \begin{pmatrix} \cos\left(\dfrac{2\pi(k-2)}{n}\right) & -\sin\left(\dfrac{2\pi(k-2)}{n}\right) \\ \sin\left(\dfrac{2\pi(k-2)}{n}\right) & \cos\left(\dfrac{2\pi(k-2)}{n}\right) \end{pmatrix}.$$

直接计算可以验证 $(\chi_k, \chi_k) = 1$, 因此 ρ_k 是 2 维不可约复表示. 所有表示的特征标如下所示:

	$\{e\}$	$\{a\}$	$\{b\}$	$\cdots$	$\{b^j\}$	$\cdots$	$\{b^{m-1}\}$
	(1)	(m)	(2)	$\cdots$	(2)	$\cdots$	(2)
χ_1	1	1	1	$\cdots$	1	$\cdots$	1
χ_2	1	-1	1	$\cdots$	1	$\cdots$	1
$\vdots$							
χ_k	2	0	$2\cos\left(\dfrac{2\pi(k-2)}{n}\right)$	$\cdots$	$2\cos\left(\dfrac{2\pi(k-2)j}{n}\right)$	$\cdots$	$2\cos\left(\dfrac{2\pi(k-2)(m-1)}{n}\right)$
$\vdots$							
χ_{m+1}							

(2) 当 $n = 2m$ 时, D_{2m} 有 4 个 1 维表示, 分别对应 $D_{2m}/\langle b^2 \rangle = \langle \bar{a} \mid \bar{a}^2 = \bar{e} \rangle \times \langle \bar{b} \mid \bar{b}^2 = \bar{e} \rangle$ 的 1 维表示. 与上面的情况类似, 可以证明 D_{2m} 还有 $m-1$ 个 2 维不可约复表示 ρ_k, $k = 5, \cdots, m+3$:

$$\rho_k(a) = \begin{pmatrix} 0 & 1 \\ 1 & 0 \end{pmatrix}, \quad \rho_k(b) = \begin{pmatrix} \cos\left(\dfrac{2\pi(k-4)}{n}\right) & -\sin\left(\dfrac{2\pi(k-4)}{n}\right) \\ \sin\left(\dfrac{2\pi(k-4)}{n}\right) & \cos\left(\dfrac{2\pi(k-4)}{n}\right) \end{pmatrix}.$$

表示的特征标如下所示:

	$\{e\}$	$\{a\}$	$\{ab\}$	$\{b\}$	$\cdots$	$\{b^j\}$	$\cdots$	$\{b^m\}$
	(1)	(m)	(m)	(2)	$\cdots$	(2)	$\cdots$	(1)
χ_1	1	1	1	1	$\cdots$	1	$\cdots$	1
χ_2	1	1	-1	-1	$\cdots$	$(-1)^j$	$\cdots$	$(-1)^m$
χ_3	1	-1	1	-1	$\cdots$	$(-1)^j$	$\cdots$	$(-1)^m$
χ_4	1	-1	-1	1	$\cdots$	1	$\cdots$	1
$\vdots$								

续表

	$\{e\}$	$\{a\}$	$\{ab\}$	$\{b\}$	$\cdots$	$\{b^j\}$	$\cdots$	$\{b^m\}$
	(1)	(m)	(m)	(2)	$\cdots$	(2)	$\cdots$	(1)
χ_k	2	0	0	$2\cos\left(\dfrac{2\pi(k-4)}{n}\right)$	$\cdots$	$2\cos\left(\dfrac{2\pi(k-4)j}{n}\right)$	$\cdots$	$2\cos\left(\dfrac{2\pi(k-4)m}{n}\right)$
$\vdots$								
χ_{m+3}								

$T \cong A_4$ **的表示** A_4 由 S_4 中的偶置换组成, 它有 4 个共轭类: $C_1 = \{(1)\}$, $C_2 = \{(12)(34), (13)(24), (14)(23)\}$, $C_3 = \{(123), (134), (142), (243)\}$, $C_4 = \{(132), (143), (124), (234)\}$.

考虑 $K = C_1 \cup C_2$. 它是 A_4 的正规子群, 且 $|A_4/K| = 3$. 于是 A_4/K 是交换群, 从而 $A_4^{(1)} \subseteq K$. 另一方面, 由 $(123)(124)(123)^{-1}(124)^{-1} = (12)(34)$ 可知 $K \subseteq A_4^{(1)}$. 因此 $A_4^{(1)} = K$. 于是 A_4 有 3 个 1 维表示, 分别对应 $A_4/K = \{K, (123)K, (132)K\}$ 这个 3 阶循环群的 3 个 1 维表示.

A_4 是正四面体的对称群, 我们可以通过正四面体的对称操作对应的旋转矩阵得到 A_4 的 3 维表示 ρ_4. 当 $g \in \mathrm{SO}(3)$ 时, 它相似于

$$\begin{pmatrix} 1 & 0 & 0 \\ 0 & \cos\theta & -\sin\theta \\ 0 & \sin\theta & \cos\theta \end{pmatrix}.$$

所以 $\mathrm{tr}(g) = 1 + 2\cos\theta$. 也就是说, 4 个顶点的置换对应的特征标由旋转的角度决定. 例如 (123) 是绕顶点和对面中心连线的 120° 旋转, 故 $\chi_4((123)) = 1 + 2\cos\left(\dfrac{2\pi}{3}\right) = 0$. 而 $(12)(34)$ 对应的是以相对两棱中心连线为轴的 180° 旋转, 故 $\chi_4((12)(34)) = 1 + 2\cos(\pi) = -1$. 表示的特征标如下所示:

	$\{(1)\}$	$\{(12)(34)\}$	$\{(123)\}$	$\{(132)\}$
	(1)	(3)	(4)	(4)
χ_1	1	1	1	1
χ_2	1	1	ω	ω^2
χ_3	1	1	ω^2	ω
χ_4	3	-1	0	0

其中 $\omega = \mathrm{e}^{\frac{2\pi i}{3}}$. 直接计算可以验证 $(\chi_4, \chi_4) = 1$, 从而该 3 维表示不可约. 当然我们也可以在已知 3 个 1 维表示后通过正交关系求出 3 维的不可约表示特征标.

$O \cong S_4$ **的表示** S_4 有 5 个共轭类, 代表元分别为 (1), (12), (123), (1234), $(12)(34)$. 于是 S_4 有 5 个不可约复表示. 由 $S_4^{(1)} = A_4$ 可知 S_4 有 2 个 1 维表示: 平凡表示 ρ_1

和符号表示 ρ_2. 设其余 3 个不可约表示的维数分别为 d_3, d_4, $d_5(d_3 \leqslant d_4 \leqslant d_5)$, 则
$2 + d_3^2 + d_4^2 + d_5^2 = 24$, 由此可解得 $d_3 = 2, d_4 = 3, d_5 = 3$.

S_4 作为正方体的对称群, 在正方体的 4 条体对角线的集合上产生了置换作用. 这些置换是通过 3 维空间的旋转实现的, 从而我们得到 S_4 的一个 3 维表示 ρ_4. 通过建立坐标系写下旋转矩阵, 我们可以直接从 S_4 的元素的阶得到旋转角度, 进而计算特征标. 例如, $\chi_4((1234)) = 1 + 2\cos\left(\dfrac{2\pi}{4}\right) = 1$. 得到特征标后, 我们直接可以验算 $(\chi_4, \chi_4) = 1$, 这就确认了 ρ_4 的不可约性.

S_4 的另一个 3 维表示来自 ρ_4 与 1 维符号表示 ρ_2 的张量积 $\rho_5 = \rho_4 \otimes \rho_2$. 确定 χ_1, χ_2, χ_4 和 χ_5 后, 我们可以通过正交关系计算 2 维表示 ρ_3 的特征标 χ_3. 这样就得到了所有不可约表示的特征标, 如下所示:

	{(1)}	{(12)}	{(123)}	{(1234)}	{(12)(34)}
	(1)	(6)	(8)	(6)	(3)
χ_1	1	1	1	1	1
χ_2	1	-1	1	-1	1
χ_3	2	0	-1	0	2
χ_4	3	-1	0	1	-1
χ_5	3	1	0	-1	-1

对于 2 维不可约表示 ρ_3, 我们可以具体地构造其表示矩阵. 考虑 S_4 的正规子群

$$K = \{(1), (12)(34), (13)(24), (14)(23)\}.$$

容易看出 $S_4/K \cong S_3$. 设 $\overline{\rho}_2 : S_3 \to \mathrm{GL}_2(\mathbb{C})$ 是 S_3 的 2 维不可约复表示, $\pi : S_4 \to S_3$ 是商映射, 则 $\rho_3 = \overline{\rho}_2 \circ \pi : S_4 \to \mathrm{GL}_2(\mathbb{C})$ 是 S_4 的 2 维不可约复表示.

构造 2 维不可约表示的另一个方法是考虑 S_4 在共轭类

$$\{(12)(34), (13)(24), (14)(23)\}$$

上的共轭作用, 直接计算可知这个作用等同于共轭类中 3 个元素的全体置换, 因而等价于 S_3 的标准表示. 注意到 S_3 标准表示的约减表示是 2 维的不可约表示, 因此该约减表示就是 S_4 的 2 维不可约表示.

$I \cong A_5$ **的表示** A_5 有 5 个共轭类, 代表元分别为 (1), $(12)(34)$, (123), (12345), (21345). 故 A_5 有 5 个不可约复表示. 由于 $A_5^{(1)} = A_5$, 所以 A_5 只有 1 个 1 维表示. 作为正二十面体的对称群, A_5 对正二十面体的 5 条对面中心连线进行置换, 从而得到 1 个 3 维表示 ρ_2, 我们可以建立坐标系, 再根据这些置换对应旋转矩阵计算特征标, 也可以通过置换的阶简化计算. 对 $(12)(34)$ 和 (123), 它们分别是 2 阶元和 3 阶元, 故分别对应角度为 π 以及 $\pm\dfrac{2\pi}{3}$ 的旋转. 此外,

$$\chi_2((12)(34)) =1 + 2\cos\pi = -1, \quad \chi_2((123)) = 1 + 2\cos\left(\pm\frac{2\pi}{3}\right) = 0.$$

对于 (12345) 和 (21345), 虽然两者同为 5 阶元, 但由于 $(12345)^2$ 与 (21345) 共轭, 因此

$$\chi_2((12345)) =1 + 2\cos\left(\frac{2\pi}{5}\right) = \frac{1+\sqrt{5}}{2},$$
$$\chi_2((21345)) =1 + 2\cos\left(\frac{4\pi}{5}\right) = \frac{1-\sqrt{5}}{2}.$$

直接计算可知 $(\chi_2,\chi_2) = 1$, 因此 ρ_2 不可约.

由于 $(12) \in S_5$ 给出 A_5 的一个外自同构 $\varphi(g) = (12)g(12)$, 我们可以得到 3 维不可约表示 $\rho_3 = \rho_2 \circ \varphi$. 因 $\varphi((12345)) = (21345), \varphi((21345)) = (12345)$, 故 $\chi_3((12345)) = \chi_2((21345)), \chi_3((21345)) = \chi_2((12345))$.

设其余 2 个不可约表示的维数分别为 $d_4, d_5(d_4 \leqslant d_5)$, 则 $1+3^2+3^2+d_4^2+d_5^2 = 60$, 可解得 $d_4 = 4, d_5 = 5$. 我们先考虑 A_5 在集合 $\{e_1,e_2,e_3,e_4,e_5\}$ 的置换表示 ρ, 这个置换表示可分解为 1 维的平凡表示 ρ_1 和 4 维约减表示 ρ_4 的直和. 故可求出 $\chi_4 = \chi - \chi_1$, 其中 $\chi(g)$ 等于置换 g 的不动点个数.

	{(1)} (1)	{(12)(34)} (15)	{(123)} (20)	{(12345)} (12)	{(21345)} (12)
χ	5	1	2	0	0
χ_1	1	1	1	1	1
χ_4	4	0	1	-1	-1

注意 $(\chi_4,\chi_4) = \frac{1}{60}(4^2 + 20\cdot 1^2 + 12(-1)^2 + 12(-1)^2) = 1$, 所以 ρ_4 是不可约的.

对于 5 维不可约表示 ρ_5, 我们可以通过正交关系计算它的特征标, 也可以从几何上看, 即考察 A_5 在正二十面体上的对称操作. A_5 的元素作为旋转作用在正二十面体相对两顶点连线组成的集合上, 这个集合有 6 条连线, A_5 对这 6 条连线产生置换, 于是我们得到一个 6 维表示 ρ'. 同上, 我们将这个分解为 1 维的平凡表示 ρ_1 和 5 维约减表示 ρ_5 的直和. 于是 $\chi_5 = \chi' - \chi_1$, 其中 $\chi'(g)$ 等于 g 作为旋转的不动连线的条数, 可以从立体图形中读出.

	{(1)} (1)	{(12)(34)} (15)	{(123)} (20)	{(12345)} (12)	{(21345)} (12)
χ'	6	2	0	1	1
χ_1	1	1	1	1	1
χ_5	5	1	-1	0	0

可以直接验证 $(\chi_5,\chi_5) = 1$, 因此 ρ_5 是不可约的.

	$\{(1)\}$	$\{(12)(34)\}$	$\{(123)\}$	$\{(12345)\}$	$\{(21345)\}$
	(1)	(15)	(20)	(12)	(12)
χ_1	1	1	1	1	1
χ_2	3	-1	0	$\dfrac{1+\sqrt{5}}{2}$	$\dfrac{1-\sqrt{5}}{2}$
χ_3	3	-1	0	$\dfrac{1-\sqrt{5}}{2}$	$\dfrac{1+\sqrt{5}}{2}$
χ_4	4	0	1	-1	-1
χ_5	5	1	-1	0	0

从 A_5 的特征标表我们也可以得到 $\mathrm{Ker}(\chi_1) = A_5$, $\mathrm{Ker}(\chi_2) = \mathrm{Ker}(\chi_3) = \mathrm{Ker}(\chi_4) = \mathrm{Ker}(\chi_5) = \{(1)\}$. 故 $\{(1)\}$ 和 A_5 是 A_5 的所有正规子群. 因此 A_5 是单群. 这个结论在抽象代数中可以直接证明, 但是技巧性很强, 参见本套书的《代数学 (三)》.

4.3　SU(2) 中有限子群的表示

本节我们借助上一节中关于 SO(3) 有限子群的结果来给出 SU(2) 的有限子群的分类, 并找出这些子群的所有不可约表示. 从拓扑上来看, SU(2) 是单连通的, 而且是 SO(3) 的二重覆盖. 为了说清楚这一点, 我们先建立 SU(2) 与 SO(3) 之间的联系. 首先,

$$\mathrm{SU}(2) = \left\{ \begin{pmatrix} a+b\mathrm{i} & c+d\mathrm{i} \\ -c+d\mathrm{i} & a-b\mathrm{i} \end{pmatrix} \,\middle|\, a,b,c,d \in \mathbb{R}, a^2+b^2+c^2+d^2 = 1 \right\}.$$

我们可以将 SU(2) 的元素与单位长的四元数等同起来. 回忆一下, 四元数 $q = a + b\mathrm{i} + c\mathrm{j} + d\mathbf{k} \in \mathbb{H}$ 的模长定义为 $\|q\| = \sqrt{a^2+b^2+c^2+d^2}$. 因此, 单位长四元数的集合 $S = \{ q \in \mathbb{H} \mid \|q\|^2 = 1 \}$ 与 SU(2) 有自然的一一对应, 而且可以验证四元数的乘法恰好对应于矩阵的乘法. 也就是说作为群, S 和 SU(2) 是同构的.

为了建立 SO(3) 与四元数的联系, 我们通过线性同构

$$(x,y,z) \in \mathbb{R}^3 \mapsto v = x\mathrm{i} + y\mathrm{j} + z\mathbf{k}$$

将 $\mathbb{R}^3$ 等同于纯虚四元数空间

$$V = \{ v \in \mathbb{H} \mid \bar{v} = -v \}.$$

这里 $\bar{v}$ 是 v 的共轭四元数. 即 $\overline{a + b\mathrm{i} + c\mathbf{j} + d\mathbf{k}} = a - b\mathrm{i} - c\mathbf{j} - d\mathbf{k}$. 对于单位长四元数 $q \in S$, 我们可以把它写成如下形式:

$$q = \cos\theta + w\sin\theta.$$

其中 $0 \leqslant \theta < 2\pi$, $w \in V$ 是单位长向量: $\|w\| = 1$. 而且 $w^2 = -w(-w) = -w\overline{w} = -\|w\|^2 = -1$. 这样的表达式非常类似于复数的三角形式: $z = \cos\theta + \mathrm{i}\sin\theta$.

引理 4.3.1 (1) 对任意 $q \in S, v \in V$, 我们有 $qvq^{-1} \in V$ 且 $\|qvq^{-1}\| = \|v\|$.

(2) 若 $w \in V$ 是单位长向量, $q = \cos\theta + w\sin\theta$, 则对 $v \in V$ 且 $v \perp w$, 有 $qwq^{-1} = w$, 且

$$qvq^{-1} = v\cos(2\theta) + (w \times v)\sin(2\theta).$$

这里 $w \times v$ 是 w 和 v 的向量积 (叉积).

证明 (1) 对 $q \in S$, 我们有 $\dfrac{1}{q} = \dfrac{\overline{q}}{q\overline{q}} = \overline{q}$. 故 $\overline{qvq^{-1}} = \overline{q^{-1}}\,\overline{v}\,\overline{q} = \overline{q}\,\overline{v}\,\overline{q} = -qvq^{-1}$, 即 $qvq^{-1} \in V$. 而 $\|qvq^{-1}\|^2 = \overline{qvq^{-1}}qvq^{-1} = \overline{q}\,\overline{v}\,\overline{q}qvq^{-1} = \|v\|^2 qq^{-1} = \|v\|^2$.

(2) 结合 $q^{-1} = \overline{q} = \cos\theta - w\sin\theta$ 以及 $w^2 = -1$, 我们得到

$$qwq^{-1} = (\cos\theta + w\sin\theta)w(\cos\theta - w\sin\theta) = (w\cos\theta - \sin\theta)(\cos\theta - w\sin\theta)$$

$$= w(\cos^2\theta + \sin^2\theta) + (-w^2\cos\theta\sin\theta - \sin\theta\cos\theta) = w.$$

对于任意 $v, w \in V$, 我们有恒等式

$$wv \equiv -(w, v) + w \times v,$$

其中 (w, v) 为 $\mathbb{R}^3$ 中的标准内积, 也就是向量的数量积. 这可以通过写出 w 和 v 的坐标, 对比两边的展开式来证明. 具体计算留作练习. 对于单位长向量 $w \in V$ 和 $v \perp w$, 我们有 $wv = w \times v$, $(w \times v)w = (w \times v) \times w = v$(因为 $w \times v \perp w$) (见图 4.6), 从而

$$qvq^{-1} = (\cos\theta + w\sin\theta)v(\cos\theta - w\sin\theta) = (v\cos\theta + (w \times v)\sin\theta)(\cos\theta - w\sin\theta)$$

$$= v\cos^2\theta - ((w \times v) \times w)\sin^2\theta + (w \times v)\sin\theta\cos\theta - (v \times w)\cos\theta\sin\theta$$

$$= v(\cos^2\theta - \sin^2\theta) + 2(w \times v)\sin\theta\cos\theta = v\cos(2\theta) + (w \times v)\sin(2\theta). \qquad \square$$

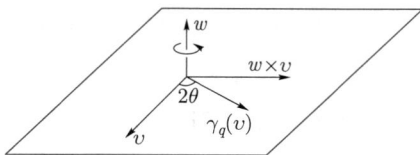

图 4.6

由此可见, $\gamma_q(v) := qvq^{-1}$ 是 V 中以 w 为旋转轴、角度为 2θ 的旋转, 从而 $\gamma_q \in \mathrm{SO}(3)$. 于是我们得到了从 $\mathrm{SU}(2)$ 到 $\mathrm{SO}(3)$ 的群同态 γ: $\gamma(q) = \gamma_q$. 容易看到 $\gamma(q) = \gamma(-q)$, 也就是说 γ 是二对一的满同态, 且 $\mathrm{Ker}(\gamma) = \{\pm I\}$. 换句话说, $\mathrm{SU}(2)$ 是 $\mathrm{SO}(3)$ 的二重覆盖.

现在我们从前面的 SO(3) 有限子群的分类结果出发, 通过讨论 γ 的原像得到 SU(2) 的有限子群. 首先注意到, SU(2) 的 2 阶元只有 $-I$. 事实上, SU(2) 的元素都是可对角化的, 若 $g \in$ SU(2) 满足 $g^2 = I$ 且 $g \neq I$, 则 g 的特征值为 ± 1. 由 $\det(g) = 1$ 且 $g \neq I$, 可知 g 的特征值都是 -1, 所以 g 相似于 $-I$, 从而 $g = -I$.

设 G 是 SU(2) 的有限子群, 若 $-I \notin G$, 则 G 没有二阶元, 因此 $\gamma(G) \cong G$ 只能是奇数阶循环群. 若 $-I \in G$, 则 $G = \gamma^{-1}(H)$, 其中 H 是 SO(3) 的有限子群. 对 $G = \gamma^{-1}(C_n)$, 其中 $C_n = \langle a \mid a^n = e \rangle$, 取 $\hat{a} \in \gamma^{-1}(a)$, 则 $\gamma(\hat{a}^n) = (a)^n = e$, $\hat{a}^{2n} = I$. 若 $-I \in \langle \hat{a} \rangle$, 则 $G \cong C_{2n}$. 若 $-I \notin \langle \hat{a} \rangle$, 则 $-\hat{a}$ 为 $2n$ 阶元, 此时也有 $G \cong C_{2n}$. 对于其余的点群 D_n, T, O, I, 相应的 SU(2) 有限子群记为 D_n^*, T^*, O^*, I^*. 由 SO(3) 的有限子群分类可得 SU(2) 的有限子群同构于下表中的群之一. 其中 $\hat{a}, \hat{b}$ 分别为点群中相应生成元 a, b 的提升, $\hat{c}$ 则为 $(ab)^{-1}$ 的提升.

G	$\|G\|$
$C_n = \langle a \mid a^n = e \rangle$	n
$D_n^* = \langle \hat{a}, \hat{b}, \hat{c} \mid \hat{a}^2 = \hat{b}^2 = \hat{c}^n = \hat{a}\hat{b}\hat{c} \rangle$	$4n$
$T^* = \langle \hat{a}, \hat{b}, \hat{c} \mid \hat{a}^2 = \hat{b}^3 = \hat{c}^3 = \hat{a}\hat{b}\hat{c} \rangle$	24
$O^* = \langle \hat{a}, \hat{b}, \hat{c} \mid \hat{a}^2 = \hat{b}^3 = \hat{c}^4 = \hat{a}\hat{b}\hat{c} \rangle$	48
$I^* = \langle \hat{a}, \hat{b}, \hat{c} \mid \hat{a}^2 = \hat{b}^3 = \hat{c}^5 = \hat{a}\hat{b}\hat{c} \rangle$	120

对以上有限群, 我们仍可以依照前面的思路寻找不可约表示并决定其特征标表. 但利用 SU(2) 的有限子群的特殊性, 我们也可以通过张量积的分解得到所有不可约表示, 并用 McKay 图表示出来.

SU(2) 及其子群有自然的 2 维表示 (ρ, V), 即作为 2×2 矩阵作用在 $V = \mathbb{C}^2$ 上. 这个表示是忠实的, 除了同构于 C_n 的子群外, 别的子群的自然表示都是不可约的. 设 G 是 SU(2) 的有限子群, $\{(\rho_i, V_i)\}_{i=1}^k$ 是 G 的不等价不可约复表示, G 的 **McKay (麦凯) 图** 是这样的图: 图的顶点代表 G 的不可约复表示 V_i, 并在该顶点处标记数字 $d_i = \dim V_i$, 两个顶点 V_i 和 V_j 之间连线的条数为 V_i 在 $V \otimes V_j$ 中出现的重数 $a_{ij} = m(V_i, V \otimes V_j)$.

首先我们验证定义中 a_{ij} 是合理的, 也就是说, $a_{ij} = a_{ji}$.

引理 4.3.2 $m(V_i, V \otimes V_j) = m(V_j, V \otimes V_i)$.

证明   首先, 自然表示 (ρ, V) 是自对偶的. 这是因为 $g \in$ SU(2) 的特征值是两个互为共轭的单位根, 故 $\chi_\rho(g)$ 是实数. 由 $\chi_{\rho^*} = \overline{\chi_\rho}$, 可知 $\chi_{\rho^*} = \chi_\rho$, 即 $V^* \cong V$. 于是我们有

$$m(V_i, V \otimes V_j) = (\chi_i, \chi_\rho \chi_j) = \frac{1}{|G|} \sum_{g \in G} \chi_i(g) \overline{\chi_\rho(g)\chi_j(g)} = \frac{1}{|G|} \sum_{g \in G} \chi_i(g) \overline{\chi_j(g)} \chi_\rho(g)$$

$$m(V_j, V \otimes V_i) = \frac{1}{|G|} \sum_{g \in G} \chi_j(g) \overline{\chi_i(g)} \chi_\rho(g) = \overline{m(V_i, V \otimes V_j)} = m(V_i, V \otimes V_j),$$

上式中最后一个等号是因为 $m(V_i, V \otimes V_j)$ 是整数. $\qquad\qquad\qquad\square$

例 4.3.1 设 $a = \begin{pmatrix} \zeta & 0 \\ 0 & \zeta^{-1} \end{pmatrix}$, 其中 $\zeta = \mathrm{e}^{\frac{2\pi \mathrm{i}}{n}}$. 则 $G = \langle a \rangle$ 是 SU(2) 的有限子群且

$G \cong C_n$. 它的不可约复表示是 1 维表示 (ρ_j, V_j): $\rho_j(a^k) = \zeta^{jk}(j, k = 0, \cdots, n-1)$. G 的自然表示 (ρ, V) 是可约的: $V \cong V_1 \oplus V_{n-1}$. 于是对 $j = 0, \cdots, n-1$, 我们有

$$V \otimes V_j \cong V_1 \otimes V_j \oplus V_{n-1} \otimes V_j \cong V_{j+1} \oplus V_{j-1}.$$

由此可见, 在 C_n 的 McKay 图 (图 4.7(a)) 中, 顶点 i 与顶点 $j-1$ 以及顶点 $j+1$ 之间有一条边相连. 这些边联接成一个封闭的圈. 一个特殊情况是 C_2 的 McKay 图 (图 4.7(b)) 中有两个顶点, 而两个顶点之间有两条边相连. 在下图中每个顶点处标记的对应不可约表示的维数.

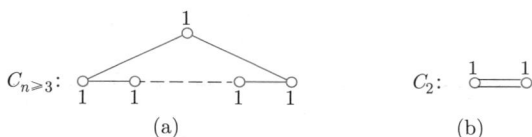

图 4.7

例 4.3.2 $D_n^* = \langle a, b, c | a^2 = b^2 = c^n = abc \rangle$ 的定义等价于 $D_n^* = \langle b, c | c^{2n} = e, b^2 = c^n, bcb^{-1} = c^{-1} \rangle$. 这是因为在第一个定义中, $a = bc$, 从而 $b^2 = bcbc$, 即 $b = cbc$. 于是 $c^n = bcbc = (cbc)cbc = cbc^2bc = c^2bc^3bc = \cdots = c^{n-1}bc^nbc$. 这等价于 $bc^nb = e$. 所以由 $b^2 = c^n$ 得 $c^{2n} = e$. 共轭关系为 $bcb^{-1} = bcb^{-2}b = bc^{n+1}b = bcc^nb = bcbcbcb = c^{n-1}cc^{n-1} = c^{-1}$. 反之, 在第二个定义中, 令 $a = bc$, 我们就得到第一种定义. 由此进一步计算得到 D_n^* 的 $n+3$ 个共轭类: $\{e\}$, $\{b^2\}$, $\{c, c^{2n-1}\}$, $\{c^2, c^{2n-2}\}, \cdots, \{c^{n-1}, c^{n+1}\}, \{b, bc^2, \cdots, bc^{2n-2}\}, \{bc, bc^3, \cdots, bc^{2n-1}\}$. 通过直接计算可得 $(D_n^*)^{(1)} = \langle c^2 \rangle$, 故 $|D_n^*/(D_n^*)^{(1)}| = 4$, D_n^* 有 4 个 1 维表示. 进一步, 由维数平方和的条件得到 D_n^* 有 $n-1$ 个 2 维不可约复表示.

当 $n = 2$ 时, $D_2^* = Q_8$ 是四元数群, 我们已得到它的特征标表.

当 $n = 3$ 时, $D_3^* = \langle b, c | c^6 = e, b^2 = c^3, bcb^{-1} = c^{-1} \rangle$. 由于 $\gamma(D_3^*) = D_3$ 是正三角形的对称群, 我们可以通过 $\gamma(b)$ 和 $\gamma(c)$ 代表的旋转推出 b 和 c 对应的四元数, 从而得到 SU(2) 中同构于 D_3^* 的有限子群 G. 考虑 $\mathbf{ij}$ 平面中的正三角形 ABC, 其中

$$A = \mathbf{j}, B = \frac{\sqrt{3}}{2}\mathbf{i} - \frac{1}{2}\mathbf{j}, C = -\frac{\sqrt{3}}{2}\mathbf{i} - \frac{1}{2}\mathbf{j}.$$

则 $\gamma(b)$ 为以 $\mathbf{j}$ 为轴的 $180°$ 旋转, $\gamma(c)$ 为以 $\mathbf{k}$ 为轴的 $120°$ 旋转. 因此 $\gamma(b)$ 对应的四元数为 $\pm\left(\cos\frac{\pi}{2} + \mathbf{j}\sin\frac{\pi}{2}\right) = \pm\mathbf{j}$, $\gamma(c)$ 对应的四元数为 $\pm\left(\cos\frac{\pi}{3} + \mathbf{k}\sin\frac{\pi}{3}\right)$. 考虑到四元

数和 $\mathrm{SU}(2)$ 中元素的对应关系, 我们得到由以下矩阵 $\rho(b), \rho(c)$ 生成的群 $G \cong D_3^*$.

$$\rho(b) = \begin{pmatrix} 0 & -1 \\ 1 & 0 \end{pmatrix}, \quad \rho(c) = \begin{pmatrix} \cos\dfrac{\pi}{3} + \mathrm{i}\sin\dfrac{\pi}{3} & 0 \\ 0 & \cos\dfrac{\pi}{3} - \mathrm{i}\sin\dfrac{\pi}{3} \end{pmatrix} = \begin{pmatrix} \mathrm{e}^{\frac{2\pi\mathrm{i}}{6}} & 0 \\ 0 & \mathrm{e}^{-\frac{2\pi\mathrm{i}}{6}} \end{pmatrix}.$$

这是 G 的自然表示. 由上面对 D_n^* 的讨论得知, $(D_3^*)^{(1)} = \langle c^2 \rangle$ 且 $D_3^*/(D_3^*)^{(1)} \cong C_4$, 由此我们得到 G 的特征标表, 如下所示:

	$\{e\}$	$\{b^2\}$	$\{c\}$	$\{c^2\}$	$\{b\}$	$\{bc\}$
	(1)	(1)	(2)	(2)	(3)	(3)
χ_1	1	1	1	1	1	1
χ_2	1	-1	-1	1	i	i
χ_3	1	1	1	1	-1	-1
χ_4	1	-1	-1	1	$-\mathrm{i}$	$-\mathrm{i}$
χ_5	2	-2	1	-1	0	0
χ_6	2	2	-1	-1	0	0

其中 χ_5 是自然表示 ρ 的特征标. 由此表可以计算 McKay 图 (图 4.8) 的 a_{ij} 为: $a_{15} = a_{51} = a_{25} = a_{52} = a_{56} = a_{36} = a_{63} = a_{46} = a_{64} = 1$, 其余的 $a_{ij} = 0$.

图 4.8

图 4.8(a) 中每个顶点处标记的是对应的不可约表示, 图 4.8(b) 中每个顶点处标记的则是相应不可约表示的维数.

类似地, 我们可以对 $n \geqslant 4$ 计算 D_n^* 的特征标表. 事实上, 设 $\varepsilon = \mathrm{e}^{\frac{2\pi\mathrm{i}}{2n}}$, 则下面的 $\rho_k(k = 1, \cdots, n-1)$ 是 D_n^* 的 2 维不可约复表示:

$$\rho_k(b) = \begin{pmatrix} 0 & -1 \\ 1 & 0 \end{pmatrix}, \quad \rho_k(c) = \begin{pmatrix} \varepsilon^k & 0 \\ 0 & \varepsilon^{-k} \end{pmatrix}.$$

通过特征标的计算, 我们可以得到 D_n^* 的 Mckay 图 (图 4.9).

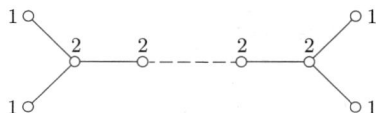

图 4.9

对于 T^*、O^* 和 I^*, 通过四元数进行类似的计算 (留作练习), 我们可以得到它们的 Mckay 图如图 4.10 所示. 顶点处标记的是不可约表示的维数.

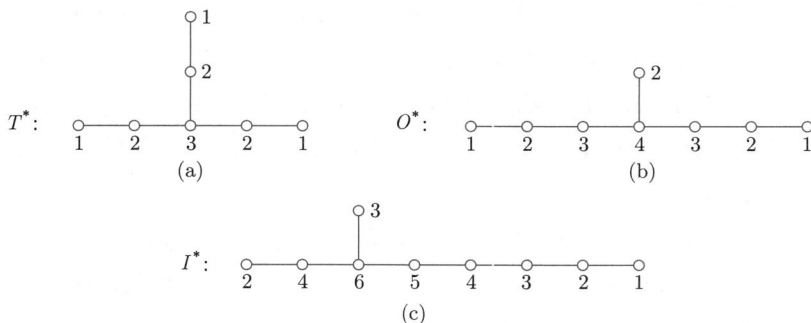

图 4.10

以上我们通过穷举的方法具体计算了 SU(2) 的有限子群的 McKay 图. 然而我们也可以借助表示论的一般理论推导出 McKay 图满足的一般性质, 进而通过这些性质确定所有 McKay 图. 为此, 我们先考察哪些不可约表示会出现在张量积的分解中. 下面的命题说明, 只要表示是忠实的, 它自身张量积的幂次足够大之后, 就会包含所有的不可约复表示.

命题 4.3.1　设 χ 是有限群 G 的忠实表示 (ρ, V) 的特征标. 如果当 g 取遍 G 的所有元素时, $\chi(g)$ 有 m 个不同值, 那么 G 的每个不可约表示都在 $V^{\otimes 0} \cong \mathbb{C}, V$, $V^{\otimes 2}, \cdots, V^{\otimes(m-1)}$ 的分解中出现.

证明　设 $\{\chi(g) \mid g \in G\} = \{\alpha_1, \cdots, \alpha_m\}$, 其中 $\alpha_i \neq \alpha_j$ 且 $\alpha_1 = \chi(e)$. 若 φ 是 G 的不可约复表示的特征标, 我们需要证明存在 $k \in \{0, 1, \cdots, m-1\}$ 使得 $(\chi^k, \varphi) \neq 0$. 注意到

$$(\chi^k, \varphi) = \frac{1}{|G|} \sum_{g \in G} \chi(g)^k \overline{\chi(g)} = \frac{1}{|G|} \sum_{i=1}^{m} \alpha_i^k \beta_i,$$

其中 $\beta_i = \displaystyle\sum_{g \in \{\chi(g) = \alpha_i\}} \overline{\chi(g)}$. 把 $k = 0, 1, \cdots, m-1$ 的方程联立得到以下方程组

$$\begin{pmatrix} (\chi^0, \varphi) \\ (\chi^1, \varphi) \\ \vdots \\ (\chi^{m-1}, \varphi) \end{pmatrix} = \frac{1}{|G|} \begin{pmatrix} \alpha_1^0 & \alpha_2^0 & \cdots & \alpha_m^0 \\ \alpha_1 & \alpha_2 & \cdots & \alpha_m \\ \vdots & \vdots & & \vdots \\ \alpha_1^{m-1} & \alpha_2^{m-1} & \cdots & \alpha_m^{m-1} \end{pmatrix} \begin{pmatrix} \beta_1 \\ \beta_2 \\ \vdots \\ \beta_{m-1} \end{pmatrix}.$$

由于 α_i 互不相等, 所以此方程组的系数行列式非零. 于是要得到左边的列向量非零, 我们只需要证明右边的 β_i 列向量非零. 因为 (ρ, V) 是忠实表示, 所以 $\{g \mid \chi(g) = \chi(e) = \alpha_1\} = \mathrm{Ker}(\chi) = \mathrm{Ker}(\rho) = \{e\}$. 于是

$$\beta_1 = \sum_{g \in \{\chi(g) = \alpha_1\}} \overline{\chi(g)} = \chi(e) \neq 0.$$

因此上述方程组的左边不是零向量, 即存在 $k \in \{0, 1, \cdots, m\}$ 使得 $(\chi^k, \varphi) \neq 0$. □

推论 4.3.1 McKay 图是连通的.

证明 我们已经证明 C_n 的 McKay 图是连通的. 对 SU(2) 的其余有限子群 G, 其自然表示 V 是不可约的. 设 G 的所有不可约复表示为 $V_1, V_2, \cdots, V_r$, 其中 V_1 是 1 维平凡表示, $V_2 = V$. 则 V_1 与 V_2 有 1 条边连接 (因为 $a_{21} = (\chi_2, \chi_2\chi_1) = (\chi_2, \chi_2) = 1$). $V_2 \otimes V_2$ 的不可约子表示与 V_2 是连通的, 这是因为若 V_i 是 $V_2 \otimes V_2$ 的子表示, 则 $a_{2i} = a_{i2} = (\chi_i, \chi_2\chi_2) \neq 0$.

若 $V_2 \otimes V_2 \otimes V_2$ 中包含不可约子表示 V_j, 则 $(\chi_2^2, \chi_2\chi_j) = (\chi_2^3, \chi_j) \geqslant 1$. 这说明存在 $V_2 \otimes V_2$ 中的某个不可约子表示 V_k 使得 $a_{kj} = (\chi_k, \chi_2\chi_j) \geqslant 1$. 也就是说, $V_2 \otimes V_2 \otimes V_2$ 中的每个不可约子表示与 $V_2 \otimes V_2$ 中的某个不可约子表示连通, 从而与 V_2 和 V_1 之间至少有一条边相连.

以此类推, 我们可以证明, 对 $n \geqslant 3$, $V_2^{\otimes n}$ 中的每个不可约子表示与 $V_2^{\otimes(n-1)}$ 中的某个不可约子表示至少有一条边相连. 因为当 n 足够大时,

$$V_2^{\otimes 0} = V_1, V_2, V_2^{\otimes 2}, \cdots, V_2^{\otimes n}$$

包含了 G 的所有不可约复表示, 所以 G 的 McKay 图是连通的. □

下面考虑相邻两顶点间边数的限制.

引理 4.3.3 设 G 是 SU(2) 的有限子群且 $G \not\cong C_1$ 或 C_2, 则在 G 的 McKay 图中, $a_{ij} \leqslant 1$.

证明 由 $G \not\cong C_1$ 可知 G 至少有 2 个不可约表示. 假设 $a_{ij} = a_{ji} \geqslant 2$. 做直和分解 $V \otimes V_i = \bigoplus_k m(V_k, V \otimes V_i) V_k$. 比较维数得到等式 $2d_i = a_{ij}d_j + \sum_{k \neq j} a_{ik}d_k$. 将 i 换成 j 可得 $2d_j = a_{ji}d_i + \sum_{k \neq i} a_{jk}d_k$. 两式相加并整理得到

$$(a_{ji} - 2)d_i + (a_{ij} - 2)d_j + \sum_{k \neq i,j} a_{ik}d_k + \sum_{k \neq j} a_{jk}d_k = 0.$$

这个等式的左边各项均非负, 因此 $a_{ij} = 2$. 而当 $k \neq i, j$ 时, $a_{ik} = a_{jk} = 0$, 故 G 只有 2 个不可约表示, 于是 $G \cong C_2$. □

引理 4.3.4 $d_i = \dfrac{1}{2} \sum_{j \to i} d_j$, 其中 $j \to i$ 表示与顶点 i 相邻的所有顶点 j.

证明 由 $V \otimes V_i = \bigoplus_j m(V_j, V \otimes V_i) V_j$ 得到维数的等式 $2d_i = \sum_j a_{ij}d_j$. 再由 $a_{ij} \leqslant 1$ 即可得到结论. □

总结起来说, 对于 SU(2) 的有限子群 G, 如果 $G \not\cong C_1$ 或 C_2, 则 G 的 McKay 图具有以下性质: (1) McKay 图是连通的; (2) 两个顶点间至多有一条边; (3) 每个顶点处

标记的数字等于其相邻顶点标记数字之和的一半. 通过枚举的方法, 可以看出满足这些性质的图, 恰好是 A、D、E 型扩展 Dynkin 图. SU(2) 的有限子群和扩展 Dynkin 图之间的对应称为 **McKay 对应**. 我们需要指出, Dynkin 图是苏联数学家 Dynkin 为了简化 Cartan (嘉当), Killing (基灵) 等关于复半单李代数的分类结果而定义的. 在本书第七章中, 我们会详细地介绍 Dynkin 图的有关知识, 特别是其分类结果.

4.4 有限群的不变量

在本节中, 我们介绍特征标在有限群的不变量理论中的应用. 考虑复数域上的 n 元多项式环 $\mathbb{C}[x_1, \cdots, x_n]$. 一般线性群 $\mathrm{GL}_n(\mathbb{C})$ 在此多项式环上有群作用, 其定义为: 对 $g \in \mathrm{GL}_n(\mathbb{C})$ 和 $f(\boldsymbol{x}) \in \mathbb{C}[x_1, \cdots, x_n]$, $(g \cdot f)(\boldsymbol{x}) = f(g\boldsymbol{x})$. 这里 $\boldsymbol{x} = (x_1, \cdots, x_n)^{\mathrm{T}}$ 被视为列向量, $g\boldsymbol{x}$ 为矩阵乘法. 设 G 是 $\mathrm{GL}_n(\mathbb{C})$ 的有限子群. 多项式 $f(\boldsymbol{x})$ 称为 G 的不变量, 如果对任意 $g \in G$,

$$f(g\boldsymbol{x}) = f(\boldsymbol{x}).$$

G 的所有不变量的集合记为 $\mathbb{C}[x_1, \cdots, x_n]^G$. 这显然是 $\mathbb{C}[x_1, \cdots, x_n]$ 的子环. 根据 Hilbert 基定理 (参看《代数学 (三)》), $\mathbb{C}[x_1, \cdots, x_n]^G$ 是有限生成的. 也就是说, 我们可以找出 G 的若干基本不变量, 使得其余不变量都可以写成这些基本不变量的多项式.

例 4.4.1 设 G 是 n 阶列置换矩阵组成的群, 则 G 同构于对称群 S_n. G 的不变量正是对称多项式. 故 $\mathbb{C}[x_1, \cdots, x_n]^{S_n}$ 是对称多项式的集合. 根据对称多项式的理论, 我们知道 $\mathbb{C}[x_1, \cdots, x_n]^{S_n}$ 的生成元为初等对称多项式.

例 4.4.2 $V_4 = \left\{ \begin{pmatrix} \pm 1 & 0 \\ 0 & \pm 1 \end{pmatrix} \right\}$ 是 $\mathrm{GL}_2(\mathbb{C})$ 的 4 阶子群, 同构于 $C_2 \times C_2$. 多项式 $f(x_1, x_2)$ 是 V_4 的不变量当且仅当

$$f(x_1, x_2) = f(-x_1, x_2) = f(x_1, -x_2).$$

可见 $f(x_1, x_2) = g(x_1^2, x_2^2)$, 其中 $g \in \mathbb{C}[x_1, x_2]$. 于是 $\mathbb{C}[x_1, x_2]^{V_4} = \mathbb{C}[x_1^2, x_2^2]$.

根据寻找不变子空间的一般思路, 我们可以通过以下投影算子来计算 $\mathbb{C}[x_1, \cdots, x_n]^G$ 的生成元. E. Noether 指出, $\mathbb{C}[x_1, \cdots, x_n]^G$ 生成元的次数不超过 $|G|$.

命题 4.4.1 对 $f(\boldsymbol{x}) \in \mathbb{C}[x_1, \cdots, x_n]$, 令 $R_G(f)(\boldsymbol{x}) = \dfrac{1}{|G|} \sum_{g \in G} f(g\boldsymbol{x})$. 则

(1) $R_G(f)(\boldsymbol{x}) \in \mathbb{C}[x_1, \cdots, x_n]^G$;

(2) $f(\boldsymbol{x}) \in \mathbb{C}[x_1, \cdots, x_n]^G$ 当且仅当 $R_G(f)(\boldsymbol{x}) = f(\boldsymbol{x})$.

这里的投影算子 R_G 称为 **Reynolds (雷诺) 算子**.

定理 4.4.1 (Noether) $\mathbb{C}[x_1,\cdots,x_n]^G = \langle R_G(\boldsymbol{x}^\beta) \mid |\beta| < |G|\rangle$. 这里 $\boldsymbol{x}^\beta$ 表示单项式 $x_1^{\beta_1}\cdots x_n^{\beta_n}$, $|\beta| = \beta_1 + \cdots + \beta_n$ 为该单项式的次数. 生成元集合 $\{R_G(\boldsymbol{x}^\beta) \mid |\beta| < |G|\}$ 的大小不超过 $\begin{pmatrix} n+|G| \\ n \end{pmatrix}$.

证明   首先, 若取所有单项式 $\boldsymbol{x}^\alpha$, 集合 $\{R_G(\boldsymbol{x}^\alpha)\}$ 显然给出 $\mathbb{C}[x_1,\cdots,x_n]^G$ 的一组生成元. 下面我们说明所需单项式的个数有上界. 设 $u_1,\cdots,u_n$ 是不定元, g_i 是 $g\in\mathrm{GL}_n(\mathbb{C})$ 的第 i 行, 则对 $k\in\mathbb{N}$,

$$S_k := \sum_{g\in G}(u_1g_1\boldsymbol{x}+\cdots+u_ng_n\boldsymbol{x})^k$$

$$= \sum_{|\beta|=k}a_\beta\left(\sum_{g\in G}(g\boldsymbol{x})^\beta\right)\boldsymbol{u}^\beta = \sum_{|\beta|=k}a_\beta|G|R_G(\boldsymbol{x}^\beta)\boldsymbol{u}^\beta,$$

其中 a_β 是展开式 $(x_1+\cdots+x_n)^k = \sum_{|\beta|=k}a_\beta\boldsymbol{x}^\beta$ 的系数. 可见 S_k 作为 $u_1,\cdots,u_n$ 的多项式, 它的项 $u_1^{\beta_1}\cdots u_n^{\beta_n}$ 的系数等于 $a_\beta|G|R_G(\boldsymbol{x}^\beta)$.

注意到 S_k 是 $|G|$ 个变量的幂对称多项式. 则根据对称多项式的理论可知, S_k 是 $S_1,\cdots,S_{|G|}$ 的多项式. 故 S_k 的系数等于 $S_1,\cdots,S_{|G|}$ 的系数的多项式. 也就是说, 对任意多项式 $\boldsymbol{x}^\alpha$, $R_G(\boldsymbol{x}^\alpha)$ 都是集合 $\{R_G(\boldsymbol{x}^\beta) \mid |\beta| < |G|\}$ 中元素的多项式. 因此这个集合给出 $\mathbb{C}[x_1,\cdots,x_n]^G$ 的生成元. 它的大小不超过单项式集合 $\{\boldsymbol{x}^\beta \mid |\beta| < |G|\}$ 的大小 $\begin{pmatrix} n+|G| \\ n \end{pmatrix}$. $\square$

例 4.4.3   设 G 是由 $\begin{pmatrix} 0 & -1 \\ 1 & 0 \end{pmatrix}$ 生成的有限子群. 它同构于循环群 C_4. 为了求出它的基本不变量, 我们对所有次数不超过 4 的单项式计算 $R_G(x_1^i x_2^j)$. 于是得到 4 个不变量 $x_1^2+x_2^2$, $x_1^3x_2 - x_1x_2^3$, $x_1^2x_2^2$ 和 $x_1^4+x_2^4$. 不过由于 $x_1^4+x_2^4 = (x_1^2+x_2^2)^2 - 2x_1^2x_2^2$, 所以

$$\mathbb{C}[x_1,x_2]^G = \mathbb{C}[x_1^2+x_2^2, x_1^3x_2-x_1x_2^3, x_1^2x_2^2].$$

任意多项式 $f(\boldsymbol{x})$ 可以写成齐次多项式的和: $f(\boldsymbol{x}) = f_0 + f_1(\boldsymbol{x}) + \cdots + f_n(\boldsymbol{x})$, 其中 $\deg f_i(\boldsymbol{x}) = i$. $f(\boldsymbol{x})$ 是 G 的不变量等价于每个齐次分量 $f_i(\boldsymbol{x})$ 都是 G 的不变量. 令 $\mathbb{C}[x_1,\cdots,x_n]_i^G$ 为 i 次 G-不变量的子空间. 我们将

$$H(t) := \sum_{i\geqslant 0}(\dim\mathbb{C}[x_1,\cdots,x_n]_i^G)t^i$$

称为不变量环 $\mathbb{C}[x_1,\cdots,x_n]^G$ 的 **Hilbert 级数**或 **Poincare (庞加莱) 级数**.

例 4.4.4   当 G 是平凡群时, 它的不变量环 $\mathbb{C}[x_1,\cdots,x_n]^G = \mathbb{C}[x_1,\cdots,x_n]$. 对于 $n=1$ 的情形, $\mathbb{C}[x_1]$ 的 Hilbert 级数为 $\sum_{i\geqslant 0}t^i = \dfrac{1}{1-t}$. 对一般的 $\mathbb{C}[x_1,\cdots,x_n]$, Hilbert

级数等于 $\dfrac{1}{(1-t)^n}$.

例 4.4.5　在例 4.4.1 中, 不变量环 $\mathbb{C}[x_1,\cdots,x_n]^{S_n}$ 是由基本对称多项式生成的. 基本对称多项式的次数分别是 $1,\cdots,n$, 故该不变量环的 Hilbert 级数等于

$$\frac{1}{(1-t)(1-t^2)\cdots(1-t^n)}.$$

定理 4.4.2 (Molien (莫连))　设 G 是 $\mathrm{GL}_n(\mathbb{C})$ 的有限子群, 则不变量环 $\mathbb{C}[x_1,\cdots,x_n]^G$ 的 Hilbert 级数等于

$$H(t) = \frac{1}{|G|}\sum_{g\in G}\frac{1}{\det(I_n-tg)}.$$

证明　由于 G 线性地作用在多项式环上, 所以齐次多项式 $\mathbb{C}[x_1,\cdots,x_n]_i$ 空间为 G-不变子空间, 从而 $\mathbb{C}[x_1,\cdots,x_n]_i^G = R_G(\mathbb{C}[x_1,\cdots,x_n]_i)$. 进一步,

$$\dim(\mathbb{C}[x_1,\cdots,x_n]_i^G) = \frac{1}{|G|}\sum_{g\in G}\mathrm{tr}(g|_{\mathbb{C}[x_1,\cdots,x_n]_i}).$$

下面我们来计算上式中的迹. 设 g 的特征值为 $\lambda_1,\cdots,\lambda_n$. 不妨设在 $\mathbb{C}[x_1,\cdots,x_n]_1$ 中对应的特征向量为 $x_1,\cdots,x_n$. 如若 x_i 不是特征向量, 可取可逆矩阵 P 使得 P_gP^{-1} 为对角矩阵. 令 $\boldsymbol{x}'=P\boldsymbol{x}$, 则不定元 $x_1',\cdots,x_n'$ 为 g 的特征向量. 于是 $g|_{\mathbb{C}[x_1,\cdots,x_n]_i}$ 的特征向量为单项式 $x_1^{\beta_1}\cdots x_n^{\beta_n}$, 对应的特征值为 $\lambda_1^{\beta_1}\cdots\lambda_n^{\beta_n}$. 因此

$$H(t) = \frac{1}{|G|}\sum_{i\geqslant 0}\sum_{g\in G}\mathrm{tr}(g|_{\mathbb{C}[x_1,\cdots,x_n]_i})t^i$$

$$= \frac{1}{|G|}\sum_{i\geqslant 0}\sum_{g\in G}\left(\sum_{\beta_1+\cdots+\beta_n=i}\lambda_1^{\beta_1}\cdots\lambda_n^{\beta_n}\right)t^i$$

$$= \frac{1}{|G|}\sum_{g\in G}\sum_{i\geqslant 0}\left(\sum_{\beta_1+\cdots+\beta_n=i}\lambda_1^{\beta_1}\cdots\lambda_n^{\beta_n}\right)t^i$$

$$= \frac{1}{|G|}\sum_{g\in G}\left(\frac{1}{1-\lambda_1 t}\cdots\frac{1}{1-\lambda_n t}\right)$$

$$= \frac{1}{|G|}\sum_{g\in G}\frac{1}{\det(I_n-tg)}.$$

□

例 4.4.6　设 G 是由 $\begin{pmatrix} i & 0 \\ 0 & -i \end{pmatrix}$ 和 $\begin{pmatrix} 0 & 1 \\ -1 & 0 \end{pmatrix}$ 生成的 $\mathrm{GL}_2(\mathbb{C})$ 的 8 阶子群. 则 G 同构于 Q_8, 它的 Hilbert 级数等于

$$H(t) = \frac{1}{8}\left(\frac{1}{(1-t)^2}+\frac{1}{(1+t)^2}+\frac{6}{1+t^2}\right) = \frac{1+t^6}{(1-t^4)^2}$$

$$= 1 + 2t^4 + t^6 + 3t^8 + 2t^{10} + 4t^{12} + 3t^{14} + \cdots.$$

G 有 2 个 4 次不变量 $u = x_1^4 + x_2^4$, $v = x_1^2 x_2^2$ 和一个 6 次不变量 $w = x_1 x_2(x_1^4 - x_2^4)$. 在 Hilbert 级数中, 我们观察到 8 次不变量的子空间是 3 维的, 故 u^2, uv, v^2 给出了所有 8 次基本不变量. 10 次不变量子空间是 2 维的, 它的基为 uw 和 vw. 12 次不变量子空间是 4 维的, 但是 $u^3, u^2 v, uv^2, v^3, w^2$ 均为 12 次不变量, 故这 5 个不变量必须满足 1 个线性关系. 容易看出这个关系为 $w^2 = u^2 v - 4v^3$. 进一步我们可以直接验证 $\mathbb{C}[u, v, w]/(w^2 - u^2 v + 4v^3) \cong \mathbb{C}[u, v] \oplus w\mathbb{C}[u, v]$ 的 Hilbert 级数等于 $\dfrac{1}{(1 - t^4)^2} + \dfrac{t^6}{(1 - t^4)^2}$. 这正是 $\mathbb{C}[x_1, x_2]^G$ 的 Hilbert 级数. 故我们得到

$$\mathbb{C}[x_1, x_2]^G \cong \mathbb{C}[u, v, w]/(w^2 - u^2 v + 4v^3).$$

4.5　对称群的表示

本节我们利用群代数的表示理论来讨论对称群 S_n 的不可约表示. 首先回顾 S_n 的共轭类的构造. 给定正整数 n, 所谓 n 的一个拆分, 就是将 n 分解为一些正整数的和. n 的一个拆分可以记为 $\lambda = (\lambda_1, \cdots, \lambda_k)$, 其中 $\lambda_1 \geqslant \cdots \geqslant \lambda_k \geqslant 1$ 为正整数且 $\lambda_1 + \cdots + \lambda_k = n$. 由群论的结论, S_n 中的任何元素可以写成一些不相交的轮换的乘积, 而且若不计次序, 写法唯一, 这些轮换的长度就给出了 n 的一个拆分. 另一方面容易看出, 长度相同的轮换一定是互相共轭的. 反之, 由于共轭作用不改变轮换的长度, 因此 n 的一个拆分决定了 S_n 的一个共轭类. 这说明 S_n 的共轭类与 n 的拆分一一对应.

我们可以用 Young (杨) 图来表示拆分. 设 $\lambda = (\lambda_1, \cdots, \lambda_k)$ 是 n 的一个拆分, n 个方格按照左对齐的方式排成 k 行, 其中第 i 行有 λ_i 个方格. 这样得到的图形称为拆分 n 对应的 **Young 图**. 前面的分析说明, S_n 的共轭类和方格总数为 n 的 Young 图是一一对应的. 下面我们用同一字母表示 n 的拆分和对应的 Young 图. 若将数字 $1, 2, \cdots, n$ 不重复地填入一个 Young 图的每个方格中, 则得到属于拆分 λ 的一个 **Young 表**. 显然, 同一个 Young 图有 $n!$ 个 Young 表.

对于 Young 表 T, S_n 的元素 g 通过置换表中的数字自然地作用在 Young 表 T 上. 经过 g 作用后的 Young 表记为 gT. 我们用一个例子加以说明.

例 4.5.1　3 的拆分有: (3), $(2, 1)$ 和 $(1, 1, 1)$. 对应的 Young 图为

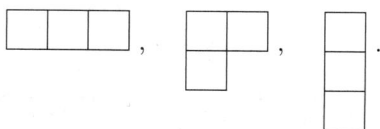

设

$$T = \begin{array}{|c|c|} \hline 1 & 2 \\ \hline 3 \\ \hline \end{array}$$

为一个 Young 表, $g = (321) \in S_3$ 作用在 T 上, 得到

$$gT = \begin{array}{|c|c|} \hline 3 & 1 \\ \hline 2 \\ \hline \end{array}.$$

由于 S_n 的共轭类与 Young 图一一对应, 我们希望通过 Young 图来构造 S_n 的不可约表示. 下面我们说明如何由 Young 表可导出群代数 $\mathbb{C}[S_n]$ 的本原幂等元. 给定 Young 表 T, 设 $R(T)$ 是保持 T 中各行数字整体不变的置换全体, $C(T)$ 是保持 T 中各列数字整体不变的置换全体.

引理 4.5.1 (1) $R(T)$ 和 $C(T)$ 是 S_n 的子群, 且 $R(T) \cap C(T) = \{(1)\}$;
(2) 设 $p_1, p_2 \in R(T), q_1, q_2 \in C(T)$, 则 $p_1 q_1 = p_2 q_2$ 当且仅当 $p_1 = p_2, q_1 = q_2$;
(3) $R(gT) = gR(T)g^{-1}$, $C(gT) = gC(T)g^{-1}$.

引理的证明是直接的, 在此略去.

定义 4.5.1 给定 Young 表 T,

$$e(T) := \left(\sum_{g \in R(T)} g \right) \left(\sum_{h \in R(T)} \mathrm{sgn}(h)h \right) \in \mathbb{C}[S_n]$$

称为 T 对应的 **Young 对称化子**.

例 4.5.2 考虑 S_3. 我们取以下 Young 表:

$$T_1 = \begin{array}{|c|c|c|} \hline 1 & 2 & 3 \\ \hline \end{array}, \quad T_2 = \begin{array}{|c|c|} \hline 1 & 2 \\ \hline 3 \\ \hline \end{array}, \quad T_3 = \begin{array}{|c|} \hline 1 \\ \hline 2 \\ \hline 3 \\ \hline \end{array}.$$

它们对应的对称化子分别为

$$e(T_1) = \sum_{g \in S_3} g,$$

$$e(T_2) = ((1) + (12))((1) - (13)) = (1) + (12) - (13) - (321),$$

和

$$e(T_3) = \sum_{g \in S_3} \mathrm{sgn}(g)g.$$

容易验证 $e(T_1)$ 生成的左理想对应 1 维平凡表示, $e(T_3)$ 生成的左理想对应 1 维符号表示. 下面我们来分析 $e(T_2)$ 生成的左理想. 由 $e(T_2)e(T_2) = 3e(T_2)$ 可知 $\dfrac{1}{3}e(T_2)$ 是幂等元.

$$(12)e(T_2) = e(T_2) = (1) + (12) - (13) - (321),$$

$$(13)e(T_2) =(13) + (123) - (1) - (23),$$

$$(23)e(T_2) =(23) + (321) - (123) - (12),$$

得 $e(T_2) + (13)e(T_2) + (23)e(T_2) = 0$, 即 $(23)e(T_2) = -e(T_2) - (13)e(T_2)$. 又

$$(123)e(T_2) =(31)(12)e(T_2) = (13)e(T_2),$$

$$(321)e(T_2) =(23)(12)e(T_2) = (23)e(T_2) = -e(T_2) - (13)e(T_2).$$

于是 $\mathbb{C}[S_n]e(T_2) = \mathrm{Span}\{e(T_2), (13)e(T_2)\}$ 是 S_3 的 2 维表示. 由于

$$e(T_2)\mathbb{C}[S_n]e(T_2) = \mathrm{Span}\{e(T_2)\},$$

$\mathbb{C}[S_n]e(T_2)$ 是极小左理想, 从而是不可约表示.

一般地, 对称化子 $e(T)$ 的某个常数倍是本原幂等元, 并且 S_n 的所有极小左理想都是由某个对称化子 $e(T)$ 生成的. 以下 $e(T)$ 的性质是容易验证的.

引理 4.5.2 对任意 $p \in R(T)$, $q \in C(T)$, $pe(T)q = \mathrm{sgn}(q)e(T)$.

反之, 我们将证明具有这样性质的元素一定是 $e(T)$ 的常数倍.

引理 4.5.3 若 $g \notin R(T)C(T)$, 则存在对换 (ij) 使得 $(ij) \in R(T) \cap C(gT)$.

证明 我们只需证明, 若 $g \notin R(T)C(T)$, 则存在数字 i, j 同时出现在表 T 的同一行中, 且同时出现在表 gT 的同一列中. 假设这样的 i, j 不存在, 那么表 T 的同一行中的数字都在表 gT 的不同列中. 设 T 的第一行为 $i_1, \cdots, i_m$, 它们分别在 gT 的第 $j_1, \cdots, j_m$ 列中. 那么可取 $p_1 \in R(T)$ 和 $q_1' \in C(gT)$, 使得表 p_1T 和表 $q_1'gT$ 的第 1 行完全相同. 此时表 p_1T 和表 T 的第 2 行相同, 从而表 p_1T 第 2 行中的数字都在表 $q_1'gT$ 的不同列中, 于是与第 1 行的操作类似, 可取 $p_2 \in R(T)$ 和 $q_2' \in C(gT)$, 使得表 p_2p_1T 和表 $q_2'q_1'gT$ 的第 1 行和第 2 行完全相同. 以此类推, 存在 $p \in R(T)$ 和 $q' \in C(gT)$, 使得 $pT = q'gT$. 从而 $p = q'g$. 由于 $C(gT) = gC(T)g^{-1}$, 所以存在 $q \in C(T)$ 使得 $q' = gqg^{-1}$. 于是 $p = gqg^{-1}g = gq$, 即 $g = pq^{-1} \in R(T)C(T)$, 这与 g 的条件矛盾. $\square$

命题 4.5.1 设 $x \in \mathbb{C}[S_n]$, 且对任意 $p \in R(T)$ 和 $q \in C(T)$ 都有 $pxq = \mathrm{sgn}(q)x$, 则存在 $c \in \mathbb{C}$ 使得 $x = ce(T)$.

证明 将 x 写成 $x = \sum\limits_{g \in G} a_g g$, $a_g \in \mathbb{C}$. 设 $p \in R(T)$, $q \in C(T)$, 则 $a_{pgq} = \mathrm{sgn}(q)a_g$. 特别地, $a_{pq} = \mathrm{sgn}(q)a_{(1)}$. 从而

$$x = a_{(1)}\left(\sum_{p \in R(T),\, q \in C(T)} \mathrm{sgn}(q)pq\right) + \sum_{g \notin R(T)C(T)} a_g g.$$

我们断定对于 $g \notin R(T)C(T)$, 系数 $a_g = 0$. 由上述引理, 存在对换 $t = (i, j) \in R(T) \cap C(gT)$. 由 $C(gT) = gC(T)g^{-1}$ 容易看出 $g^{-1}tg \in C(T)$ 也是对换, 从而 $\mathrm{sgn}(g^{-1}tg) = -1$. 于是 $a_g = a_{tg(g^{-1}tg)} = \mathrm{sgn}(g^{-1}tg)a_g = -a_g$, 所以 $a_g = 0$. 至此命题得证. $\square$

推论 4.5.1 对任意 $y \in \mathbb{C}[S_n]$, 存在 $c_y \in \mathbb{C}$ 使得 $e(T)ye(T) = c_y e(T)$.

证明 设 $p \in R(T)$, $q \in C(T)$, 则

$$pe(T)ye(T)q = (pe(T))y(e(T)q) = \mathrm{sgn}(q)e(T)ye(T).$$

由上述命题可知, $e(T)ye(T)$ 是 $e(T)$ 的常数倍. $\square$

在上述推论中取 $y = (1)$ 即得到 $e(T)^2 = ce(T)$. 于是 $\frac{1}{c}e(T)$ 是幂等元. 此外, 推论还说明 $\dim(e(T)\mathbb{C}[S_n]e(T)) = 1$. 所以 $\frac{1}{c}e(T)$ 是本原幂等元. 下面我们计算常数 c.

命题 4.5.2 $c = \dfrac{n!}{\dim(\mathbb{C}[S_n]e(T))}$.

证明 考虑 $\mathbb{C}[S_n]$-模同态 $\varphi : \mathbb{C}[S_n] \to \mathbb{C}[S_n]$, $\varphi(x) = xe(T)$. 因为 $\frac{1}{c}e(T)$ 是幂等元, 所以右乘 $\frac{1}{c}e(T)$ 是到 $\mathbb{C}[S_n]e(T)$ 的投影 π. 于是 $\mathrm{tr}(\varphi) = c\,\mathrm{tr}(\pi) = c\dim(\mathbb{C}[S_n]e(T))$.

另一方面, 对任何 $g \in S_n$, 我们有 $\varphi(g) = ge(T) = g + \cdots$. 这是因为 $e(T)$ 中单位元 (1) 的系数为 1. 于是 $tr(\varphi) = n!$. 比较这两种方式计算的 $tr(\varphi)$, 我们就可以完全确定常数 c. $\square$

注 4.5.1 命题 4.5.2 中的常数 c 等于 $e(T)^2$ 中单位元 (1) 的系数 $c_{(1)}$, 所以极小左理想的维数可以通过 $\dim(\mathbb{C}[S_n]e(T)) = \dfrac{n!}{c_{(1)}}$ 来计算. 对应表示的特征标则可以通过本章习题 9 的结论来计算. 我们还可以通过组合的方法计算这些不可约表示的维数和特征标. 请读者参考文献 [21].

上面的结果给出了由 Young 表 T 得到 $\mathbb{C}[S_n]$ 的不可约表示的方法, 即

定理 4.5.1 $\mathbb{C}[S_n]e(T)$ 是 $\mathbb{C}[S_n]$ 的极小左理想.

下面我们证明同一 Young 图的不同 Young 表对应的极小左理想是同构的, 从而在同构的意义下, Young 图 λ 决定了 $\mathbb{C}[S_n]$ 的不可约表示 $\mathbb{C}[S_n]e(T)$. 这个不可约表示记为 S_λ.

命题 4.5.3 对任意 $g \in S_n$, $\mathbb{C}[S_n]e(T) \cong \mathbb{C}[S_n]e(gT)$.

证明 给定 $x \in \mathbb{C}[S_n]e(T)$, 令 $\varphi(x) = xg^{-1}$. 注意到 $e(gT) = ge(T)g^{-1}$, 所以

$$\varphi(x) = \varphi\left(x \cdot \frac{1}{c}e(T)\right) = \frac{1}{c}xe(T)g^{-1} = \frac{1}{c}xg^{-1}ge(T)g^{-1} = \frac{1}{c}xg^{-1}e(gT).$$

于是 $\varphi : \mathbb{C}[S_n]e(T) \to \mathbb{C}[S_n]e(gT)$ 是 S_n-模满同态. 由于右乘 g^{-1} 是对 $\mathbb{C}[S_n]$ 的基向量的置换, 故 φ 是单的, 从而是 S_n-模同构. $\square$

下面我们说明属于不同 Young 图的 Young 表, 对应的极小左理想是不同构的. 首先, 我们引进 Young 图之间的一种序关系, 这对应于整数 n 的拆分之间的字典序. 设 $\lambda = (\lambda_1, \cdots, \lambda_k)$ 和 $\lambda' = (\lambda'_1, \cdots, \lambda'_\ell)$ 是 n 的两个拆分, 我们称 $\lambda > \lambda'$, 如果存在 j 使

得 $\lambda_1 = \lambda'_1, \cdots, \lambda_{j-1} = \lambda'_{j-1}$, 且 $\lambda_j > \lambda'_j$. 直观地说, $\lambda > \lambda'$ 意味着 λ 和 λ' 的 Young 图的前 $j-1$ 行是相同的, 而且 λ 的 Young 图第 j 行比 λ' 的第 j 行格子数要多.

引理 4.5.4 设 T 和 T' 是分别属于拆分 λ 和 λ' 的 Young 表. 若 $\lambda > \lambda'$, 则存在对换 $(ij) \in R(T) \cap C(T')$.

证明 只需证明存在数字 $i \neq j$ 同时出现在 T 的同一行中, 且同时出现在表 T' 的同一列中. 假设这样的 i, j 不存在, 那么对每个正整数 m, λ 的 Young 图第 m 行的格子数大于等于 λ' 的 Young 图第 m 行的格子数. 但由于两者的总格子数是相等的, 所以 $\lambda = \lambda'$, 这与 $\lambda > \lambda'$ 矛盾. $\qquad\square$

命题 4.5.4 设 T 和 T' 是分别属于不同 Young 图的 Young 表, 则 $\mathbb{C}[S_n]e(T) \not\cong \mathbb{C}[S_n]e(T')$.

证明 设 T 和 T' 是分别属于拆分 λ 和 λ' 的 Young 表. 我们需要计算 $e(T')\mathbb{C}[S_n]e(T)$. 对 $g \in S_n$, 我们有

$$e(T')ge(T) = e(T')ge(T)g^{-1}g = e(T')e(gT)g$$

$$= \left(\sum_{p' \in R(T')} p'\right)\left(\sum_{q' \in C(T')} \mathrm{sgn}(q')q'\right)\left(\sum_{p \in R(gT)} p\right)\left(\sum_{q \in C(gT)} \mathrm{sgn}(q)q\right)g.$$

不妨设 $\lambda > \lambda'$, 则存在对换 $(ij) \in R(gT) \cap C(T')$. 于是

$$\left(\sum_{q' \in C(T')} \mathrm{sgn}(q')q'\right)\left(\sum_{p \in R(gT)} p\right) = \left(\sum_{q' \in C(T')} \mathrm{sgn}(q')q'\right)(ij)(ij)\left(\sum_{p \in R(gT)} p\right)$$

$$= -\left(\sum_{q' \in C(T')} \mathrm{sgn}(q')q'\right)\left(\sum_{p \in R(gT)} p\right).$$

因此 $e(T')\mathbb{C}[S_n]e(T) = \{0\}$, 即 $\mathbb{C}[S_n]e(T) \not\cong \mathbb{C}[S_n]e(T')$. $\qquad\square$

上面的讨论说明, S_n 的每个共轭类对应了唯一的不可约复表示. 由于 S_n 的不可约复表示与其共轭类一一对应, 因此 S_n 的任何不可约复表示均同构于某个 $\mathbb{C}[S_n]e(T)$.

4.6 Schur-Weyl 对偶

本节我们介绍对称群 S_n 和一般线性群 $\mathrm{GL}(V)$ 之间的 Schur-Weyl 对偶. 这是半单代数和其中心化子之间对偶关系的特例. 设 V 是 m 维复线性空间, 一般线性群 $\mathrm{GL}(V)$ 可以对角地作用在 $V^{\otimes n}$ 上: 对 $g \in \mathrm{GL}(V)$,

$$\rho(g)(v_1 \otimes \cdots \otimes v_n) = g \cdot v_1 \otimes \cdots \otimes g \cdot v_n.$$

设 A 为 $\rho(\mathrm{GL}(V))$ 在 $\mathrm{End}(V^{\otimes n})$ 中生成的子代数.

对称群 S_n 在 $V^{\otimes n}$ 上也有一个自然的群作用: 对 $s \in S_n$,

$$\pi(s)(v_1 \otimes \cdots \otimes v_n) = v_{s^{-1}(1)} \otimes \cdots \otimes v_{s^{-1}(n)},$$

也就是 s 对张量的分量做置换. 设 B 为 $\pi(S_n)$ 在 $\mathrm{End}(V^{\otimes n})$ 中生成的子代数.

定理 4.6.1 (1) A 和 B 是半单代数.

(2) A 和 B 互为中心化子, 即 $A \cong \mathrm{End}_B(V^{\otimes n})$, $B \cong \mathrm{End}_A(V^{\otimes n})$.

(3) $V^{\otimes n} = U_1 \otimes S_1 \oplus \cdots \oplus U_r \otimes S_r$, 其中 U_i 是不可约 A-模, S_i 是不可约 B-模.

证明 由于 B 是对称群代数在 $\mathrm{End}(V^{\otimes n})$ 中的像, 所以 B 是半单的. 下面我们只要证明 A 是 B 的中心化子, 由命题 1.4.1, 命题 1.4.2 和命题 1.4.3 即可得到所要证明的结论.

设 B' 是 B 在 $\mathrm{End}_{\mathbb{C}[S_n]}(V^{\otimes n})$ 中的中心化子, 则

$$B' = \mathrm{End}_{\mathbb{C}[S_n]}(V^{\otimes n}) = \left(\mathrm{End}(V^{\otimes n})\right)^{S_n} = \left(\mathrm{End}(V)^{\otimes n}\right)^{S_n}.$$

设 $C = \mathrm{Span}\{a \otimes \cdots \otimes a \mid a \in \mathrm{End}(V)\}$. 则容易看到 $C \subseteq B'$. 下面我们证明 $B' = C$.

设 $\{e_1, \cdots, e_m\}$ 是 V 的基. 则 $V^{\otimes n}$ 的基为 $\{e_I = e_{i_1} \otimes \cdots \otimes e_{i_n} \mid 1 \leqslant i_1, \cdots, i_n \leqslant m\}$. 置换 $s \in S_n$ 对张量分量位置的置换给出了在指标集上的作用: $s(I) = (i_{s^{-1}(1)}, \cdots, i_{s^{-1}(n)})$. 对 $b \in \mathrm{End}(V^{\otimes n})$, 它在这组基下的矩阵记为 $[b_{I,J}]$. 考虑 $\mathrm{End}(V^{\otimes n})$ 上的非退化双线性函数

$$\beta(b, c) = \mathrm{tr}(bc) = \sum_{I,J} b_{I,J} c_{I,J}$$

将上述函数限制在 B' 上, 我们得到 B' 上的非退化双线性函数 $\beta(b, c)$. 这是因为我们有 $\mathrm{End}\left(V^{\otimes n}\right)$ 到 B' 的投影

$$b_0 = \frac{1}{n!} \sum_{s \in S_n} \pi(s) b \pi\left(s^{-1}\right),$$

于是对任意 $c \in B'$,

$$\beta\left(b_0, c\right) = \frac{1}{n!} \sum_{s \in S_n} \mathrm{tr}\left(\pi(s) b \pi\left(s^{-1}\right) c\right) = \frac{1}{n!} \sum_{s \in S_n} \mathrm{tr}\left(\pi(s) bc \pi\left(s^{-1}\right)\right) = \beta(b, c).$$

若 c 满足对任意 $b_0 \in B'$, $(b_0, c) = 0$, 那么就对任意 $b \in \mathrm{End}(V^{\otimes n})$, $(b, c) = 0$. 从而 $c = 0$. 因此我们有 B' 上非退化双线性函数 $\beta(b, c)$. 为了证明 $B' = C$, 我们只要证明 C 在 B' 中的正交补为零空间. 也就是如果 $b \in B'$ 满足对任意 $c \in C$, 都有 $(b, c) = 0$, 那么 $b = 0$.

对 $b \in B'$ 和 $s \in S_n$,

$$\pi(s)\left(b\left(e_J\right)\right) = \pi(s)\left(\sum_I b_{I,J} e_I\right) = \sum_I b_{I,J} e_{s(I)} = \sum_I b_{s^{-1}(I),J} e_I.$$

另一方面, 由 $b(e_{s(J)}) = \sum_I b_{I,s(J)} e_I$ 得 $b_{s^{-1}(I),J} = b_{I,s(J)}$. 故对任意 $s \in S_n$, $b_{I,J} = b_{s(I),s(J)}$. 在指标对集合 $\{(I,J)\}$ 上, S_n 有对角的作用 $s((I,J)) = (s(I),s(J))$. 设 Ω 是这个作用的轨道代表元的集合. 则对 $b, c \in B'$, 双线性函数 β 可写为

$$\beta(b,c) = \sum_{(I,J) \in \Omega} N_{I,J} b_{I,J} c_{I,J}.$$

其中 $N_{I,J}$ 是 (I,J) 所在轨道的大小. 设 $a \in \mathrm{End}(V)$ 的矩阵为 $[a_{ij}]$, 则 $c = a \otimes \cdots \otimes a$ 的矩阵元为 $c_{IJ} = a_{i_1 j_1} \cdots a_{i_n,j_n}$. 于是 $\beta(b,c) = 0$ 给出

$$\sum_{(I,J) \in \Omega} N_{I,J} b_{I,J} a_{i_1 j_1} \cdots a_{i_n j_n} = 0.$$

若 $c_{I,J} = c_{I',J'}$, 则存在 p 使得 $a_{i'_1 j'_1} = a_{i_p j_p}$, 也存在 $q \neq p$ 使得 $a_{i'_2 j'_2} = a_{i_q j_q}$, 依次类推可得 $s \in S_n$ 使得 $I = s(I')$, $J = s(J')$. 故 $c_{I,J}, (I,J) \in \Omega$ 对应唯一的 $b_{I,J}$. 由于单项式集合 $\{a_{i_1 j_1} \cdots a_{i_n j_n}\}$ 是线性无关的, 所以在上述求和中, $c_{I,J}$ 的系数 $N_{I,J} b_{I,J} = 0$. 因此 $b = 0$. 从而 $B' = C$.

由于 $\mathrm{GL}(V)$ 在 $\mathrm{End}(V)$ 中稠密, 所以 $C = \mathrm{Span}\{a \otimes \cdots \otimes a \mid a \in \mathrm{GL}(V)\} = A$, 即 A 是 B 的中心化子. 由此可知其余结论都成立. $\qquad \square$

上述分解中, $S_i = \mathbb{C}[S_n] e_\lambda$, 其中 e_λ 是拆分 λ 对应的对称化子. 而

$$U_i \cong \mathrm{Hom}_A(S_i, V^{\otimes n}) \cong e_\lambda(V^{\otimes n}).$$

这样的 $\mathrm{GL}(V)$-模称为 Weyl 模, 记为 $S_\lambda V$. 由此我们得到了 $\mathrm{GL}(V)$ 的不可约表示的一种构造方法. 作为 $\mathrm{GL}(V)$ 的表示, U_i 在 $V^{\otimes n}$ 中出现的重数等于 $\dim S_i$. 而作为 S_n 的表示, S_i 在 $V^{\otimes n}$ 中出现的重数等于 $\dim U_i$.

例 4.6.1   当 $n = 2$ 时, 分别对应 Young 表

$$\boxed{1\,|\,2}, \quad \begin{array}{|c|} \hline 1 \\ \hline 2 \\ \hline \end{array},$$

取 S_2 的两个对称化子 $e_{(2)} = (1) + (12)$ 和 $e_{(1,1)} = (1) - (12)$, 我们得到 $\mathrm{GL}(V)$ 的两个不可约表示: $e_{(2)}(V^{\otimes 2})$ 和 $e_{(1,1)}(V^{\otimes 2})$. 它们分别是由 $V^{\otimes 2}$ 中的对称张量空间 $\mathrm{S}^2 V$ 和反对称张量空间 $\wedge^2 V$. 并且我们有分解

$$V^{\otimes 2} \cong \mathrm{S}^2 V \oplus \wedge^2 V.$$

例 4.6.2   当 $n = 3$ 时, 分别对应 Young 表

$$\boxed{1\,|\,2\,|\,3}, \quad \begin{array}{|c|} \hline 1 \\ \hline 2 \\ \hline 3 \\ \hline \end{array}, \quad \begin{array}{|c|c|} \hline 1 & 2 \\ \hline 3 \\ \cline{1-1} \end{array},$$

取对称化子 $e_{(3)} = \sum_{g \in S_3} g$, $e_{(1,1,1)} = \sum_{g \in S_3} \mathrm{sgn}(g)g$, 和 $e_{(2,1)} = (1)+(12)-(13)-(321)$. 于是我们得到 $V^{\otimes 3}$ 中 $\mathrm{GL}(V)$ 的不可约表示分别为: 完全反对称张量空间 $\mathrm{S}^3 V = e_{(3)}(V^{\otimes 3})$, 完全反对称张量空间 $\wedge^3 V = e_{(1,1,1)}(V^{\otimes 3})$, 和 $S_{(2,1)}V = e_{(2,1)}(V^{\otimes 3})$. 这里 $S_{(2,1)}V$ 是由形如

$$v_1 \otimes v_2 \otimes v_3 + v_2 \otimes v_1 \otimes v_3 - v_3 \otimes v_2 \otimes v_1 - v_3 \otimes v_1 \otimes v_2$$

的向量张成的子空间. 将 $V^{\otimes 3}$ 分解为 $\mathrm{GL}(V)$ 的不可约表示的直和, 得到

$$V^{\otimes 3} \cong \mathrm{S}^3 V \oplus \wedge^3 V \oplus 2S_{(2,1)}V,$$

其中 $S_\lambda V$ 出现的重数等于 $\dim(\mathbb{C}[S_n]e_\lambda)$.

习题

1. 设有限群 G 在有限集 X 和 Y 上有群作用, $(\rho_X, \mathbb{C}[P])$ 和 $(\rho_Y, \mathbb{C}[Q])$ 分别是对应的置换表示. 证明: $\dim \mathrm{Hom}_G(\rho_P, \rho_Q) = |(P \times Q)/G|$, 其中 $(P \times Q)/G$ 是 G 在 $P \times Q$ 上对角作用的轨道集.

2. 设 c 是有限群 G 的共轭类个数, $\Omega = \{(x,y) \in G \times G \mid xy = yx\}$. 证明: $|\Omega| = c|G|$.

3. 设 G 是正交群 $\mathrm{O}(3)$ 的有限子群 (第二类点群), $G_+ = G \cap \mathrm{SO}(3)$, $G_- = G \backslash G_+$, I 是单位矩阵. 证明:

(1) G_+ 是 G 的正规子群, 且 $[G : G_+] = 2$;

(2) 若 $-I \in G$, 则 $G = G_+ \times \langle -I \rangle$;

(3) 若 $-I \notin G$, 令 $G^\vee = G_+ \cup (-I)G_-$, 则 $G^\vee$ 是 $\mathrm{SO}(3)$ 的有限子群, 且 $G \cong G^\vee$.

4. 设 P 是正二十面体的所有顶点组成的集合. 作为正二十面体的对称群, A_5 作用在集合 P 上. 设 ρ 是对应的置换表示, 请将 ρ 分解成 A_5 的不可约表示的直和.

5. 已知 $G = \{\pm 1, \pm \mathbf{i}, \pm \mathbf{j}, \pm \mathbf{k}, \frac{1}{2}(\pm 1 \pm \mathbf{i} \pm \mathbf{j} \pm \mathbf{k})\}$ 是 $\mathrm{SU}(2)$ 的有限子群, 它是正四面体群 A_4 的二重覆盖 $(G/\{\pm 1\} \cong A_4)$. G 的共轭类如下:

$$C_1 = \{1\}, C_2 = \{-1\}, C_3 = \{\pm \mathbf{i}, \pm \mathbf{j}, \pm \mathbf{k}\},$$

$$C_4 = \left\{ \frac{1}{2}(1 + \mathbf{i} + \mathbf{j} + \mathbf{k}), \frac{1}{2}(1 + \mathbf{i} - \mathbf{j} - \mathbf{k}), \frac{1}{2}(1 - \mathbf{i} + \mathbf{j} - \mathbf{k}), \frac{1}{2}(1 - \mathbf{i} - \mathbf{j} + \mathbf{k}) \right\},$$

$$C_5 = \left\{ \frac{1}{2}(1 - \mathbf{i} - \mathbf{j} - \mathbf{k}), \frac{1}{2}(1 - \mathbf{i} + \mathbf{j} + \mathbf{k}), \frac{1}{2}(1 + \mathbf{i} - \mathbf{j} + \mathbf{k}), \frac{1}{2}(1 + \mathbf{i} + \mathbf{j} - \mathbf{k}) \right\},$$

$$C_6 = \left\{ \frac{1}{2}(-1 + \mathbf{i} + \mathbf{j} + \mathbf{k}), \frac{1}{2}(-1 + \mathbf{i} - \mathbf{j} - \mathbf{k}), \frac{1}{2}(-1 - \mathbf{i} + \mathbf{j} - \mathbf{k}), \frac{1}{2}(-1 - \mathbf{i} - \mathbf{j} + \mathbf{k}) \right\},$$

$$C_7 = \left\{ \frac{1}{2}(-1-\mathbf{i}-\mathbf{j}-\mathbf{k}), \frac{1}{2}(-1-\mathbf{i}+\mathbf{j}+\mathbf{k}), \frac{1}{2}(-1+\mathbf{i}-\mathbf{j}+\mathbf{k}), \frac{1}{2}(-1+\mathbf{i}+\mathbf{j}-\mathbf{k}) \right\}.$$

求 G 的特征标表和 Mckay 图.

6. 设 (ρ, V) 是有限群 G 的忠实表示, (θ, W) 是 G 的不可约表示, 对 $n \in \mathbb{N}$, c_n 为 θ 在 $\rho^{\otimes n}$ 中出现的重数. 证明: (Molien) c_n 的生成函数为

$$\sum_{n=0}^{\infty} c_n t^n = \frac{1}{|G|} \sum_{g \in G} \frac{\overline{\chi_\theta(g)}}{1 - t\chi_\rho(g)}.$$

7. 设 $G = \left\{ \pm \begin{pmatrix} 1 & 0 \\ 0 & 1 \end{pmatrix}, \quad \pm \begin{pmatrix} 0 & 1 \\ 1 & 0 \end{pmatrix} \right\}$. 决定 G 的不变量环 $\mathbb{C}[x_1, x_2]^G$.

8. 二面体群 D_n 作为正 n 边形的对称群, 可看作 $\mathrm{GL}_2(\mathbb{C})$ 的子群. 求 D_n 的 Hilbert 级数.

9. 正四面体群 T、正八面体群 O 和正二十面体 I 都是 $\mathrm{SO}(3) \subset \mathrm{GL}_3(\mathbb{C})$ 的子群. 分别求它们的 Hilbert 级数.

10. 设 ε 是 $\mathbb{C}[G]$ 的幂等元, 左理想 $\mathbb{C}[G]\varepsilon$ 给出 G 的左正则表示的子表示, 证明: 这个表示的特征标为

$$\chi(g) = \sum_{h \in G} \varepsilon_{hgh^{-1}},$$

其中 ε_g 是 g 在 ε 中的系数.

11. 求对称群 S_6 的特征标表.

12. 设 $V = \mathbb{C}[S_n]e$ 是划分 $\lambda = (n-1, 1)$ 对应的 S_n 的不可约表示, 其中 e 是对应的本原幂等元. 证明: V 等价于 S_n 的约减表示.

13. 设 V 是 S_n 的约减表示, 对 $1 \leqslant k \leqslant n-1$, 完全反对称张量空间 $\wedge^k V$ 是张量积表示 $V^{\otimes k}$ 的子表示. 证明: $\wedge^k V$ 是 S_n 的不可约表示.

14. 设 V 是 m 维复线性空间. 在例 4.6.2 中, 我们将 $V^{\otimes 3}$ 分解为 $\mathrm{GL}(V)$ 的不可约表示的直和

$$V^{\otimes 3} \cong \mathrm{S}^3 V \oplus \wedge^3 V \oplus 2S_{(2,1)}V.$$

求此分解中各子空间 $\mathrm{S}^3 V, \wedge^3 V$ 和 $S_{(2,1)}V$ 的维数.

第五章

诱导表示

本章我们介绍有限群及其子群的表示之间的关系. 首先群的表示作为群同态, 可以直接限制在子群上得到子群的表示. 反之, 由子群的表示提升成整个群的表示是表示理论中的一个重要技巧. 这就是所谓的诱导表示. 我们将介绍有限群的诱导表示方法, 以及诱导和限制之间的互反性, 并利用相关结论讨论有限域上一般线性群的表示.

5.1　限制表示

在本节中我们先讨论限制表示的性质. 设 (ρ, V) 是群 G 的表示, H 是 G 的子群, 则 $\rho|_H : H \to \mathrm{GL}(V)$ 是 H 的表示, 称为**限制表示**, 记为 $\mathrm{Res}_H^G \rho$ 或 $\mathrm{Res}_H^G V$. 在无歧义的情况下, 我们也可以省略此记号中的 G 和 H. 显然, 即使 (ρ, V) 是群 G 的不可约表示, 其限制 $\mathrm{Res}_H^G \rho$ 也可能是可约的. 关于限制表示分解为 H 的不可约表示的重数的情况, 我们有下述结果.

命题 5.1.1　设 H 是 G 的子群, ρ 是 G 的不可约表示, $\theta_1, \cdots, \theta_m$ 是 H 的不可约表示, 且

$$\mathrm{Res}_H^G \rho \cong d_1 \theta_1 \oplus \cdots \oplus d_m \theta_m,$$

则 $d_1^2 + \cdots + d_m^2 \leqslant [G : H]$, 等号成立当且仅当对任意 $g \in G \setminus H$, $\rho(g) = 0$.

证明　设 χ 是 ρ 的特征标, $\psi_1, \cdots, \psi_m$ 分别是 $\theta_1, \cdots, \theta_m$ 的特征标. 由于 ρ 是 G 的不可约表示, 所以

$$1 = (\chi, \chi)_G = \frac{1}{|G|} \sum_{g \in G} \chi(g) \overline{\chi(g)} = \frac{1}{|G|} \sum_{g \in H} \chi(g) \overline{\chi(g)} + \frac{1}{|G|} \sum_{g \notin H} \chi(g) \overline{\chi(g)}$$

$$= \frac{|H|}{|G|} (\mathrm{Res}_H^G \chi, \mathrm{Res}_H^G \chi)_H + \frac{1}{|G|} \sum_{g \notin H} \chi(g) \overline{\chi(g)}.$$

因为

$$\frac{1}{|G|} \sum_{g \notin H} \chi(g) \overline{\chi(g)} = \frac{1}{|G|} \sum_{g \notin H} |\chi(g)|^2 \geqslant 0,$$

所以 $\sum_{i=1}^{m} d_i^2 = (\mathrm{Res}\chi, \mathrm{Res}\chi)_H \leqslant \frac{|G|}{|H|} = [G : H]$, 且等号成立当且仅当 $\sum_{g \notin H} |\chi(g)|^2 = 0$, 即对任意 $g \in G \setminus H$, $\rho(g) = 0$. □

下面我们证明, 若 H 是 G 的正规子群, 则将 G 的不可约表示的限制表示分解为 H 的不可约表示时, 分解的重数是相等的.

定理 5.1.1 (Clifford (柯利弗德))　设 H 是 G 的正规子群, ρ 是 G 的不可约表示, 则

$$\mathrm{Res}_H^G \rho \cong e\theta_1 \oplus \cdots \oplus e\theta_m,$$

其中 e 为正整数, $\theta_1, \cdots, \theta_m$ 是 H 的维数相等的不可约表示.

证明 设 V 是 ρ 的表示空间, W 是 V 的 H-不变子空间. 对 $g \in G$, $gW := \rho(g)(W)$ 是 V 的线性子空间. 由 H 是正规子群, 对任意 $h \in H$, $g^{-1}hg \in H$. 所以 $(g^{-1}hg)(W) \subseteq W$. 于是 $h(gW) = (gg^{-1}hg)(W) \subseteq gW$, 从而 gW 是 H-不变子空间. 进一步, 如果 W 是 H 的不可约不变子空间, 则 gW 也是 H 的不可约不变子空间, 而且 $\dim(gW) = \dim(W)$. 这是因为 g 的作用给出了是从 W 到 gW 的同构. 因此作为 H 的表示, $V = g_1W \oplus \cdots \oplus g_nW$, 其中 g_iW 是维数相等的不可约 H-表示.

设在上述分解中 $g_1W, \cdots, g_eW$ 是彼此同构的 H-表示, 则对任何 $g \in G, gg_1W, \cdots, gg_eW$ 也是彼此同构的 H-表示. 记 $U_1 = g_1W \oplus \cdots \oplus g_eW$, 则 gU_1 也是 e 个不可约 H-表示 gW 的直和. 由 V 的上述直和分解可知, V 是形如 gU_1 这样的 H-不变子空间的直和. 所以

$$\mathrm{Res}_H^G \rho \cong e\theta_1 \oplus \cdots \oplus e\theta_m,$$

其中 θ_i 是形如 gW 的不可约表示. □

下面我们讨论 H 是指数为 2 的正规子群的情形. 设 $g \notin H$, 则 $G = H \cup gH$, 且 $g^2 \in H$. 设 W 是 V 中 H 的不可约子表示, 则 gW 也是维数相同的不可约 H-不变子空间, 且 $V = W \oplus gW$. 我们称 gW 为 W 的**共轭表示**. 这时 V 可以分解为维数相同的两个 H-不变子空间的直和. 下面我们通过特征标来判断 $\mathrm{Res}_H^G\rho$ 的可约性. 设 χ 是 (ρ, V) 的特征标, 则由命题的证明可知 $(\mathrm{Res}\chi, \mathrm{Res}\chi)_H \leqslant \frac{|G|}{|H|} = 2$. 从而 $(\mathrm{Res}\chi, \mathrm{Res}\chi)_H = 1$ 或 2. 若 $(\mathrm{Res}\chi, \mathrm{Res}\chi)_H = 1$, 则 $\mathrm{Res}_H^G\rho$ 是 H 的不可约复表示. 若 $(\mathrm{Res}\chi, \mathrm{Res}\chi)_H = 2$, 则 $\mathrm{Res}_H^G\rho = \rho_1 \oplus \rho_2$, 其中 ρ_1 和 ρ_2 是 H 的不等价的不可约复表示. 此时对任意 $g \notin H$, $\chi(g) = 0$. 这证明了

定理 5.1.2 设 (ρ, V) 是群 G 的复表示, 特征标为 χ, H 是 G 的指数为 2 的正规子群, 则

(1) $\mathrm{Res}_H^G\rho$ 是 H 的不可约复表示当且仅当存在 $g \notin H$ 使得 $\chi(g) \neq 0$.

(2) $\mathrm{Res}_H^G\rho$ 是 H 的可约复表示当且仅当对任意 $g \notin H$ 使得 $\chi(g) = 0$, 此时 $\mathrm{Res}_H^G\rho = \rho_1 \oplus \rho_2$, 其中 ρ_1 和 ρ_2 是 H 的维数相同的两个不等价的不可约复表示.

例 5.1.1 下面我们通过 S_5 的特征标表求出 A_5 的特征标表. S_5 的特征标表如下:

| | $\{(1)\}$ | $\{(12)\}$ | $\{(123)\}$ | $\{(12)(34)\}$ | $\{(1234)\}$ | $\{(123)(45)\}$ | $\{(12345)\}$ |
	(1)	(10)	(20)	(15)	(30)	(20)	(24)
χ_1	1	1	1	1	1	1	1
χ_2	1	-1	1	1	-1	-1	1
χ_3	4	2	1	0	0	-1	-1
χ_4	4	-2	1	0	0	1	-1

	{(1)}	{(12)}	{(123)}	{(12)(34)}	{(1234)}	{(123)(45)}	{(12345)}
	(1)	(10)	(20)	(15)	(30)	(20)	(24)
χ_5	5	1	-1	1	-1	1	0
χ_6	5	-1	-1	1	1	-1	0
χ_7	6	0	0	-2	0	0	1

右上角：续表

A_5 是 S_5 的指数为 2 的正规子群. 注意到 $(12) \notin A_5$, 对 $i = 1, \cdots, 6$, $\chi_i((12)) \neq 0$, 所以 $\mathrm{Res}^{S_5}_{A_5}\rho_i$ 是 A_5 的不可约表示. 由上表可见, $\chi_1|_{A_5} = \chi_2|_{A_5}$, $\chi_3|_{A_5} = \chi_4|_{A_5}$, $\chi_5|_{A_5} = \chi_6|_{A_5}$, 由此我们得到 A_5 的 3 个不可约表示, 其特征标分别为

$$\psi_1 := \chi_1|_{A_5}, \quad \psi_2 := \chi_3|_{A_5}, \quad \psi_3 := \chi_5|_{A_5}.$$

由于对任意 $g \notin A_5$, $\chi_7(g) = 0$, 故 $\chi_7|_{A_5} = \psi_4 + \psi_5$, 其中 ψ_4 和 ψ_5 是 A_5 的 2 个 3 维不可约表示的特征标. 设 A_5 的特征表如下所示:

	{(1)}	{(123)}	{(12)(34)}	{(12345)}	{(21345)}
	(1)	(20)	(15)	(12)	(12)
ψ_1	1	1	1	1	1
ψ_2	4	1	0	-1	-1
ψ_3	5	-1	1	0	0
ψ_4	3	α_2	α_3	α_4	α_5
ψ_5	3	β_2	β_3	β_4	β_5

现在我们来决定上述特征表中出现的未知量. 由 $\chi_7|_{A_5} = \psi_4 + \psi_5$, 可知 $\alpha_2 + \beta_2 = 0$, $\alpha_3 + \beta_3 = -2$, $\alpha_4 + \beta_4 = 1$, $\alpha_5 + \beta_5 = 1$. 再由第二正交关系 $\sum_{i=1}^{5} \psi_i(g)\overline{\psi_i(g)} = \dfrac{|G|}{|C_g|}$, 我们得到

$$\begin{cases} \alpha_2^2 + \beta_2^2 + 3 = \dfrac{60}{20}, \\ \alpha_3^2 + \beta_3^2 + 2 = \dfrac{60}{15}, \\ \alpha_4^2 + \beta_4^2 + 2 = \dfrac{60}{12}, \\ \alpha_5^2 + \beta_5^2 + 2 = \dfrac{60}{12}. \end{cases}$$

由这些方程我们解得 $\alpha_2 = \beta_2 = 0$, $\alpha_3 = \beta_3 = -1$, $\alpha_4 = \beta_5 = \dfrac{1+\sqrt{5}}{2}$, $\alpha_5 = \beta_4 = \dfrac{1-\sqrt{5}}{2}$. 至此我们完全确定了 A_5 的特征标表.

5.2 诱导表示

设 H 是 G 的子群, (ρ, V) 是 G 的表示, W 是 V 的 H-不变子空间. 记 $\theta = \mathrm{Res}(\rho|_W)$, 则 (θ, W) 是 H 的表示. 取 $g \in G$, 则 $gW := \rho(g)(W)$ 是 V 的子空间, 但不一定是 H-不变子空间. 若 $h \in H$ 且 $g' = gh$, 则 $g'W = ghW \subseteq gW$. 反之, 由于 $g = g'h^{-1}$, 故 $gW \subseteq g'W$. 从而 $g'W = gW$, 也就是说, gW 只依赖于 g 所在的左陪集 $\overline{g} := gH$. 记 $W_{\overline{g}} = gW$, 则 $\sum_{\overline{g} \in G/H} W_{\overline{g}}$ 是 V 的 G-不变子空间. 注意, 这里的 G/H 并不一定是商群, 而是关于 H 的左陪集的集合 (即左陪集空间).

定义 5.2.1　如果 $V = \bigoplus_{\overline{g} \in G/H} W_{\overline{g}}$, 那么 (ρ, V) 称为 (θ, W) 的**诱导表示**, 记为

$$(\rho, V) = (\mathrm{Ind}_H^G \theta, \mathrm{Ind}_H^G W) \text{ 或 } \mathrm{Ind}_H^G W,$$

也可简记为 $\mathrm{Ind}\uparrow\theta$ 或 $\mathrm{Ind}\theta$.

例 5.2.1　若 W 是 H 的 1 维平凡表示, 设 $G/H = \{\overline{g}_1, \cdots, \overline{g}_m\}$ 是 H 的左陪集的集合, 则所有 $W_{\overline{g}_i}$ 都是 V 的 1 维子空间, 而 $gW_{\overline{g}_i} = W_{g\overline{g}_i}$ 对应集合 G/H 的一个置换, 于是 $\mathrm{Ind}_H^G W$ 是集合 G/H 上的置换表示.

例 5.2.2　设 $H = \{h_1, \cdots, h_k\}$, F 是基域. $(R_H, F[H])$ 和 $(R_G, F[G])$ 分别是 H 和 G 的左正则表示, 则 $F[H]$ 是 $F[G]$ 的子空间, 且 $g(F[H])$ 的基为 $\{gh_1, \cdots, gh_k\}$. 于是

$$\bigoplus_{\overline{g}_i \in G/H} g_i(F[H]) = F[G],$$

从而 $R_G = \mathrm{Ind}_H^G R_H$.

以下我们在不预设一个外在的表示的情况下, 仅从 H 的表示 (θ, W) 出发来定义诱导表示. 该表示的空间是张量积 $F[G] \otimes W$ 的商空间

$$\mathrm{Ind}_H^G W = F[G] \bigotimes_{F[H]} W := (F[G] \otimes W)/\langle gh \otimes w - g \otimes \theta(h)w \rangle.$$

运用模论的语言, 若将 $F[G]$ 视为代数 $F[H]$ 的右模, W 是 $F[H]$ 的左模, 则 $\mathrm{Ind}_H^G W$ 正是这个右模和左模的张量积 $F[G] \bigotimes_{F[H]} W$.

对 $g \in G$ 和 $w \in W$, $g \otimes w$ 在商空间中对应的元素记为 $g \otimes_{F[H]} w$. 可知对任意 $h \in H$, $gh \otimes_{F[H]} w = g \otimes_{F[H]} \theta(h)w$. 设 $\{e_1, \cdots, e_n\}$ 是 W 的基, $\{g_1, \cdots, g_m\}$ 是 G 的左陪集的代表元, 则 $\{g_i \otimes_{F[H]} e_j \mid 1 \leqslant i \leqslant m, 1 \leqslant j \leqslant n\}$ 是 $\mathrm{Ind}_H^G W$ 的基. 于是

$$\dim(\operatorname{Ind}_H^G W) = [G:H]\dim W.$$

在 $\operatorname{Ind}_H^G W$ 中引进 G 的作用: $\rho(g)(s \otimes_{F[H]} w) = gs \otimes_{F[H]} w$. 这样的 $(\rho, \operatorname{Ind}_H^G W)$ 称为 (θ, W) 的诱导表示 $\operatorname{Ind}_H^G \theta$. 由于在 $\operatorname{Ind}_H^G W$ 中, $gh(| \otimes_{F[H]} W) = gh \otimes_{F[H]} W = g \otimes_{F[H]} hW = g \otimes_{F[H]} W = g(| \otimes_{F[H]} W)$, 可知 $g(| \otimes_{F[H]} W)$ 只依赖于左陪集 gH, 并且 $\operatorname{Ind}_H^G W = g_1(| \otimes_{F[H]} W) \oplus \cdots \oplus g_m(| \otimes_{F[H]} W)$. 故这个诱导表示的定义和前一个定义是一致的.

例 5.2.3   考虑 $D_3 = \langle r, s | r^3 = e, s^2 = e, sr^2 = rs \rangle$. 下面计算由子群 $H = \langle r | r^3 = e \rangle$ 诱导 D_3 的表示. 考虑 H 的一个 2 维表示 (θ, W). 设 W 的基为 $\{e_1, e_2\}$, 在这组基下,

$$\theta(r) = \begin{pmatrix} -\dfrac{1}{2} & -\dfrac{\sqrt{3}}{2} \\ \dfrac{\sqrt{3}}{2} & -\dfrac{1}{2} \end{pmatrix},$$

左陪集 H 和 sH 的代表元分别取为 e 和 s. 则 $\operatorname{Ind} W$ 的基为 $\{e \otimes_{\mathbb{C}[H]} e_1, e \otimes_{\mathbb{C}[H]} e_2, s \otimes_{\mathbb{C}[H]} e_1, s \otimes_{\mathbb{C}[H]} e_2\}$. 下面计算 $\operatorname{Ind}\theta(r)$ 和 $\operatorname{Ind}\theta(s)$ 对这组基向量的作用.

$$\begin{aligned}
\operatorname{Ind}\theta(r)(e \otimes_{\mathbb{C}[H]} e_1) &= re \otimes_{\mathbb{C}[H]} e_1 = r \otimes_{\mathbb{C}[H]} e_1 = e \otimes_{\mathbb{C}[H]} \theta(r)(e_1) \\
&= e \otimes_{\mathbb{C}[H]} \left(-\frac{1}{2}e_1 + \frac{\sqrt{3}}{2}e_2\right) = -\frac{1}{2}e \otimes_{\mathbb{C}[H]} e_1 + \frac{\sqrt{3}}{2}e \otimes_{\mathbb{C}[H]} e_2,
\end{aligned}$$

$$\begin{aligned}
\operatorname{Ind}\theta(r)(e \otimes_{\mathbb{C}[H]} e_2) &= re \otimes_{\mathbb{C}[H]} e_2 = r \otimes_{\mathbb{C}[H]} e_2 = e \otimes_{\mathbb{C}[H]} \theta(r)(e_2) \\
&= e \otimes_{\mathbb{C}[H]} \left(-\frac{\sqrt{3}}{2}e_1 - \frac{1}{2}e_2\right) = -\frac{\sqrt{3}}{2}e \otimes_{\mathbb{C}[H]} e_1 - \frac{1}{2}e \otimes_{\mathbb{C}[H]} e_2,
\end{aligned}$$

$$\begin{aligned}
\operatorname{Ind}\theta(r)(s \otimes_{\mathbb{C}[H]} e_1) &= rs \otimes_{\mathbb{C}[H]} e_1 = sr^2 \otimes_{\mathbb{C}[H]} e_1 = s \otimes_{\mathbb{C}[H]} \theta(r^2)(e_1) \\
&= s \otimes_{\mathbb{C}[H]} \left(-\frac{1}{2}e_1 - \frac{\sqrt{3}}{2}e_2\right) = -\frac{1}{2}s \otimes_{\mathbb{C}[H]} e_1 - \frac{\sqrt{3}}{2}s \otimes_{\mathbb{C}[H]} e_2,
\end{aligned}$$

$$\begin{aligned}
\operatorname{Ind}\theta(r)(s \otimes_{\mathbb{C}[H]} e_2) &= rs \otimes_{\mathbb{C}[H]} e_2 = sr^2 \otimes_{\mathbb{C}[H]} e_2 = s \otimes_{\mathbb{C}[H]} \theta(r^2)(e_2) \\
&= s \otimes_{\mathbb{C}[H]} \left(\frac{\sqrt{3}}{2}e_1 - \frac{1}{2}e_2\right) = \frac{\sqrt{3}}{2}s \otimes_{\mathbb{C}[H]} e_1 - \frac{1}{2}s \otimes_{\mathbb{C}[H]} e_2,
\end{aligned}$$

$$\operatorname{Ind}\theta(s)(e \otimes_{\mathbb{C}[H]} e_1) = se \otimes_{\mathbb{C}[H]} e_1 = s \otimes_{\mathbb{C}[H]} e_1,$$

$$\operatorname{Ind}\theta(s)(e \otimes_{\mathbb{C}[H]} e_2) = se \otimes_{\mathbb{C}[H]} e_2 = s \otimes_{\mathbb{C}[H]} e_2,$$

$$\operatorname{Ind}\theta(s)(s \otimes_{\mathbb{C}[H]} e_1) = s^2 \otimes_{\mathbb{C}[H]} e_1 = e \otimes_{\mathbb{C}[H]} e_1,$$

$$\operatorname{Ind}\theta(s)(s \otimes_{\mathbb{C}[H]} e_2) = s^2 \otimes_{\mathbb{C}[H]} e_2 = e \otimes_{\mathbb{C}[H]} e_2.$$

于是 $\mathrm{Ind}\theta(r)$ 和 $\mathrm{Ind}\theta(s)$ 的矩阵分别为

$$\mathrm{Ind}\theta(r) = \begin{pmatrix} -\dfrac{1}{2} & -\dfrac{\sqrt{3}}{2} & 0 & 0 \\ \dfrac{\sqrt{3}}{2} & -\dfrac{1}{2} & 0 & 0 \\ 0 & 0 & -\dfrac{1}{2} & \dfrac{\sqrt{3}}{2} \\ 0 & 0 & -\dfrac{\sqrt{3}}{2} & -\dfrac{1}{2} \end{pmatrix}, \quad \mathrm{Ind}\theta(s) = \begin{pmatrix} 0 & 0 & 1 & 0 \\ 0 & 0 & 0 & 1 \\ 1 & 0 & 0 & 0 \\ 0 & 1 & 0 & 0 \end{pmatrix}.$$

由以上矩阵可计算 $\mathrm{Ind}\theta$ 的特征标, 而且可以证明 $\mathrm{Ind}\theta$ 等价于 D_3 的 2 个 2 维不可约表示的直和.

一般地, 对 $g \in G$ 和陪集代表元 g_i, 存在另一陪集代表元 g_j 使得 $g_j^{-1}gg_i \in H$. 故 g 对 $\mathrm{Ind}W$ 的基向量的作用可以写为

$$\mathrm{Ind}\theta(g)(g_i \otimes_{F[H]} e_k) = gg_i \otimes_{F[H]} e_k = g_jg_j^{-1}gg_i \otimes_{F[H]} e_k = g_j \otimes_{F[H]} \theta(g_j^{-1}gg_i)(e_k).$$

对 $1 \leqslant i,j \leqslant m$, 令 $\widehat{\theta}(g_j^{-1}gg_i) = \theta(g_j^{-1}gg_i)$, 若 $g_j^{-1}gg_i \in H$; 否则 $\widehat{\theta}(g_j^{-1}gg_i) = 0$. 因此 $\mathrm{Ind}\theta(g)$ 的矩阵为

$$\mathrm{Ind}\theta(g) = \begin{pmatrix} \widehat{\theta}(g_1^{-1}gg_1) & \widehat{\theta}(g_1^{-1}gg_2) & \cdots & \widehat{\theta}(g_1^{-1}gg_m) \\ \widehat{\theta}(g_2^{-1}gg_1) & \widehat{\theta}(g_2^{-1}gg_2) & \cdots & \widehat{\theta}(g_2^{-1}gg_m) \\ \vdots & \vdots & & \vdots \\ \widehat{\theta}(g_m^{-1}gg_1) & \widehat{\theta}(g_m^{-1}gg_2) & \cdots & \widehat{\theta}(g_m^{-1}gg_m) \end{pmatrix}.$$

由此我们可以得到诱导表示的特征标. 设 φ 是 θ 的特征标, 将诱导表示 $\mathrm{Ind}\theta$ 的特征标记为 $\mathrm{Ind}\varphi$. 令 $\widehat{\varphi}(g) = \varphi(g)$, 若 $g \in H$; 否则 $\widehat{\varphi}(g) = 0$, 则 $\widehat{\varphi}$ 是 φ 在 G 上的延拓. 于是

$$\mathrm{Ind}\varphi(g) = \sum_{i=1}^{m} \mathrm{tr}(\widehat{\theta}(g_i^{-1}gg_i)) = \sum_{i=1}^{m} \widehat{\varphi}(g_i^{-1}gg_i) = \frac{1}{|H|}\sum_{t \in G} \widehat{\varphi}(t^{-1}gt).$$

例 5.2.4 $G = \langle x,y | x^3 = e, y^7 = e, x^{-1}yx = y^2 \rangle$ 的子群 $H = \langle y | y^7 = e \rangle$ 有 1 维表示 $\theta(y) = \eta$, 其中 $\eta = \mathrm{e}^{\frac{2\pi i}{7}}$ 是 7 次单位根. 取 G/H 的代表元 $\{e,x,x^2\}$, 下面我们计算诱导表示 $\mathrm{Ind}\theta$ 的特征标. G 的共轭类为 $\{e\}$, $\{y,y^2,y^4\}$, $\{y^3,y^5,y^6\}$, $\{xy^j\}_{0 \leqslant j \leqslant 6}$, $\{x^2y^k\}_{0 \leqslant k \leqslant 6}$. 于是

$$\mathrm{Ind}\theta(e) = \sum_{s=e,x,x^2} \widehat{\theta}(s^{-1}es) = 1 + 1 + 1 = 3,$$

$$\mathrm{Ind}\theta(y) = \sum_{s=e,x,x^2} \widehat{\theta}(s^{-1}ys) = \widehat{\theta}(y) + \widehat{\theta}(y^3) + \widehat{\theta}(y^4) = \eta + \eta^2 + \eta^4,$$

$$\mathrm{Ind}\theta(y^3) = \sum_{s=e,x,x^2} \widehat{\theta}(s^{-1}y^3 s) = \widehat{\theta}(y^3) + \widehat{\theta}(y^6) + \widehat{\theta}(y^5) = \eta^3 + \eta^6 + \eta^5,$$

$$\mathrm{Ind}\theta(x) = \sum_{s=e,x,x^2} \widehat{\theta}(s^{-1}x s) = \widehat{\theta}(x) + \widehat{\theta}(x) + \widehat{\theta}(x) = 0,$$

$$\mathrm{Ind}\theta(x^2) = \sum_{s=e,x,x^2} \widehat{\theta}(s^{-1}x^2 s) = \widehat{\theta}(x^2) + \widehat{\theta}(x^2) + \widehat{\theta}(x^2) = 0.$$

因为 $(\mathrm{Ind}\theta, \mathrm{Ind}\theta) = \frac{1}{21}(3 + 3|\eta + \eta^2 + \eta^4| + 3|\eta^3 + \eta^6 + \eta^5|^2 + 7 \cdot 0 + 7 \cdot 0) = 1$, 所以该诱导表示是复不可约表示.

一般地, 对于 H 上的类函数 φ, 由 $\mathrm{Ind}\varphi(g) = \frac{1}{|H|} \sum_{t \in G} \widehat{\varphi}(t^{-1}gt)$ 定义的函数 $\mathrm{Ind}\varphi$ 是 G 上的类函数. 另一方面, 对 G 上的类函数 χ, 它在 H 上的限制 $\mathrm{Res}\chi := \chi|_H$ 也是 H 的类函数.

诱导表示的另一种定义是通过某种函数空间上的群作用给出的. 当 G 是无限群时, 这种定义方式使用起来更为方便. 设 H 是群 G 的子群, (θ, W) 是 H 的表示. 令

$$V = \{f : G \to W \mid f(hx) = \theta(h)f(x), \forall h \in H, x \in G\}.$$

则 V 是线性空间. 定义 G 在 V 上的群作用为 $(\rho(g)f)(x) = f(xg)$. 于是我们得到了 G 的表示 (ρ, V). 当 G 是有限群, 我们有 $\rho \cong \mathrm{Ind}_H^G \theta$. (证明留作习题)

5.3　诱导表示的互反律与不可约性

在本节中我们讨论诱导表示的直和分解. 为此先证明诱导表示和限制表示之间是互为伴随的关系.

定理 5.3.1 (Frobenius 互反律)　设 H 是 G 的子群, χ 和 φ 分别是 G 和 H 的复表示的特征标. 则

$$(\mathrm{Ind}\varphi, \chi)_G = (\varphi, \mathrm{Res}\chi)_H.$$

证明

$$\begin{aligned}
(\mathrm{Ind}\varphi, \chi)_G &= \frac{1}{|G|} \sum_{g \in G} \mathrm{Ind}\varphi(g)\chi(g^{-1}) = \frac{1}{|G||H|} \sum_{g,t \in G} \widehat{\varphi}(t^{-1}gt)\chi(g^{-1}) \\
&= \frac{1}{|G||H|} \sum_{s,t \in G} \widehat{\varphi}(s)\chi(ts^{-1}t^{-1}) = \frac{1}{|G||H|} \sum_{s,t \in G} \widehat{\varphi}(s)\chi(s^{-1}) \\
&= \frac{1}{|G||H|} \sum_{s \in G} \widehat{\varphi}(s)\chi(s^{-1})|G| = \frac{1}{|H|} \sum_{s \in G} \widehat{\varphi}(s)\chi(s^{-1})
\end{aligned}$$

$$= \frac{1}{|H|}\sum_{s\in H}\varphi(s)\chi(s^{-1}) = \frac{1}{|H|}\sum_{s\in H}\varphi(s)\mathrm{Res}\chi(s^{-1}) = (\varphi, \mathrm{Res}\chi)_H. \qquad \square$$

对于复表示, 缠结算子空间的维数可以通过特征标的内积计算. 若 (ρ_1, V_1) 和 (ρ_2, V_2) 是群 G 的复表示, χ_1 和 χ_2 分别是它们的特征标, 则 $\mathrm{Hom}_G(V_1, V_2) = (\chi_1, \chi_2)_G$. 由此我们得到缠结算子空间层面的 Frobenius 互反律: $\mathrm{Hom}_G(\mathrm{Ind}\,W, V) \cong \mathrm{Hom}_H(W, \mathrm{Res}\,V)$.

对一般域 F 上的诱导表示和限制表示, 我们也有互反律. 这是模的张量积与模同态空间之间的伴随性的直接推论.

定理 5.3.2 设 H 是 G 的子群, (ρ, V) 是 G 的表示, (θ, W) 是 H 的表示, 则

$$\mathrm{Hom}_G(\mathrm{Ind}W, V) \cong \mathrm{Hom}_H(W, \mathrm{Res}V).$$

证明 由模的张量积的伴随性质 (参见《代数学 (四)》), 可得

$$\mathrm{Hom}_G(\mathrm{Ind}\,W, V) \cong \mathrm{Hom}_{F[G]}\left(F[G]\otimes_{F[H]} W, V\right) \cong \mathrm{Hom}_{F[H]}\left(W, \mathrm{Hom}_{F[G]}(F[G], V)\right).$$

再由 $\mathrm{Hom}_{F[G]}(F[G], V) \cong V$ 可得

$$\mathrm{Hom}_{F[H]}\left(W, \mathrm{Hom}_{F[G]}(F[G], V)\right) \cong \mathrm{Hom}_{F[H]}(W, V) \cong \mathrm{Hom}_H(W, \mathrm{Res}\,V). \qquad \square$$

例 5.3.1 设 $D_3 = \langle r, s | r^3 = e, s^2 = e, sr^2 = rs\rangle$ 的不可约表示为 (ρ_1, V_1), (ρ_2, V_2) 和 (ρ_3, V_3), 特征标分别为 χ_1, χ_2 和 χ_3. 子群 $H = \langle r | r^3 = e\rangle$ 的不可约表示为 (θ_1, W_1), (θ_2, W_2) 和 (θ_3, W_3), 特征标分别为 φ_1, φ_2 和 φ_3. 令 $\omega = \mathrm{e}^{\frac{2\pi i}{3}}$. 以下是它们的特征标表:

	$\{e\}$	$\{s, sr, sr^2\}$	$\{r, r^2\}$
χ_1	1	1	1
χ_2	1	-1	1
χ_3	2	0	-1

	$\{e\}$	$\{r\}$	$\{r^2\}$
φ_1	1	1	1
φ_2	1	ω	ω^2
φ_3	1	ω^2	ω
$\mathrm{Res}\chi_1$	1	1	1
$\mathrm{Res}\chi_2$	1	1	1
$\mathrm{Res}\chi_3$	2	-1	-1

由以上特征标表, 我们得到限制表示的不可约表示分解:

$$\mathrm{Res}V_1 \cong (\mathrm{Res}\chi_1, \varphi_1)_H W_1 \oplus (\mathrm{Res}\chi_1, \varphi_2)_H W_2 \oplus (\mathrm{Res}\chi_1, \varphi_3)_H W_3 = W_1,$$

$$\mathrm{Res}V_2 \cong (\mathrm{Res}\chi_2, \varphi_1)_H W_1 \oplus (\mathrm{Res}\chi_2, \varphi_2)_H W_2 \oplus (\mathrm{Res}\chi_2, \varphi_3)_H W_3 = W_1,$$

$$\mathrm{Res}V_3 \cong (\mathrm{Res}\chi_3, \varphi_1)_H W_1 \oplus (\mathrm{Res}\chi_3, \varphi_2)_H W_2 \oplus (\mathrm{Res}\chi_3, \varphi_3)_H W_3 = W_2 \oplus W_3.$$

于是由互反律, 我们得到诱导表示的不可约表示分解:

$$\mathrm{Ind}W_1 \cong (\mathrm{Ind}\varphi_1, \chi_1)_G V_1 \oplus (\mathrm{Ind}\varphi_1, \chi_2)_G V_2 \oplus (\mathrm{Ind}\varphi_1, \chi_3)_G V_3$$

$$= (\varphi_1, \mathrm{Res}\chi_1)_H V_1 \oplus (\varphi_1, \mathrm{Res}\chi_2)_H V_2 \oplus (\varphi_1, \mathrm{Res}\chi_3)_H V_3 = V_1 \oplus V_2,$$

$$\mathrm{Ind}W_2 \cong (\mathrm{Ind}\varphi_2, \chi_1)_G V_1 \oplus (\mathrm{Ind}\varphi_2, \chi_2)_G V_2 \oplus (\mathrm{Ind}\varphi_2, \chi_3)_G V_3$$

$$= (\varphi_2, \mathrm{Res}\chi_1)_H V_1 \oplus (\varphi_2, \mathrm{Res}\chi_2)_H V_2 \oplus (\varphi_2, \mathrm{Res}\chi_3)_H V_3 = V_3,$$

$$\mathrm{Ind}W_3 \cong (\mathrm{Ind}\varphi_3, \chi_1)_G V_1 \oplus (\mathrm{Ind}\varphi_3, \chi_2)_G V_2 \oplus (\mathrm{Ind}\varphi_3, \chi_3)_G V_3$$

$$= (\varphi_3, \mathrm{Res}\chi_1)_H V_1 \oplus (\varphi_3, \mathrm{Res}\chi_2)_H V_2 \oplus (\varphi_3, \mathrm{Res}\chi_3)_H V_3 = V_3.$$

设 H 是 G 的子群, (θ, W) 是 H 的复表示. 一个自然的问题是诱导表示 $\mathrm{Ind}_H^G \theta$ 何时是不可约的. 由 Frobenius 互反律, 这等价于计算 $(\mathrm{Ind}_H^G \theta, \mathrm{Ind}_H^G \theta)_G = (\theta, \mathrm{Res}_H^G(\mathrm{Ind}_H^G \theta))_H$. 所以我们需要分析 $\mathrm{Res}_H^G(\mathrm{Ind}_H^G W)$ 分解为 H-不变子空间的情况. 下面我们考虑更一般的情况, 即对 G 的子群 K, $\mathrm{Res}_K^G(\mathrm{Ind}_H^G W)$ 如何分解为 K-不变子空间的直和.

设 $V = \mathrm{Ind}_H^G W$, 则 $V = g_1 W \oplus \cdots \oplus g_m W$, 其中 $g_1, \cdots, g_m$ 是 H 的左陪集代表元. $g_i W$ 不一定是 K-不变子空间, 但 $\sum\limits_{k \in K} k g_i W$ 是 V 的 K-不变子空间. 注意到 $g_i W$ 依赖于 g_i 所在的陪集, 故 $\sum\limits_{k \in K} k g_i W = \sum\limits_{k \in K, h \in H} k g_i h W$. 我们需要引进双陪集的概念, 对 $t \in G$, $KtH = \{kth \mid k \in K, h \in H\}$ 称为 t 所在的**双陪集**. 也就是说, $\sum\limits_{k \in H} k g_i W = \sum\limits_{s \in K g_i H} s W$ 依赖于 G 关于 K 和 H 的一个双陪集 $K g_i H$. 以下对 $t \in G$, 记 $V_t = \sum\limits_{s \in KtH} sW$.

例 5.3.2 $H = \{(1), (12)\}$ 是 S_3 的子群, $H(123)H = \{(12), (13), (123), (321)\}$ 且 $S_3 = H \cup H(123)H$. 注意, 与陪集不同, $|H(123)H| \neq |H|$.

与陪集类似, G 可分解为双陪集的不交并, 即 $G = Kt_1 H \cup \cdots \cup Kt_m H$, 这里 $t_1, \cdots, t_m$ 是这些双陪集的代表元. 于是 $\mathrm{Res}_K^G(\mathrm{Ind}_H^G W) = V = V_{t_1} \oplus \cdots \oplus V_{t_m}$. 这里的每个 V_{t_i} 都是 K-不变子空间, 下面我们进一步说明 V_{t_i} 具有诱导表示的结构.

为此我们需要找 K 的某个子群, 使得 tW 成为 V_t 中关于这个子群的不变子空间. 若 $k \in K$ 使得 $ktW = tW$, 则存在 $h \in H$ 满足 $kt = th$, 即 $k = tht^{-1} \in tHt^{-1} \cap K$. 考

虑 K 的子群 $tHt^{-1} \cap K$. 则 tW 是 $tHt^{-1} \cap K$ 的不变子空间. 进一步

$$V_t = \sum_{s \in KtH} sW = \sum_{k \in K} ktW = \bigoplus_{\overline{k} \in K/(tHt^{-1} \cap K)} ktW = \mathrm{Ind}_{tHt^{-1} \cap K}^{K} tW.$$

又 $tHt^{-1} \cap K$ 在 tW 上的群作用等价于它在 W 上的作用 θ^t: 对 $k \in tHt^{-1} \cap K$,

$$\theta^t(k) := \theta(t^{-1}kt).$$

于是我们得到 $V_t \cong \mathrm{Ind}_{tHt^{-1} \cap K}^{K} W$. 于是我们有

定理 5.3.3 (Mackey)　设 H 和 K 是 G 的子群, θ 是 H 的表示. $t_1, \cdots, t_m$ 是 G 关于 K 和 H 的双陪集的代表元. 则

$$\mathrm{Res}_K^G(\mathrm{Ind}_H^G \theta) \cong \mathrm{Ind}_{t_1 H t_1^{-1} \cap K}^{K} \theta^{t_1} \oplus \cdots \oplus \mathrm{Ind}_{t_m H t_m^{-1} \cap K}^{K} \theta^{t_m}.$$

关于诱导表示 $\mathrm{Ind}_H^G \theta$ 的不可约性, 我们通过特征标进行如下计算. 令 $H_t := tHt^{-1} \cap H$.

$$(\mathrm{Ind}_H^G \theta, \mathrm{Ind}_H^G \theta)_G = (\theta, \mathrm{Res}_H^G(\mathrm{Ind}_H^G \theta))_H = (\theta, \mathrm{Ind}_{H_{t_1}}^{H} \theta^{t_1} \oplus \cdots \oplus \mathrm{Ind}_{H_{t_m}}^{H} \theta^{t_m})_H$$

$$= (\theta, \mathrm{Ind}_{H_{t_1}}^{H} \theta^{t_1})_H + \cdots + (\theta, \mathrm{Ind}_{H_{t_m}}^{H} \theta^{t_m})_H$$

$$= (\mathrm{Res}_{H_{t_1}}^{H} \theta, \theta^{t_1})_{H_{t_1}} + \cdots + (\mathrm{Res}_{H_{t_m}}^{H} \theta, \theta^{t_m})_{H_{t_m}}$$

$$= (\theta, \theta)_H + \sum_{t_i \notin H} (\mathrm{Res}_{H_{t_i}}^{H} \theta, \theta^{t_i})_{H_{t_i}}.$$

这样我们就证明了:

定理 5.3.4 (Mackey)　设 H 是 G 的子群, θ 是 H 的表示. 则 $\mathrm{Ind}_H^G \theta$ 是 G 的不可约复表示当且仅当 θ 是 H 的不可约复表示, 且对任意 $t \notin H$, $(\mathrm{Res}_{H_t}^{H} \theta, \theta^t)_{H_t} = 0$.

当 H 是 G 的正规子群时, 对所有 $t \in G$, 均有 $H_t = H$ 且 θ^t 是 H 的表示. 因此我们有

推论 5.3.1　设 H 是 G 的正规子群, θ 是 H 的表示. 则 $\mathrm{Ind}_H^G \theta$ 是 G 的不可约复表示当且仅当 θ 是 H 的不可约复表示, 且对任意 $t \notin H$, θ^t 与 θ 均不等价.

例 5.3.3　如例 5.3.1 所设, $D_3 = \langle r, s | r^3 = e, s^2 = e, sr^2 = rs \rangle$ 的子群 $H = \langle r | r^3 = e \rangle$ 的不可约表示为 θ_1, θ_2 和 θ_3, 则由 $s^{-1}rs = r^2$, 可知

$$(\theta_1)^s(r) = \theta_1(s^{-1}rs) = \theta_1(r^2) = 1 = \theta_1(r),$$

$$(\theta_2)^s(r) = \theta_2(s^{-1}rs) = \theta_2(r^2) = \omega^2 = \theta_3(r),$$

$$(\theta_3)^s(r) = \theta_3(s^{-1}rs) = \theta_3(r^2) = \omega = \theta_2(r),$$

故 $(\theta_1)^s \cong \theta_1$, $(\theta_2)^s \cong \theta_3$, $(\theta_3)^s \cong \theta_2$, 所以 $\mathrm{Ind}\theta_1$ 是 D_3 的可约表示, $\mathrm{Ind}\theta_2$ 和 $\mathrm{Ind}\theta_3$ 是 D_3 的不可约表示.

5.4   群的半直积的表示

本节我们运用诱导表示的方法来构造群的半直积的表示. 设 G 是子群 A 和 H 的半直积, 并且 A 是交换的正规子群. 于是 G 的任何一个元素都可以唯一地写成一个 A 中元素和一个 H 中的元素的乘积.

由于 A 是交换群, A 的不可约复表示是 1 维的. 再由 A 是 G 的正规子群可知, H 通过共轭在 A 上有群作用. 这导出 H 在 A 的不可约复表示的集合 $\widehat{A}$ 上的一个群作用. 设 χ 是 A 的不可约复表示, 则 $h \in H$ 在 χ 上的作用 $h\chi \in \widehat{A}$ 定义为

$$(h\chi)(a) = \chi(h^{-1}ah), \quad a \in A.$$

考虑 A 的所有不可约复表示在 H 的作用下的轨道, 并设 $\chi_1, \cdots, \chi_k$ 是这些轨道的一组代表元. 对 $1 \leqslant i \leqslant k$, 设 $H_i \subseteq H$ 是 χ_i 在上述作用下的稳定子群, 并令 $G_i = AH_i$. 下面我们说明 χ_i 可以扩充成 G_i 的表示. 对 $a \in A, h \in H_i$, 令 $\widetilde{\chi}_i(ah) = \chi_i(a)$. 则对 $a_1, a_2 \in A, h_1, h_2 \in H_i$, 我们有

$$\widetilde{\chi}_i(a_1h_1a_2h_2) = \widetilde{\chi}_i(a_1h_1a_2h_1^{-1}h_1h_2) = \chi_i(a_1h_1a_2h_1^{-1}) = \chi_i(a_1)\chi_i(h_1a_2h_1^{-1})$$

$$=\chi_i(a_1)(h_1\chi_i)(a_2) = \chi_i(a_1)\chi_i(a_2) = \widetilde{\chi}_i(a_1h_1)\widetilde{\chi}_i(a_2h_2).$$

由此可见 $\widetilde{\chi}_i$ 是 G_i 的表示. 现在我们取 H_i 的不可约表示 θ_{ij}, 则 $\widetilde{\theta}_{ij}(ah) = \theta_{ij}(h)$ 定义了 G_i 的一个表示. 事实上,

$$\widetilde{\theta}_{ij}(a_1h_1a_2h_2) = \widetilde{\theta}_{ij}(a_1h_1a_2h_1^{-1}h_1h_2) = \theta_{ij}(h_1h_2) = \theta_{ij}(h_1)\theta_{ij}(h_2) = \widetilde{\theta}_{ij}(h_1)\widetilde{\theta}_{ij}(h_2),$$

这证明了我们的断言. 现在我们将 $\widetilde{\chi}_i$ 和 $\widetilde{\theta}_{ij}$ 组合起来, 定义 G_i 的表示 $\widetilde{\chi}_i \otimes \widetilde{\theta}_{ij}$, 即 $(\widetilde{\chi}_i \otimes \widetilde{\theta}_{ij})(ah) = \chi_i(a)\theta_{ij}(h)$. 下面的定理说明, G 的不可约表示都是由子群 G_i 的表示 $\widetilde{\chi}_i \otimes \widetilde{\theta}_{ij}$ 诱导得到的. 一般文献中将 G_i 称为小群, 而这样构造半直积群不可约表示的方法称为**小群法**.

定理 5.4.1   设 $\rho_{ij} = \mathrm{Ind}_{G_i}^{G}(\widetilde{\chi}_i \otimes \widetilde{\theta}_{ij})$. 则

(1) ρ_{ij} 是 G 的不可约表示;

(2) ρ_{ij} 等价于 $\rho_{i'j'}$ 当且仅当 $i = i'$ 且 θ_{ij} 等价于 $\theta_{i'j'}$;

(3) G 的任何一个不可约表示都等价于某个 ρ_{ij}.

证明   (1) 我们应用 Mackey 定理来验证表示 ρ_{ij} 的不可约性. 由于 χ_i 是 A 的不可约表示, θ_{ij} 是 H_i 的不可约表示, 所以 $\widetilde{\chi}_i \otimes \widetilde{\theta}_{ij}$ 是 G_i 的不可约表示. 对于 $t \notin G_i$, 令 $K_t = G_i \bigcap tG_it^{-1}$. 则子群 K_t 有表示 $(\widetilde{\chi}_i \otimes \widetilde{\theta}_{ij})^t(g) = (\widetilde{\chi}_i \otimes \widetilde{\theta}_{ij})(t^{-1}gt)$, 其中 $g \in K_t$. 我们需要验证 $(\mathrm{Res}_{K_t}^{G_i}(\widetilde{\chi}_i \otimes \widetilde{\theta}_{ij}), (\widetilde{\chi}_i \otimes \widetilde{\theta}_{ij})^t)_{K_t} = 0$.

由 A 是正规子群，知它是 K_t 的子群. 在 A 上，我们有

$$(\widetilde{\chi}_i \otimes \widetilde{\theta}_{ij})^t(a) = \chi_i(t^{-1}at)\theta_{ij}(e) = (t\chi_i)(a)\theta_{ij}(e) \text{ 和 } (\widetilde{\chi}_i \otimes \widetilde{\theta}_{ij})(a) = \chi_i(a)\theta_{ij}(e).$$

由 H_i 是 χ_i 的稳定子群可知，对 $t \notin G_i$, $t\chi_i$ 和 χ_i 不等价. 故 $(\mathrm{Res}_A^{K_t}(\widetilde{\chi}_i \otimes \widetilde{\theta}_{ij})^t, \mathrm{Res}_A^{G_i}(\widetilde{\chi}_i \otimes \widetilde{\theta}_{ij}))_A = 0$, 即 $(\widetilde{\chi}_i \otimes \widetilde{\theta}_{ij})^t$ 和 $\widetilde{\chi}_i \otimes \widetilde{\theta}_{ij}$ 限制在 A 上没有公共的不可约子表示. 回到 K_t 上，我们断定 $(\widetilde{\chi}_i \otimes \widetilde{\theta}_{ij})^t$ 和 $\mathrm{Res}_{K_t}^{G_i}(\widetilde{\chi}_i \otimes \widetilde{\theta}_{ij})$ 没有公共的不可约子表示，否则它们限制在 A 上就会有公共的不可约子表示，出现矛盾. 因此 $(\mathrm{Res}_{K_t}^{G_i}(\widetilde{\chi}_i \otimes \widetilde{\theta}_{ij}), (\widetilde{\chi}_i \otimes \widetilde{\theta}_{ij})^t)_{K_t} = 0$.

(2) 将 ρ_{ij} 限制在 A 上，注意到 A 是 G_i 的正规子群，我们得到 $\mathrm{Res}_A^G \rho_{ij} = \bigoplus_{\overline{t} \in G/G_i} (\widetilde{\chi}_i \otimes \widetilde{\theta}_{ij})^t$. 故对 $a \in A$,

$$\rho_{ij}(a) = \bigoplus_{\overline{t} \in G/G_i} (t\chi_i)(a)\theta_{ij}(e).$$

这个求和取遍 χ_i 在 H 作用下所在轨道中的所有元素. 故 ρ_{ij} 完全决定了指标 i.

设 ρ_{ij} 的表示空间为 W, 而 $\mathrm{Res}_A^G \rho_{ij}$ 的上述分解中 $t = e$ 对应的子表示空间为 W_i. 则 $W_i = \{x \in W \mid \rho_{ij}(a)(x) = \chi_i(a)x, \forall a \in A\}$. 下面说明 W_i 是 H_i 的不变子空间，即对 $h \in H_i$, $x \in W_i$. 事实上，我们有

$$\rho_{ij}(a)\left(\rho_{ij}(h)(x)\right) = \rho_{ij}(ah)(x) = \rho_{ij}(h)\left(\rho_{ij}(h^{-1}ah)(x)\right) = \rho_{ij}(h)\left(\chi_i(h^{-1}ah)(x)\right)$$

$$= \chi_i(h^{-1}ah)\rho_{ij}(h)(x) = (h\chi_i)(a)\rho_{ij}(h)(x) = \chi_i(a)\rho_{ij}(h)(x),$$

故 W_i 是 H_i 的不变子空间，从而 $\rho_{ij}(h)(x) = (\widetilde{\chi}_i \otimes \widetilde{\theta}_{ij})(h)(x) = \theta_{ij}(x)$. 因此 ρ_{ij} 也完全决定了 θ_{ij}. 这样就完成了 (2) 的证明.

(3) 由 $\mathrm{Res}_A^G \rho_{ij}$ 的分解可得 $\dim(\rho_{ij}) = |O_i|\dim(\theta_{ij})$, 其中 $|O_i|$ 是 χ_i 所在轨道包含的元素的个数. 于是

$$\sum_{i,j} \dim(\rho_{ij})^2 = \sum_{i,j} (|O_i|\dim(\theta_{ij}))^2 = \sum_i |O_i|^2 \left(\sum_j \dim(\theta_{ij})^2\right)$$

$$= \sum_i |O_i|^2 |H_i| = \sum_i \frac{|H|}{|H_i|}|O_i||H_i| = |H|\sum_i |O_i| = |H||\widehat{A}| = |H||A| = |G|,$$

其中对 i 的求和取遍 H 在 $\widehat{A}$ 上作用的所有轨道代表元 $\chi_1, \cdots, \chi_k$, 对 j 的求和取遍 H_i 的所有不等价不可约复表示. 由 (2) 可知，不可约表示 ρ_{ij} 彼此不等价，而且它们的维数平方和已达到 G 的阶数，因此它们给出了 G 的所有不等价不可约复表示. $\square$

注 5.4.1 上述构造的 ρ_{ij} 并不要求 A 必须是交换群. 只要 H 共轭作用于 A 上，我们便可考虑 H 在 A 的不可约表示的集合上的作用，并经过同样的讨论可以得到半直积 $G = A \rtimes H$ 的表示 $\rho_{ij} = \mathrm{Ind}_{G_i}^G(\widetilde{\chi}_i \otimes \widetilde{\theta}_{ij})$.

下面我们以有限域上 2 阶可逆矩阵群的 Borel (博雷尔) 子群为例, 解释构造半直积群不可约表示的小群方法. 设 p 为素数, $\mathbb{F}_p$ 是 p 元有限域, $\mathbb{F}_p^*$ 为它的非零元组成的乘法群. 令

$$B_p = \left\{ \begin{pmatrix} x & t \\ 0 & y \end{pmatrix} \mid x, y \in \mathbb{F}_p^*, t \in \mathbb{F}_p \right\},$$

则 B_p 是阶为 $p(p-1)^2$ 的有限群. 考虑 B_p 的两个子群 A_p 和 H_p:

$$A_p = \left\{ \begin{pmatrix} 1 & t \\ 0 & 1 \end{pmatrix} \mid t \in \mathbb{F}_p \right\}, \quad H_p = \left\{ \begin{pmatrix} x & 0 \\ 0 & y \end{pmatrix} \mid x, y \in \mathbb{F}_p^* \right\}.$$

容易看出 A_p 和 H_p 均为交换群, 且 A_p 同构于 $\mathbb{F}_p$ 的加法群, 而 H_p 同构于乘法群的直积 $\mathbb{F}_p^* \times \mathbb{F}_p^*$. 下面是 B_p 中的共轭关系:

$$\begin{pmatrix} x & t \\ 0 & y \end{pmatrix}^{-1} \begin{pmatrix} a & s \\ 0 & b \end{pmatrix} \begin{pmatrix} x & t \\ 0 & y \end{pmatrix} = \begin{pmatrix} a & (t(a-b) + sy)x^{-1} \\ 0 & b \end{pmatrix}.$$

由此可知 A_p 是 B_p 的正规子群, 并且 $B_p = A_p \rtimes H_p$. 进一步还可得到 B_p 的全部共轭类为:

(1) $p-1$ 个含有 1 个元素的共轭类, 代表元为 $\begin{pmatrix} a & 0 \\ 0 & a \end{pmatrix}$, $a \in \mathbb{F}_p^*$;

(2) $p-1$ 个含有 $p-1$ 个元素的共轭类, 代表元为 $\begin{pmatrix} a & 1 \\ 0 & a \end{pmatrix}$, $a \in \mathbb{F}_p^*$;

(3) $(p-1)(p-2)$ 个含有 p 个元素的共轭类, 代表元为 $\begin{pmatrix} a & 0 \\ 0 & b \end{pmatrix}$, $a, b \in \mathbb{F}_p^*$ 且 $a \neq b$.

注意到 A_p 是 p 阶循环群, 生成元为 $g = \begin{pmatrix} 1 & 1 \\ 0 & 1 \end{pmatrix}$. 故它有 p 个 1 维复表示 $\chi_0, \cdots, \chi_{p-1}$. 其中 $\chi_j(g) = \mathrm{e}^{\frac{2\pi j i}{p}}$. H_p 在这些特征上的作用为

$$\left(\begin{pmatrix} x & 0 \\ 0 & y \end{pmatrix} \chi_j \right)(g) = \chi_j \left(\begin{pmatrix} x & 0 \\ 0 & y \end{pmatrix}^{-1} g \begin{pmatrix} x & 0 \\ 0 & y \end{pmatrix} \right) = \chi_j \left(\begin{pmatrix} 1 & x^{-1}y \\ 0 & 1 \end{pmatrix} \right) = \chi_j(g^{x^{-1}y}),$$

即 $\begin{pmatrix} x & 0 \\ 0 & y \end{pmatrix} \chi_j = \chi_{x^{-1}yj}$. 由此可见 H_p 的作用有两个轨道 $\{\chi_0\}$ 和 $\{\chi_1, \cdots, \chi_{p-1}\}$. 以下我们分别取定这两个轨道的代表元为 χ_0 和 χ_1.

对于 χ_0, 它的稳定子群为 H_p. 故对应的小群为 $G_1 = A_p H_p = B_p$. 我们知道 $H_p \cong \mathbb{F}_p^* \times \mathbb{F}_p^*$ 的所有不可约复表示为 $\theta_i \otimes \theta_j$, 其中 θ_i 和 θ_j 为 $\mathbb{F}_p^*$ 的不可约复表示. 于是由 G_1 的表示诱导而得的 B_p 的不可约表示为

$$\rho_{ij}\left(\begin{pmatrix} a & s \\ 0 & b \end{pmatrix}\right) = \theta_i(a)\theta_j(b).$$

可见 ρ_{ij} 是 B_p 的 1 维表示. 由于 $\mathbb{F}_p^*$ 是 $p-1$ 阶循环群, 所以我们得到了 B_p 的 $(p-1)^2$ 个 1 维表示.

对于 χ_1, 它的稳定子群为 $H_2 = \left\{ \begin{pmatrix} x & 0 \\ 0 & x \end{pmatrix} \mid x \in \mathbb{F}_p^* \right\} \cong \mathbb{F}_p^*$. 此时对应的小群为

$G_2 = A_p H_2 = \left\{ \begin{pmatrix} x & t \\ 0 & x \end{pmatrix} \mid x \in \mathbb{F}_p^*, t \in \mathbb{F}_p^* \right\}$. 设 θ_k 为 $\mathbb{F}_p^*$ 的不可约复表示, 则

$$(\widetilde{\chi_1} \otimes \widetilde{\theta_k})\left(\begin{pmatrix} x & t \\ 0 & x \end{pmatrix}\right) = (\widetilde{\chi_1} \otimes \widetilde{\theta_k})\left(\begin{pmatrix} 1 & tx^{-1} \\ 0 & 1 \end{pmatrix}\begin{pmatrix} x & 0 \\ 0 & x \end{pmatrix}\right) = \chi_1(tx^{-1})\theta_k(x).$$

故由 G_2 的表示诱导而得的 B_p 的不可约表示为 $\rho_k = \mathrm{Ind}_{G_2}^{B_p}(\widetilde{\chi_1} \otimes \widetilde{\theta_k})$. 由于 χ_1 所在的轨道包含的元素个数为 $p-1$, 这些表示 ρ_k 的维数为 $p-1$, 共有 $p-1$ 个.

因此, 我们得到了 B_p 的所有不可约复表示: $(p-1)^2$ 个 1 维表示 ρ_{ij}, 以及 $p-1$ 个 $p-1$ 维表示 ρ_k. 当然这也符合维数的条件: $(p-1)^2 \cdot 1^2 + (p-1)(p-1)^2 = p(p-1)^2 = |B_p|$. 以下是 B_p 的特征标表. 其中诱导表示特征标的计算留作练习.

	$\left\{\begin{pmatrix} a & 0 \\ 0 & a \end{pmatrix}\right\}$	$\left\{\begin{pmatrix} a & 1 \\ 0 & a \end{pmatrix}\right\}$	$\left\{\begin{pmatrix} a & 0 \\ 0 & b \end{pmatrix}\right\}$
	(1)	$(p-1)$	(p)
ρ_{ij}	$\theta_i(a)\theta_j(a)$	$\theta_i(a)\theta_j(a)$	$\theta_i(a)\theta_j(b)$
ρ_k	$(p-1)\theta_k(a)$	$-\theta_k(a)$	0

5.5　GL$_2$($\mathbb{F}_q$) 的表示

本节我们研究有限群 GL$_2$($\mathbb{F}_q$) 的不可约复表示, 这里 $\mathbb{F}_q$ 是特征为 p 的 $q = p^n$ 元有限域, 且 p 是奇素数. 遵循不可约复表示的分类理论, 我们先来确定 GL$_2$($\mathbb{F}_q$) 的共轭类. 类似于 2 阶实矩阵的相似标准形, 我们可得到 GL$_2$($\mathbb{F}_q$) 的共轭类代表元如下所示:

共轭类	共轭类的元素个数	共轭类数目
$\left\{ \begin{pmatrix} x & 0 \\ 0 & x \end{pmatrix} \right\}$	1	$q-1,\ x \neq 0$
$\left\{ \begin{pmatrix} x & 1 \\ 0 & x \end{pmatrix} \right\}$	q^2-1	$q-1,\ x \neq 0$
$\left\{ \begin{pmatrix} x & 0 \\ 0 & y \end{pmatrix} \right\}$	q^2+q	$\frac{1}{2}(q-1)(q-2),\ x \neq y$
$\left\{ \begin{pmatrix} x & \varepsilon y \\ y & x \end{pmatrix} \right\}$	q^2-q	$\frac{1}{2}q(q-1),\ y \neq 0$

其中 $\varepsilon \in \mathbb{F}_q \setminus \mathbb{F}_q^2$ 的极小多项式在 $\mathbb{F}_q$ 上不可约. 我们解释一下最后一个共轭类的来源. 若 $g \in \mathrm{GL}_2(\mathbb{F}_q)$ 在 $\mathbb{F}_q$ 中没有特征值. 设在 $\mathbb{F}_q$ 的二次扩域 $\mathbb{F}_{q^2} = \mathbb{F}_q(\sqrt{\varepsilon})$ 中 g 的特征值为 $\lambda = x + \sqrt{\varepsilon}y$ 和 $\overline{\lambda} = x - \sqrt{\varepsilon}y (x, y \in \mathbb{F}_q)$, 对应的特征向量为 v 和 $\overline{v}$. 则 $v + \sqrt{\varepsilon}\overline{v}$ 和 $v - \sqrt{\varepsilon}\overline{v}$ 为 $\mathbb{F}_{q^2}$ 的基向量, 可知 g 相似于 $\begin{pmatrix} x & \varepsilon y \\ y & x \end{pmatrix}$. 通过对这些共轭类进行计数, 可知 $\mathrm{GL}_2(\mathbb{F}_q)$ 的阶数为 $q(q-1)^2(q+1)$, 它的不可约复表示的个数等于 $q^2 - 1$. 上表中每个共轭类中元素的个数都可以通过代表元的中心化子的大小来计算, 请自行验证.

下面我们开始构造 $\mathrm{GL}_2(\mathbb{F}_q)$ 的不可约表示. 首先, $\mathrm{GL}_2(\mathbb{F}_q)$ 有 $q-1$ 个 1 维表示 $\rho_i^{(1)}$: $\rho_i^{(1)}(g) = \chi_i(\det(g))$, 其中 χ_i 是循环群 $\mathbb{F}_q^*$ 的特征.

$\mathrm{GL}_2(\mathbb{F}_q)$ 有两个环面子群:

$$T_1 = \left\{ \begin{pmatrix} x & 0 \\ 0 & y \end{pmatrix} \ \middle|\ x, y \in \mathbb{F}_q^* \right\}, \quad T_2 = \left\{ \begin{pmatrix} x & \varepsilon y \\ y & x \end{pmatrix} \ \middle|\ x^2 - \varepsilon y^2 \neq 0 \right\}.$$

我们将考虑从这两个子群出发的诱导表示, 进而得到 $\mathrm{GL}_2(\mathbb{F}_q)$ 的其余不可约表示.

注 5.5.1 这里的 T_2 可以类比于正交群

$$\mathrm{SO}(2) = \left\{ \begin{pmatrix} \cos(t) & -\sin(t) \\ \sin(t) & \cos(t) \end{pmatrix} \ \middle|\ t \in \mathbb{R} \right\}.$$

我们首先考虑与 T_1 相关的 Borel 子群

$$B = \left\{ \begin{pmatrix} x & t \\ 0 & y \end{pmatrix} \ \middle|\ x, y \in \mathbb{F}_q^*, t \in \mathbb{F}_q \right\}.$$

设 χ_i, χ_j 为 $\mathbb{F}_q^*$ 的特征. 则

$$\varphi_{ij}\left(\begin{pmatrix} x & t \\ 0 & y \end{pmatrix}\right) = \chi_i(x)\chi_j(y)$$

是 B 的 1 维表示. 由它可得 $\mathrm{GL}(2,\mathbb{F}_q)$ 的表示 $\mathrm{Ind}\varphi_{ij}$. 由 $[\mathrm{GL}(2,\mathbb{F}_q):B]=q+1$ 可知 $\mathrm{Ind}\varphi_{ij}$ 是 $q+1$ 维表示.

命题 5.5.1 $\mathrm{Ind}\varphi_{ij}$ 的特征标为

	$\left\{\begin{pmatrix} x & 0 \\ 0 & x \end{pmatrix}\right\}$	$\left\{\begin{pmatrix} x & 1 \\ 0 & x \end{pmatrix}\right\}$	$\left\{\begin{pmatrix} x & 0 \\ 0 & y \end{pmatrix}\right\}$	$\left\{\begin{pmatrix} x & \varepsilon y \\ y & x \end{pmatrix}\right\}$
$\mathrm{Ind}\varphi_{ij}$	$(q+1)\chi_i(x)\chi_j(x)$	$\chi_i(x)\chi_j(x)$	$\chi_i(x)\chi_j(y)+\chi_i(y)\chi_j(x)$	0

证明   首先,

$$\mathrm{Ind}\varphi_{ij}\left(\begin{pmatrix} x & 0 \\ 0 & x \end{pmatrix}\right) = \frac{1}{|B|}\sum_{g\in G}\widehat{\varphi}_{ij}\left(g^{-1}\begin{pmatrix} x & 0 \\ 0 & x \end{pmatrix}g\right) = \frac{1}{|B|}\sum_{g\in G}\varphi_{ij}\left(\begin{pmatrix} x & 0 \\ 0 & x \end{pmatrix}\right)$$

$$= \frac{|G|}{|B|}\chi_i(x)\chi_j(x) = (q+1)\chi_i(x)\chi_j(x),$$

$$\mathrm{Ind}\varphi_{ij}\left(\begin{pmatrix} x & 1 \\ 0 & x \end{pmatrix}\right) = \frac{1}{|B|}\sum_{g\in G}\widehat{\varphi}_{ij}\left(g^{-1}\begin{pmatrix} x & 1 \\ 0 & x \end{pmatrix}g\right) = \frac{1}{|B|}\sum_{g\in B}\varphi_{ij}\left(\begin{pmatrix} x & * \\ 0 & x \end{pmatrix}\right)$$

$$= \chi_i(x)\chi_j(x).$$

这里 $g^{-1}\begin{pmatrix} x & 1 \\ 0 & x \end{pmatrix}g \in B$ 当且仅当 $g \in B$.

其次,

$$\mathrm{Ind}\varphi_{ij}\left(\begin{pmatrix} x & 0 \\ 0 & y \end{pmatrix}\right) = \frac{1}{|B|}\sum_{g\in G}\widehat{\varphi}_{ij}\left(g^{-1}\begin{pmatrix} x & 0 \\ 0 & y \end{pmatrix}g\right)$$

$$= \frac{1}{|B|}\sum_{g\in B}\varphi_{ij}\left(\begin{pmatrix} x & * \\ 0 & y \end{pmatrix}\right) + \frac{1}{|B|}\sum_{\widetilde{g}\in B}\varphi_{ij}\left(\begin{pmatrix} y & * \\ 0 & x \end{pmatrix}\right)$$

$$= \chi_i(x)\chi_j(x) + \chi_i(y)\chi_j(x).$$

这里 $\widetilde{g} = \begin{pmatrix} 0 & 1 \\ 1 & 0 \end{pmatrix}g$, 也就是 g 沿次对角线做转置. 于是 $g^{-1}\begin{pmatrix} x & 1 \\ 0 & x \end{pmatrix}g \in B$ 当且仅当 $g \in B$ 或 $\widetilde{g} \in B$.

最后,

$$\mathrm{Ind}\varphi_{ij}\left(\begin{pmatrix} x & \varepsilon y \\ y & x \end{pmatrix}\right) = \frac{1}{|B|}\sum_{g\in G}\widehat{\varphi}_{ij}\left(g^{-1}\begin{pmatrix} x & \varepsilon y \\ y & x \end{pmatrix}g\right) = 0,$$

这是因为 $\begin{pmatrix} x & \varepsilon y \\ y & x \end{pmatrix}$ 在 $\mathbb{F}_q$ 中没有特征值, 故不可能相似于 B 中的元素.   □

下面我们使用 Mackey 定理来检验 $\mathrm{Ind}\varphi_{ij}$ 的不可约性. 当然也可以直接计算 $\mathrm{Ind}\varphi_{ij}$ 的特征标的模长 (留作练习).

引理 5.5.1 (Bruhat (布吕阿) 分解) $\mathrm{GL}_2(\mathbb{F}_q) = B \sqcup B\begin{pmatrix} 0 & 1 \\ 1 & 0 \end{pmatrix}B$, 其中的并集为不交并.

证明   对可逆矩阵 $\begin{pmatrix} a & b \\ c & d \end{pmatrix}$, 若 $c=0$, 则 $\begin{pmatrix} a & b \\ c & d \end{pmatrix} \in B$; 若 $c\neq 0$, 则

$$\begin{pmatrix} a & b \\ c & d \end{pmatrix} = \begin{pmatrix} 1 & ac^{-1} \\ 0 & 1 \end{pmatrix}\begin{pmatrix} 0 & 1 \\ 1 & 0 \end{pmatrix}\begin{pmatrix} c & d \\ 0 & -c^{-1}(ad-bc)^{-1} \end{pmatrix} \in B\begin{pmatrix} 0 & 1 \\ 1 & 0 \end{pmatrix}B.$$

□

上述引理说明 $\mathrm{GL}_2(\mathbb{F}_q)$ 关于 B 的双陪集分解的代表元可以取为 $\begin{pmatrix} 1 & 0 \\ 0 & 1 \end{pmatrix}$ 和 $\begin{pmatrix} 0 & 1 \\ 1 & 0 \end{pmatrix}$.

对 $s = \begin{pmatrix} 0 & 1 \\ 1 & 0 \end{pmatrix}$, $B_s = B\cap sBs^{-1} = T_1 = \left\{\begin{pmatrix} x & 0 \\ 0 & y \end{pmatrix} \mid x,y\in\mathbb{F}_q^* \right\}$. 则由 Mackey 定理,

$$(\chi_{\mathrm{Ind}\varphi_{ij}}, \chi_{\mathrm{Ind}\varphi_{i'j'}})_G = (\varphi_{ij}, \varphi_{i'j'})_B + (\mathrm{Res}_{T_1}^{sBs^{-1}}\varphi_{ij}^s, \mathrm{Res}_{T_1}^{sBs^{-1}}\varphi_{i'j'})_{T_1}$$

$$= (\varphi_{ij}, \varphi_{i'j'})_B + \frac{1}{|T_1|}\sum_{x,y\in\mathbb{F}_q^*}\varphi_{i'j'}\left(\begin{pmatrix} 0 & 1 \\ 1 & 0 \end{pmatrix}\begin{pmatrix} x & 0 \\ 0 & y \end{pmatrix}\begin{pmatrix} 0 & 1 \\ 1 & 0 \end{pmatrix}\right)\overline{\varphi_{i'j'}\left(\begin{pmatrix} x & 0 \\ 0 & y \end{pmatrix}\right)}$$

$$= (\varphi_{ij}, \varphi_{i'j'})_B + \frac{1}{(q-1)^2}\sum_{x,y\in\mathbb{F}_q^*}\varphi_{ij}\left(\begin{pmatrix} y & 0 \\ 0 & x \end{pmatrix}\right)\overline{\varphi_{i'j'}\left(\begin{pmatrix} x & 0 \\ 0 & y \end{pmatrix}\right)}$$

$$= (\varphi_{ij}, \varphi_{i'j'})_B + \frac{1}{(q-1)^2}\sum_{x,y\in\mathbb{F}_q^*}\chi_i(y)\chi_j(x)\overline{\chi_{i'}(x)\chi_{j'}(y)}$$

$$= (\varphi_{ij}, \varphi_{i'j'})_B + (\chi_i, \chi_{j'})_{\mathbb{F}_q^*}\overline{(\chi_{i'}, \chi_j)}_{\mathbb{F}_q^*}.$$

因此 Indφ_{ij} 是不可约的当且仅当 $\chi_i \neq \chi_j$. 而且不可约表示 Indφ_{ij} 与 Ind$\varphi_{i'j'}$ 同构当且仅当 $i = i', j = j'$ 或 $i = j', j = i'$. 从而我们得到了 $\frac{1}{2}(q-1)(q-2)$ 个维数为 $q+1$ 的不可约表示 $\rho_{ij}^{(q+1)} = \text{Ind}\varphi_{ij}$.

若 $\chi_i = \chi_j$, 则 $(\chi_{\text{Ind}\varphi_{ii}}, \chi_{\text{Ind}\varphi_{ii}})_G = 2$. 因此 Ind$\varphi_{ii}$ 等于 2 个不可约表示的直和. 事实上, 由于 $\rho_i^{(1)}$ 限制在 B 上等于 φ_{ii}, 所以根据 Frobenius 互反律, Indφ_{ii} 中包含同构于 $\rho_i^{(1)}$ 的子表示. 因此 Ind$\varphi_{ii} \cong \rho_i^{(1)} \oplus \rho_i^{(q)}$, 其中 $\rho_i^{(q)}$ 是维数为 q 的不可约表示. 由 Indφ_{ii} 和 $\rho_i^{(1)}$ 的特征标相减, 我们得到 $\rho_i^{(q)}$ 的特征标:

	$\left\{\begin{pmatrix} x & 0 \\ 0 & x \end{pmatrix}\right\}$	$\left\{\begin{pmatrix} x & 1 \\ 0 & x \end{pmatrix}\right\}$	$\left\{\begin{pmatrix} x & 0 \\ 0 & y \end{pmatrix}\right\}$	$\left\{\begin{pmatrix} x & \varepsilon y \\ y & x \end{pmatrix}\right\}$
$\rho_i^{(q)}$	$q\chi_i(x^2)$	0	$\chi_i(xy)$	$-\chi_i(x^2 - \varepsilon y^2)$

平凡特征 χ_1 对应的 $\rho_1^{(q)}$ 有以下的几何解释. $\mathbb{P}(\mathbb{F}_q)$ 是 $\mathbb{F}_q$ 上的射影空间, 也就是直线的集合 $\{[x, y] \mid xy \neq 0\}/((x, y) \sim (kx, ky))$. 作为集合, $|\mathbb{P}(\mathbb{F}_q)| = q + 1$. 基于矩阵乘法, GL$_2(\mathbb{F}_q)$ 自然地在 $\mathbb{P}(\mathbb{F}_q)$ 上有置换作用. 于是我们有 $q+1$ 维置换表示, 相应的 q 维约减表示即是 $\rho_1^{(q)}$. 它也被称为 Steinberg (斯坦伯格) 表示. 其余 χ_i 对应的 q 维表示为 $\rho_i^{(q)} = \rho_i^{(1)} \otimes \rho_1^{(q)}$.

这些与环面子群 T_1 相关的不可约表示称为 GL$_2(\mathbb{F}_q)$ 的主序列表示. 而接下来与环面子群 T_2 相关的不可约表示称为 GL$_2(\mathbb{F}_q)$ 的补充列表示.

现在我们来讨论由环面子群 T_2 导出的不可约表示. 由于 $\mathbb{F}_{q^2}$ 是 $\mathbb{F}_q$ 的二次扩张, 所以 $\mathbb{F}_{q^2}$ 是 $\mathbb{F}_q$ 上的 2 维线性空间, 并且等同于 $\mathbb{F}_q(\sqrt{\varepsilon})$. 它的一组基为 $\{1, \sqrt{\varepsilon}\}$. 循环群 $\mathbb{F}_{q^2}^*$ 通过左乘在 $\mathbb{F}_{q^2}$ 上有群作用. 在这组基下, $x + y\sqrt{\varepsilon} \in \mathbb{F}_{q^2}^*$ 对应的矩阵为 $\begin{pmatrix} x & \varepsilon y \\ y & x \end{pmatrix}$. 从而 T_2 同构于循环群 $\mathbb{F}_{q^2}^*$. 设 ψ 是 $\mathbb{F}_{q^2}^*$ 的特征. 则我们有 GL$_2(\mathbb{F}_q)$ 的表示 Indψ. 由诱导表示的特征标公式, 它的特征标为

	$\left\{\begin{pmatrix} x & 0 \\ 0 & x \end{pmatrix}\right\}$	$\left\{\begin{pmatrix} x & 1 \\ 0 & x \end{pmatrix}\right\}$	$\left\{\begin{pmatrix} x & 0 \\ 0 & y \end{pmatrix}\right\}$	$\left\{\begin{pmatrix} x & \varepsilon y \\ y & x \end{pmatrix}\right\}$
Indψ	$q(q-1)\psi(x)$	0	0	$\psi(x+y\sqrt{\varepsilon}) + \psi(x+y\sqrt{\varepsilon})^q$

对表中第四项的计算, 我们使用了 T_2 与 $\mathbb{F}_{q^2}^*$ 之间的同构. 基于此同构, T_2 中的共轭作用对应于 $\mathbb{F}_{q^2}^*$ 的 $\mathbb{F}_q$-自同构. 而这样的自同构正是 $\mathbb{F}_{q^2}^*$ 上的 Frobenius 自同构 $x + y\sqrt{\varepsilon} \mapsto (x + y\sqrt{\varepsilon})^q$.

上述推理说明 Ind$\psi \cong \text{Ind}\psi^q$. 于是我们得到 $\frac{1}{2}q(q-1)$ 个不等价的表示. 不过它们是可约的.

引理 5.5.2 若 $\psi \neq \psi^q$, 则 $(\chi_{\mathrm{Ind}\psi}, \chi_{\mathrm{Ind}\psi})_G = q - 1$; 若 $\psi = \psi^q$, 则

$$(\chi_{\mathrm{Ind}\psi}, \chi_{\mathrm{Ind}\psi})_G = q.$$

证明 在以下计算中, 我们会把 $g = \begin{pmatrix} x & \varepsilon y \\ y & x \end{pmatrix} \in T_2$ 等同于 $x + y\sqrt{\varepsilon} \in \mathbb{F}_{q^2}^*$, 从而 $\begin{pmatrix} x & 0 \\ 0 & x \end{pmatrix}$ 等同于 $x \in \mathbb{F}_q^*$. 考虑到 $\begin{pmatrix} x & \varepsilon y \\ y & x \end{pmatrix}$ 和 $\begin{pmatrix} x & -\varepsilon y \\ -y & x \end{pmatrix}$ 是共轭的, 相应的求和项中会出现因子 $\frac{1}{2}$.

$$|G|(\chi_{\mathrm{Ind}\psi}, \chi_{\mathrm{Ind}\psi})_G = \sum_{x \in \mathbb{F}_q^*} q^2(q-1)^2 |\psi(x)|^2 + \frac{1}{2} \sum_{g \in \mathbb{F}_{q^2}^* \backslash \mathbb{F}_q^*} (q^2 - q)|\psi(g) + \psi(g)^q|^2$$

$$= q^2(q-1)^2 \sum_{x \in \mathbb{F}_q^*} |\psi(x)|^2 + \frac{q^2 - q}{2} \sum_{g \in \mathbb{F}_{q^2}^* \backslash \mathbb{F}_q^*} \left(|\psi(g)|^2 + |\psi(g)^q|^2 + \psi(g)\overline{\psi(g)^q} + \overline{\psi(g)}\psi(g)^q \right)$$

$$= q^2(q-1)^2(q-1) + \frac{q^2 - q}{2}(q^2 - q + q^2 - q) + \frac{q^2 - q}{2} \sum_{g \in \mathbb{F}_{q^2}^* \backslash \mathbb{F}_q^*} \left(\psi(g)^{1-q} + \psi(g)^{q-1} \right).$$

这里第三个等式成立是由于 $\mathbb{F}_{q^2}^*$ 是循环群, 从而 ψ 的值都是单位根.

若 $\psi \neq \psi^q$, 则 $\sum\limits_{g \in \mathbb{F}_{q^2}^*} \psi(g)^{1-q} = 0$, 从而

$$\sum_{g \in \mathbb{F}_{q^2}^* \backslash \mathbb{F}_q^*} \left(\psi(g)^{1-q} + \psi(g)^{q-1} \right) = - \sum_{g \in \mathbb{F}_q^*} \left(\psi(g)^{1-q} + \psi(g)^{q-1} \right) = -2(q-1),$$

其中第二个等式是由于 $\mathbb{F}_q^*$ 是 $q - 1$ 阶循环群. 将这个结果代入到上面的求和式中, 我们得到 $(\chi_{\mathrm{Ind}\psi}, \chi_{\mathrm{Ind}\psi})_G = q - 1$.

若 $\psi = \psi^q$, 则 $\sum\limits_{g \in \mathbb{F}_{q^2}^*} \psi(g)^{1-q} = q^2 - 1$, 从而

$$\sum_{g \in \mathbb{F}_{q^2}^* \backslash \mathbb{F}_q^*} \left(\psi(g)^{1-q} + \psi(g)^{q-1} \right) = 2(q^2 - 1) - \sum_{g \in \mathbb{F}_q^*} \left(\psi(g)^{1-q} + \psi(g)^{q-1} \right) = 2(q^2 - q).$$

此时我们得到 $(\chi_{\mathrm{Ind}\psi}, \chi_{\mathrm{Ind}\psi})_G = q$. $\qquad\square$

为了得到不可约表示, 我们考虑形式特征标

$$\theta_i = \chi_{\rho_1^{(q)} \otimes \rho_{i1}^{(q+1)}} - \chi_{\rho_{i1}^{(q+1)}} - \chi_{\mathrm{Ind}\psi},$$

其中 $\rho_{i1}^{(q+1)} = \mathrm{Ind}\chi_i$ 是由 $\chi_i = \psi|_{\mathbb{F}_q^*}$ 诱导而得的. 下表给出了 θ_i 的值.

	$\left\{\begin{pmatrix} x & 0 \\ 0 & x \end{pmatrix}\right\}$	$\left\{\begin{pmatrix} x & 1 \\ 0 & x \end{pmatrix}\right\}$	$\left\{\begin{pmatrix} x & 0 \\ 0 & y \end{pmatrix}\right\}$	$\left\{\begin{pmatrix} x & \varepsilon y \\ y & x \end{pmatrix}\right\}$
θ_i	$(q-1)\chi_i(x)$	$-\chi_i(x)$	0	$-\psi(x+y\sqrt{\varepsilon})-\psi(x+y\sqrt{\varepsilon})^q$

引理 5.5.3　若 $\psi \neq \psi^q$, 则 $(\theta_i, \theta_i)_G = 1$ 且 $\theta_i(e) = q-1 > 0$.

证明　我们分别计算 $(\theta_i, \theta_i)_G$ 展开式中的每一项.

$$|G|(\chi_{\rho_1^{(q)} \otimes \rho_{i1}^{(q+1)}}, \chi_{\rho_1^{(q)} \otimes \rho_{i1}^{(q+1)}})_G$$

$$= \sum_{x \in \mathbb{F}_q^*} q^2(q+1)^2 |\chi_i(x)|^2 + \frac{1}{2} \sum_{x \neq y \in \mathbb{F}_q^*} (q^2+q)|\chi_i(x)+\chi_i(y)|^2$$

$$= q^2(q+1)^2(q-1) + \frac{(q^2+q)}{2} \sum_{x \neq y \in \mathbb{F}_q^*} (|\chi_i(x)|^2 + |\chi_i(y)|^2 + \overline{\chi_i(x)}\chi_i(y) + \chi_i(x)\overline{\chi_i(y)}),$$

其中的因子 $\dfrac{1}{2}$ 源自 $\begin{pmatrix} x & 0 \\ 0 & y \end{pmatrix}$ 与 $\begin{pmatrix} y & 0 \\ 0 & x \end{pmatrix}$ 共轭. 由 $\mathbb{F}_q^*$ 是循环群, 可知 χ_i 的值是单位根, 且 $\sum_{x \in \mathbb{F}_q^*} \chi_i(x) = 0$. 于是

$$\sum_{x \neq y \in \mathbb{F}_q^*} \overline{\chi_i(x)}\chi_i(y) = \sum_{y \in \mathbb{F}_q^*} \chi_i(y)\left(\sum_{x \neq y \in \mathbb{F}_q^*} \overline{\chi_i(x)}\right) = -\sum_{y \in \mathbb{F}_q^*} \chi_i(y)\overline{\chi_i(y)} = -(q-1).$$

从而

$$|G|(\chi_{\rho_1^{(q)} \otimes \rho_{i1}^{(q+1)}}, \chi_{\rho_1^{(q)} \otimes \rho_{i1}^{(q+1)}})_G = q^2(q+1)^2(q-1) + \frac{(q^2+q)}{2}(2(q-1)(q-2) - 2(q-1))$$

$$= (q-1)^2 q(q+1)(q+3).$$

故 $(\chi_{\rho_1^{(q)} \otimes \rho_{i1}^{(q+1)}}, \chi_{\rho_1^{(q)} \otimes \rho_{i1}^{(q+1)}})_G = q+3$.

类似地, 我们还可以得到

$$(\chi_{\rho_1^{(q)} \otimes \rho_{i1}^{(q+1)}}, \chi_{\rho_{i1}^{(q+1)}})_G = 2, \quad (\chi_{\rho_1^{(q)} \otimes \rho_{i1}^{(q+1)}}, \chi_{\mathrm{Ind}\psi})_G = q, \quad (\chi_{\rho_{i1}^{(q+1)}}, \chi_{\mathrm{Ind}\psi})_G = 1.$$

因此

$$(\theta_i, \theta_i)_G = (\chi_{\rho_1^{(q)} \otimes \rho_{i1}^{(q+1)}}, \chi_{\rho_1^{(q)} \otimes \rho_{i1}^{(q+1)}})_G + (\chi_{\rho_{i1}^{(q+1)}}, \chi_{\rho_{i1}^{(q+1)}})_G + (\chi_{\mathrm{Ind}\psi}, \chi_{\mathrm{Ind}\psi})_G -$$

$$2(\chi_{\rho_1^{(q)} \otimes \rho_{i1}^{(q+1)}}, \chi_{\rho_{i1}^{(q+1)}})_G - 2(\chi_{\rho_1^{(q)} \otimes \rho_{i1}^{(q+1)}}, \chi_{\mathrm{Ind}\psi})_G + 2(\chi_{\rho_{i1}^{(q+1)}}, \chi_{\mathrm{Ind}\psi})_G$$

$$= q+3+1+q-1-2\cdot 2-2q+2 = 1.$$

$\square$

由上述引理可知, θ_i 是某个维数为 $q-1$ 不可约复表示 $\rho_i^{(q-1)}$ 的特征标. 这个子表示是 $\rho_1^{(q)} \otimes \rho_{i1}^{(q+1)}$ 的子表示, 满足 $\rho_1^{(q)} \otimes \rho_{i1}^{(q+1)} \cong \rho_{i1}^{(q+1)} \oplus \mathrm{Ind}\psi \oplus \rho_i^{(q-1)}$. 由条件 $\psi \neq \psi^q$, 可知这样的表示 $\rho_i^{(q-1)}$ 共有 $\frac{1}{2}q(q-1)$ 个.

至此, 我们得到了若干系列不等价的不可约复表示: $q-1$ 个 1 维表示 $\rho_i^{(1)}$, $\frac{1}{2}(q-1)(q-2)$ 个 $q+1$ 维表示 $\rho_{jk}^{(q+1)}$, $q-1$ 个 q 维表示 $\rho_\ell^{(q)}$ 和 $\frac{1}{2}q(q-1)$ 个 $q-1$ 维表示 $\rho_m^{(q-1)}$. 直接验算可知这些不可约表示的维数平方和等于 $(q-1)^2 q(q+1) = |\mathrm{GL}_2(\mathbb{F}_q)|$. 因此它们是 $\mathrm{GL}_2(\mathbb{F}_q)$ 的所有不可约表示.

习题

1. 设 H 是有限群 G 的子群, φ 是 H 的表示的特征标. 证明:

$$\mathrm{Ker}(\mathrm{Ind}_H^G \varphi) = \bigcap_{g \in G} g(\mathrm{Ker}\varphi)g^{-1}.$$

2. 设 H 是有限群 G 的子群, (θ, W) 是 H 的表示,

$$V = \{f : G \to W \mid f(hx) = \theta(h)f(x), \forall h \in H, x \in G\}.$$

定义 G 在 V 上的作用为 $(\rho(g)f)(x) = f(xg)$. 证明: (ρ, V) 是 G 的表示, 并且 $\rho \cong \mathrm{Ind}_H^G \theta$.

3. 设 H 是有限群 G 的子群, ρ 是 H 的忠实表示, 证明: $\mathrm{Ind}_H^G \rho$ 是 G 的忠实表示.

4. 将 S_3(数字 1、2、3 的对称群) 视为 S_4(数字 1、2、3、4 的对称群) 的子群. 从 S_3 的 2 维不可约表示 ρ 可以诱导得到 S_4 的表示 $\mathrm{Ind}_{S_3}^{S_4}\rho$. 求 $\mathrm{Ind}_{S_3}^{S_4}\rho$ 关于 S_4 的不可约表示的直和分解.

5. 对有限群 G, 令 $D(G)$ 为 G 的不可约复表示的最大维数 (例如对有限循环群 G, $D(G) = 1$) 证明: 若 H 是有限群 G 的子群, 则 $D(H) \leqslant D(G)$.

6. 设 C 是有限群 G 的一个共轭类, H 是 G 的子群. 将 $C \cap H$ 分解为 H 的共轭类 $D_1, \cdots, D_m$ 的并. 证明: 若 θ 是 H 的表示, 则

$$\chi_{\mathrm{Ind}\theta}(C) = \frac{[G:H]}{|C|} \sum_{i=1}^m |D_i| \chi_\theta(D_i).$$

特别地, 若 θ 是 H 的平凡表示, 则 $\chi_{\mathrm{Ind}\theta}(C) = \dfrac{[G:H]}{|C|}|C \cap H|$.

7. 设 G 是非交换群, θ 是中心 $Z(G)$ 的不可约表示. 证明: $\mathrm{Ind}_{Z(G)}^G \theta$ 是 G 的可约表示.

8. 设 H 和 K 是 G 的子群, 满足 $G = HK$ 且 $H \cap K = \{e\}$. 证明: 对任意 H 的表示 ρ, $\mathrm{Res}_K^G(\mathrm{Ind}_H^G\rho)$ 可以分解为若干个 K 的左正则表示的直和.

9. 设 $G = \langle\, a, b \mid a^8 = e, a^4 = b^2, b^{-1}ab = a^{-1} \,\rangle$. 求 G 的特征标表.

10. 设 p, q 为素数, 且 $q \mid p - 1$. Frobenius 群 $F_{p,q}$ 是由以下生成元和关系定义的群.

$$\langle\, a, b \mid a^p = e, b^q = e, b^{-1}ab = a^u \,\rangle,$$

其中 u 是 $\mathbb{F}_p^*$ 中阶为 q 的元素. 求 $F_{p,q}$ 的特征标表.

11. 设 H 是有限群 G 的正规子群, 且 $A = G/H$ 是交换群. 又 ρ_1 和 ρ_2 是 G 的不可约复表示. 证明: $\mathrm{Res}_H^G\rho_1 = \mathrm{Res}_H^G\rho_2$ 当且仅当存在 A 的 1 维表示 χ, 使得 ρ_2 等价于 $\rho_1 \otimes \chi$. 这里 χ 是通过商映射 $\pi : G \to A$ 提升得到的 G 的表示.

12. 设 H 是有限群 G 的正规子群, 且 $A = G/H$ 是交换群, ρ 是 G 的有限维复表示. 证明:

$$\mathrm{Ind}_H^G(\mathrm{Res}_H^G\rho) = \bigoplus_{\chi \in \widehat{A}} \rho \otimes \chi.$$

这里 χ 取遍 A 的不等价不可约复表示, 并且通过商映射 $\pi : G \to A$ 提升成 G 的表示.

13. 设 p 是素数, 以下有限群 H_p 称为 Heisenberg (海森伯) 群:

$$H_p = \left\{ \begin{pmatrix} 1 & x & z \\ 0 & 1 & y \\ 0 & 0 & 1 \end{pmatrix} \mid x, y, z \in \mathbb{F}_p \right\}.$$

求 H_p 的特征标表.

第六章

实表示与复表示

本章我们通过群的实表示和复表示之间的关系, 给出不可约实表示和不可约复表示的分类. 我们还将介绍与复表示分类相关的 Frobenius-Schur 指标, 它是群表示的重要不变量.

6.1 实线性空间与复线性空间

在本章中, 我们将利用复表示的理论为基础研究实表示. 我们知道, 任何一个实线性空间都可以复化成一个相同维数的复线性空间. 反之, 如果 V 为一个有限维复线性空间, 取定 V 的一组基 $\{e_1, \cdots, e_n\}$, 则 $\{e_1, \cdots, e_n\}$ 的全体实线性组合可以组成一个 n 维实线性空间 V_0. 另一方面, 如果只考虑 V 的加法和实数与 V 中向量的数乘, 则 V 成为一个实线性空间, 且它的一组基为

$$\{e_1, \cdots, e_n, \mathrm{i}e_1, \cdots, \mathrm{i}e_n\}.$$

我们将这一实线性空间记为 $V_{\mathbb{R}}$, 则作为实线性空间我们有直和分解 $V_{\mathbb{R}} = V_0 + \mathrm{i}V_0$. 我们将 V_0 称为 V 的一个**实形式** (简称为实形). 从这里我们可以看出, 一个有限群的复表示与实表示之间存在非常密切的关系, 而这正是本章的主要内容.

若 V 是复 n 维线性空间, 它的一组基为 $\{e_1, \cdots, e_n\}$. 则 V 中的向量是 $\{e_j\}$ 的复系数线性组合,

$$\sum_{j=1}^{n} c_j e_j = \sum_{j=1}^{n}(a_j + b_j\mathrm{i})e_j = \sum_{j=1}^{n} a_j e_j + \sum_{j=1}^{n} b_j\mathrm{i}e_j, \quad c_j \in \mathbb{C}, a_j \in \mathbb{R}, b_j \in \mathbb{R}.$$

由此可知 V 也可看作是实 $2n$ 维线性空间, 一组基是 $\{e_1, \cdots, e_n, \mathrm{i}e_1, \cdots, \mathrm{i}e_n\}$. 记这个线性空间为 $V_{\mathbb{R}}$. 注意, 作为集合两者是一致的, $V_{\mathbb{R}} = V$.

记 $V_0 = \left\{ \sum_{j=1}^{n} a_j e_j | a_j \in \mathbb{R} \right\}$, 则它是 V 的一个实形. 注意, V_0 依赖于 V 的基的选取. 由 $V_{\mathbb{R}} = V_0 \oplus \mathrm{i}V_0$, 可知对 $v_1, v_2 \in V_0$, $\tau(v_1 + \mathrm{i}v_2) = v_1 - \mathrm{i}v_2$ 定义了类似于复共轭的映射 $\tau: V \to V$, 满足对任意 $x, y \in V$ 和 $c \in \mathbb{C}$,

$$\tau(x+y) = \tau(x) + \tau(y), \quad \tau(cx) = \bar{c}\tau(x), \quad \tau^2(x) = x.$$

一般地, 若映射 $\tau: V \to V$ 满足这些条件, 则称为 V 上的一个**共轭**.

命题 6.1.1 复线性空间的实形与共轭一一对应.

证明 我们已说明实形对应了一个共轭. 反之, 设 $\tau: V \to V$ 是一个共轭, 则 τ 是 $V_{\mathbb{R}}$ 的对合线性映射, 从而 $V_{\mathbb{R}} = W_0 \oplus W_1$, 其中 W_0 和 W_1 分别是 τ 的特征值 $+1$ 和 -1 的特征子空间. 此外, 由共轭的定义可知作为复线性空间 $W_1 = \mathrm{i}W_0$, 从而 W_0 是 V 的一个实形. $\qquad\square$

设 W 是实 n 维线性空间. 把复数域 $\mathbb{C}$ 看作以 $\{1, \mathrm{i}\}$ 为基的实 2 维线性空间, 则张量积空间 $W^{\mathbb{C}} = \mathbb{C} \otimes W$ 称为 W 的**复化**. 定义复数的数乘为 $c(z \otimes w) = cz \otimes w$, $c, z \in \mathbb{C}$ 和 $w \in W$. 从而 $W^{\mathbb{C}}$ 成为复线性空间. 设 $\{e_1, \cdots, e_n\}$ 是 W 的基, 则 $\{1 \otimes e_1, \cdots, 1 \otimes e_n\}$ 是 $W^{\mathbb{C}}$ 的基, 并且 $\dim_{\mathbb{C}} W^{\mathbb{C}} = \dim_{\mathbb{R}} W$. 由这些基的形式可知, W 是 $W^{\mathbb{C}}$ 的一个实形. 反之, 若 V_0 是复线性空间 V 的一个实形, 则 $V_0^{\mathbb{C}} \cong V$.

命题 6.1.2　设 W_1 和 W_2 是实线性空间, 则 $\mathrm{Hom}_{\mathbb{C}}(W_1^{\mathbb{C}}, W_2^{\mathbb{C}}) = \mathrm{Hom}_{\mathbb{R}}(W_1, W_2)^{\mathbb{C}}$, 进而有 $\dim_{\mathbb{C}} \mathrm{Hom}_{\mathbb{C}}(W_1^{\mathbb{C}}, W_2^{\mathbb{C}}) = \dim_{\mathbb{R}} \mathrm{Hom}_{\mathbb{R}}(W_1, W_2)$.

证明　这是因为 $T \in \mathrm{Hom}_{\mathbb{C}}(W_1^{\mathbb{C}}, W_2^{\mathbb{C}})$ 总可以写成 $T = T_1 + \mathrm{i} T_2$ 的形式, 其中 $T_1, T_2 \in \mathrm{Hom}_{\mathbb{R}}(W_1, W_2)$. 从而 $\mathrm{Hom}_{\mathbb{C}}(W_1^{\mathbb{C}}, W_2^{\mathbb{C}}) = \mathbb{C} \otimes \mathrm{Hom}_{\mathbb{R}}(W_1, W_2)$. □

6.2　实表示的复化和分类

下面我们将实表示复化成复表示, 并应用复表示的结果来讨论实表示的性质和分类. 设 (ρ, W) 是 G 的实表示, 即 W 是实线性空间, 在基 $\{e_1, \cdots, e_n\}$ 下, 对 $g \in G$, $\rho(g)(e_k) = \sum_{j=1}^{n} a_{jk} e_j$, 其中 $a_{jk} \in \mathbb{R}$. 设 $W^{\mathbb{C}}$ 是 W 的复化, 则它的基为 $\{1 \otimes e_1, \cdots, 1 \otimes e_n\}$. 定义 G 在 $W^{\mathbb{C}}$ 上的表示为, 对 $g \in G$,

$$\rho^{\mathbb{C}}(g)(1 \otimes e_k) = \sum_{j=1}^{n} a_{jk}(1 \otimes e_j).$$

我们将 $(\rho^{\mathbb{C}}, W^{\mathbb{C}})$ 称为 (ρ, W) 的**复化**. 注意, 两者的表示矩阵相同, 故特征标相等: $\chi_{\rho^{\mathbb{C}}} = \chi_{\rho}$.

命题 6.2.1　设 (ρ_1, W_1) 和 (ρ_2, W_2) 是 G 的实表示, 则

$$\mathrm{Hom}_G(W_1^{\mathbb{C}}, W_2^{\mathbb{C}}) \cong \mathrm{Hom}_G(W_1, W_2)^{\mathbb{C}}.$$

进而有 $\dim_{\mathbb{C}} \mathrm{Hom}_G(W_1^{\mathbb{C}}, W_2^{\mathbb{C}}) = \dim_{\mathbb{R}} \mathrm{Hom}_G(W_1, W_2)$.

证明　只要说明对 $T \in \mathrm{Hom}_{\mathbb{C}}(W_1^{\mathbb{C}}, W_2^{\mathbb{C}})$, T 与群作用 $\rho^{\mathbb{C}}(g)$ 交换当且仅当 T 的实部和虚部都和群作用 $\rho(g)$ 交换. 而这由 $\rho^{\mathbb{C}}(g)$ 的定义是显然的. □

一般地, 即使 (ρ, W) 是 G 的不可约实表示, $(\rho^{\mathbb{C}}, W^{\mathbb{C}})$ 也有可能是可约的复表示. 下面的定理借助复化 $(\rho^{\mathbb{C}}, W^{\mathbb{C}})$ 给出了不可约实表示的分类.

定理 6.2.1　(Frobenius – Schur)　设 (ρ, W) 是 G 的不可约实表示, 特征标为 χ, 则 $(\chi, \chi) = 1, 2$ 或 4.

(1) 若 $(\chi, \chi) = 1$, 则 $W^{\mathbb{C}}$ 是不可约复表示;

(2) 若 $(\chi, \chi) = 2$, 则 $W^{\mathbb{C}} = U \oplus \overline{U}$, 其中 U 和 $\overline{U}$ 是不等价的不可约复表示;

(3) 若 $(\chi, \chi) = 4$, 则 $W^{\mathbb{C}} = U \oplus \overline{U}$, 其中 U 和 $\overline{U}$ 是等价的不可约复表示.

证明 设 U 是 $W^{\mathbb{C}}$ 的非零不可约 G-不变子空间. 设 τ 是 $W^{\mathbb{C}}$ 上 W 对应的共轭, 则对任意 $g \in G$, $\rho^{\mathbb{C}}(g) \circ \tau = \tau \circ \rho^{\mathbb{C}}(g)$, 从而 $\overline{U} = \tau(U)$ 也是 $W^{\mathbb{C}}$ 的 G-不变子空间. 若 U_1 是 $\overline{U}$ 的 G-不变子空间, 则 $\tau(U_1) \subseteq \tau(\overline{U}) = U$ 是 U 的 G-不变子空间. 由于 U 是不可约的, 所以 $\overline{U}$ 也是 $W^{\mathbb{C}}$ 的不可约 G-不变子空间.

下面我们讨论 $U \cap \overline{U}$. 由于 U 和 $\overline{U}$ 都是不可约的, 所以 $U \cap \overline{U} = U = \overline{U}$ 或 $U \cap \overline{U} = \{0\}$. 若前者成立, 即 $\tau(U) = U$, 则考虑 $U_0 = \{u \in U \mid \tau(u) = u\} \neq \{0\}$. 这是 U 的实形, 对应的共轭为 $\tau|_U$. 它满足 $\rho^{\mathbb{C}}(g) \circ \tau|_U = \tau|_U \circ \rho^{\mathbb{C}}(g)$. 由 U 是 G-不变子空间, 可知 U_0 是 W 的 G-不变子空间, 进而由 W 不可约得到 $U_0 = W$. 于是 $U = U_0^{\mathbb{C}} = W^{\mathbb{C}}$. 即 $W^{\mathbb{C}}$ 是不可约复表示.

若 $U \cap \overline{U} = \{0\}$, 则考虑 $U \oplus \overline{U}$. 这是 $W^{\mathbb{C}}$ 的 G-不变子空间, 且 $\tau(U \oplus \overline{U}) = U \oplus \overline{U}$. 于是 $U \oplus \overline{U}$ 的实形 $U_2 = \{u \in U \oplus \overline{U} \mid \tau(u) = u\}$ 是 W 的 G-不变子空间. 由 W 不可约得到 $W = U_2$, 所以 $W^{\mathbb{C}} = U_2^{\mathbb{C}} = U \oplus \overline{U}$. 因此只有下面的三种情形:

(1) $W^{\mathbb{C}}$ 是不可约的, 则 $(\chi_\rho, \chi_\rho) = (\chi_{\rho^{\mathbb{C}}}, \chi_{\rho^{\mathbb{C}}}) = 1$.

(2) $W^{\mathbb{C}} = U \oplus \overline{U}$, 且 $U \not\cong \overline{U}$, 则

$$(\chi_\rho, \chi_\rho) = (\chi_{\rho^{\mathbb{C}}}, \chi_{\rho^{\mathbb{C}}}) = (\chi_U + \chi_{\overline{U}}, \chi_U + \chi_{\overline{U}}) = (\chi_U, \chi_U) + (\chi_{\overline{U}}, \chi_{\overline{U}}) = 2.$$

(3) $W^{\mathbb{C}} = U \oplus \overline{U}$, 且 $U \cong \overline{U}$, 则 $(\chi_\rho, \chi_\rho) = (\chi_{\rho^{\mathbb{C}}}, \chi_{\rho^{\mathbb{C}}}) = (2\chi_U, 2\chi_U) = 4(\chi_U, \chi_U)$ $= 4$. □

该定理把不可约实表示分成了 3 类. 应用 $\dim_{\mathbb{C}} \operatorname{Hom}_G(W^{\mathbb{C}}, W^{\mathbb{C}}) = \dim_{\mathbb{R}} \operatorname{Hom}_G(W, W)$, 并结合 $\operatorname{Hom}_G(W, W) = \mathbb{R}, \mathbb{C}$ 或 $\mathbb{H}$, 我们可以将以上 3 个类型分别命名为

(1) 实数型: $(\chi, \chi) = 1$, 等价于 $\operatorname{Hom}_G(W, W) = \mathbb{R}$;

(2) 复数型: $(\chi, \chi) = 2$, 等价于 $\operatorname{Hom}_G(W, W) = \mathbb{C}$;

(3) 四元数型: $(\chi, \chi) = 4$, 等价于 $\operatorname{Hom}_G(W, W) = \mathbb{H}$.

6.3 实特征标

群 G 的不可约复表示 (ρ, V) 称为可在 $\mathbb{R}$ 上实现, 如果存在 V 的一组基, 使得在这组基下, 对任意 $g \in G$, $\rho(g) \in \operatorname{GL}_n(\mathbb{R})$. 这等价于存在 V 的一个共轭 τ, 使得对任意 $g \in G$, $\rho(g) \circ \tau = \tau \circ \rho(g)$. 也就是 τ 对应的实形 V_0 是 G-不变子空间. 显然, 表示 ρ 可在 $\mathbb{R}$ 实现的一个必要条件是它的特征标 χ 取值是实数. 于是我们引入实特征标的概念.

定义 6.3.1   如果对所有 $g \in G$, $\chi(g) \in \mathbb{R}$, 那么 χ 称为**实特征标**.

命题 6.3.1   表示 ρ 的特征标 χ 是实特征标当且仅当 ρ 等价于其对偶表示 ρ^*.

证明 这是由于对 $g \in G$, $\chi_{\rho^*}(g) = \overline{\chi(g)}$, 所以 $\chi_\rho(g)$ 是实数当且仅当 $\chi_{\rho^*}(g) = \chi(g)$, 即 ρ^* 与 ρ 等价. □

我们先来讨论一下实特征标和共轭类的关系.

命题 6.3.2 有限群 G 的所有不可约复表示的特征标都是实特征标当且仅当对任意 $g \in G$, g 与 g^{-1} 共轭.

证明 设 G 的所有不可约复表示为 $\chi_1, \cdots, \chi_r$. 若对任意 $g \in G$, g 与 g^{-1} 共轭, 则 $\chi_i(g) = \chi_i(g^{-1}) = \overline{\chi(g)}$. 反之, 若任意 χ_i 都是实特征标, 则对 $g \in G$,

$$\sum_{i=1}^r \chi_i(g) \overline{\chi_i(g^{-1})} = \sum_{i=1}^r \chi_i(g)^2 > 0.$$

由第二正交关系, g 和 g^{-1} 在同一个共轭类中. □

由上述命题的结论, 我们引进实共轭类的概念. 群 G 的一个共轭类 C 称为**实共轭类**, 如果对任何 $g \in C$, 都有 $g^{-1} \in C$.

命题 6.3.3 在群 G 的不可约复表示中, 实特征标的个数等于实共轭类的个数.

证明 把特征标表看作一个矩阵 X, 那么交换 ρ 和 ρ^* 对应了 X 的行置换 P, 而交换 g 和 g^{-1} 的共轭类则对应了 X 的列置换 Q. 于是 $\mathrm{tr}(P)$ 等于实特征标的个数, $\mathrm{tr}(Q)$ 等于实共轭类的个数. 由 $\chi_{\rho^*}(g) = \overline{\chi(g)} = \chi(g^{-1})$ 可知, $PX = \overline{X} = XQ$. 所以 $\mathrm{tr}(P) = \mathrm{tr}(X^{-1}PX) = \mathrm{tr}(Q)$. □

命题 6.3.4 群 G 的阶 $|G|$ 是奇数当且仅当不可约复表示中没有非平凡的实特征标.

证明 设 $|G|$ 是奇数, 我们下面证明任意非单位元 g 都不与 g^{-1} 共轭, 从而推出 G 没有非平凡的实共轭类. 假设对某个非单位元 g, 存在 $h \in G$ 使得 $hgh^{-1} = g^{-1}$, 则 $hg^{-1}h^{-1} = (hgh^{-1})^{-1} = g$, 于是 $h^2gh^{-2} = hg^{-1}h^{-1} = g$. 设 $|G| = 2n - 1$, 则 $h^{2n} = h$, 且 $hgh^{-1} = h^{2n}gh^{-2n} = g$. 因此 $g^{-1} = g$, 即 g 的阶是 2. 因群中元素的阶必为群的阶的因子, 这与 $|G|$ 是奇数矛盾.

反之, 设 $|G|$ 是偶数, 则 G 有 2 阶元素 g, 即 $g = g^{-1}$, 从而 g 所在的共轭类是非平凡的实共轭类, 于是 G 有非平凡的实特征标. □

由此命题可知, 奇数阶群的非平凡不可约复表示都不能在 $\mathbb{R}$ 上实现.

6.4 复表示的分类

在 6.3 节中我们得到不可约复表示 ρ 可在 $\mathbb{R}$ 上实现的必要条件是 ρ 的特征标是实的, 也就是 ρ 与其对偶表示 ρ^* 等价. 所以我们需要进一步研究在 $\rho^* \cong \rho$ 的前提下, ρ 何

时可以在 $\mathbb{R}$ 上实现. 为此我们引进 $\rho^* \cong \rho$ 的一个等价条件. 先从线性空间的情形说起.

设 V 是 F 上线性空间, 我们在《代数学 (二)》中学过, V 的一个双线性函数 B 是二元函数 $B \times B \to F$, 满足对任意 $v_1, v_2, w_1, w_2 \in V$ 和 $a, b \in F$,

$$B(av_1 + bv_2, w_1) = aB(v_1, w_1) + bB(v_2, w_1),$$

$$B(v_1, aw_1 + bw_2) = aB(v_1, w_1) + bB(v_1, w_2).$$

双线性函数建立了线性空间与对偶空间的联系. 一方面, 由双线性函数 B 定义了线性映射 $\varphi_B : V \to V^*$, 即对 $v, w \in V$, $\varphi_B(v)(w) = B(v, w)$. 另一方面, 对线性映射 $\varphi : V \to V^*$, $B_\varphi(v, w) = \varphi(v)(w)$ 是双线性函数. 如果 φ_B 是单射, 即对任意 $w \in V$, $B(v, w) = 0$ 推出 $v = 0$, 那么该双线性函数 B 称为非退化的.

命题 6.4.1 设 V 是有限维线性空间, 则 $V \cong V^*$ 当且仅当 V 上有存在退化双线性函数.

证明 设 $\varphi : V \to V^*$ 是同构, 则 B_φ 是一个非退化双线性函数. 这是因为假设存在 $v_0 \in V$ 使得对任意 $w \in V$, $B(v_0, w) = 0$, 那么 $\varphi_B(v_0)$ 是 V 上的零函数, 由 φ 是同构可知 $v_0 = 0$.

反之, 若 B 是非退化双线性函数, 则 φ_B 是单射. 由于 $\dim V = \dim V^*$, 所以 φ_B 是同构. $\square$

设 (ρ, V) 是 G 的 F-表示, B 是 V 的双线性函数, 如果对任意 $g \in G$ 和 $v, w \in V$,

$$B(\rho(g)(v), \rho(g)(w)) = B(v, w),$$

那么 B 称为**G-不变双线性函数**.

命题 6.4.2 设 (ρ, V) 是群 G 的表示, 则 $\rho \cong \rho^*$ 当且仅当 V 上存在非退化 G-不变双线性函数.

证明 基于以上关于线性空间情形的命题, 我们只需要验证双线性函数 B 是 G-不变的, 这等价于 φ_B 是从 (ρ, V) 到 (ρ^*, V^*) 的缠结算子. 对 $g \in G$ 和 $v, w \in V$,

$$((\rho^*(g) \circ \varphi_B \circ \rho(g^{-1})(v))(w) = \rho^*(g)(\varphi_B(\rho(g^{-1})(v)))(w)$$

$$= \varphi_B(\rho(g^{-1})(v))(\rho(g^{-1})(w)) = B(\rho(g^{-1})(v), \rho(g^{-1})(w)),$$

因此 $\rho^*(g) \circ \varphi_B \circ \rho(g^{-1}) = \varphi_B$ 等价于 $B(\rho(g^{-1})(v), \rho(g^{-1})(w)) = B(v, w)$. $\square$

以下对不可约复表示 (ρ, V), 我们进一步讨论 V 上所有可能的非退化不变双线性函数.

命题 6.4.3 设 (ρ, V) 是群 G 的不可约复表示, 则

(1) V 上非零 G-不变双线性函数是非退化的;

(2) V 上非退化 G-不变双线性函数在差常数倍的意义下是唯一的;

(3) V 上非退化 G-不变双线性函数是对称的或反对称的.

证明　设 B 是 V 上非零 G-不变双线性函数, 则 φ_B 是从 ρ 到 ρ^* 的缠结算子. 由 (ρ, V) 是不可约复表示, 可知 (ρ^*, V^*) 也是不可约复表示. 由 Schur 引理可知, $\mathrm{Ker}(\varphi_B) = \{0\}$, 所以 B 是非退化的. 这证明了 (1).

若 B' 也是非退化 G-不变双线性函数, 则 $\varphi_B \circ \varphi_{B'}$ 是 V 到自身的缠结算子, 所以存在 $\lambda \in \mathbb{C}^*$, 使得 $\varphi_B \circ \varphi_{B'} = \lambda\mathrm{id}_V$, 即 $\varphi_B = \lambda\varphi_{B'}$ 且 $B = \lambda B'$. 因此 (2) 成立.

若 $B(v,w)$ 是非退化 G-不变双线性函数, 则 $B'(v,w) = B(w,v)$ 也是非退化 G-不变双线性函数. 于是存在 $\lambda \in \mathbb{C}^*$, 使得 $B(v,w) = \lambda B'(v,w) = \lambda B(w,v) = \lambda^2 B(v,w)$. 于是 $\lambda^2 = 1$, 从而 $B(v,w) = B(w,v)$ 或 $B(v,w) = -B(w,v)$. 因此 (3) 成立.　□

定理 6.4.1　设 (ρ, V) 是群 G 的不可约复表示.

(1) 若 V 上不存在非退化 G-不变双线性函数, 则 ρ 不能在 $\mathbb{R}$ 上实现;

(2) 若 V 上存在非退化 G-不变反对称双线性函数, 则 ρ 不能在 $\mathbb{R}$ 上实现;

(3) V 上存在非退化 G-不变对称双线性函数, 当且仅当 ρ 可在 $\mathbb{R}$ 上实现.

证明　(1) 若 V 上不存在非退化 G-不变双线性函数, 那么 $\rho^* \not\cong \rho$, 所以 ρ 不能在 $\mathbb{R}$ 上实现.

下证 (2) 和 (3). 首先, 复表示 (ρ, V) 上总存在 G 不变内积 $\langle v, w\rangle$, 也就是对 $c \in \mathbb{C}$,

$$\langle cv, w\rangle = c\langle v, w\rangle, \quad \langle v, cw\rangle = \bar{c}\langle v, w\rangle, \quad \langle v, w\rangle = \overline{\langle w, v\rangle}, \quad \langle v, v\rangle \geqslant 0,$$

并且对任意 $g \in G$, $\langle \rho(g)v, \rho(g)w\rangle = \langle v, w\rangle$. 设 $B(v,w)$ 是 V 上非退化 G-不变双线性函数, 则由 $B(v,w) = \langle v, \tilde{\tau}(w)\rangle$, 我们可以定义映射 $\tilde{\tau}: V \to V$, 满足对 $c \in \mathbb{C}$ 和 $g \in G$,

$$\tilde{\tau}(v+w) = \tilde{\tau}(v) + \tilde{\tau}(w), \quad \tilde{\tau}(cv) = \bar{c}\tilde{\tau}(v), \quad \rho(g) \circ \tilde{\tau} = \tilde{\tau} \circ \rho(g).$$

于是 $\tilde{\tau}^2$ 是 V 到自身的线性变换和缠结算子, 即 $\rho(g) \circ \tilde{\tau}^2 = \tilde{\tau}^2 \circ \rho(g)$. 由 Schur 引理, 存在 $\lambda \in \mathbb{C}$ 使得 $\tilde{\tau}^2 = \lambda\mathrm{id}_V$.

设 $B(v,w) = \varepsilon B(w,v)$, 其中 $\varepsilon = \pm 1$. 则对 $v \neq 0$,

$$\bar{\lambda}\langle v, v\rangle = \langle v, \tilde{\tau}^2(v)\rangle = B(v, \tilde{\tau}(v)) = \varepsilon B(\tilde{\tau}(v), v) = \varepsilon\langle \tilde{\tau}(v), \tilde{\tau}(v)\rangle.$$

由于 $\langle v, v\rangle > 0$ 和 $\langle \tilde{\tau}(v), \tilde{\tau}(v)\rangle > 0$, 所以 $\lambda \in \mathbb{R}$ 且 $\varepsilon\lambda > 0$. 令 $\tau = \frac{1}{\sqrt{|\lambda|}}\tilde{\tau}$, 则

$$\tau(v+w) = \tau(v) + \tau(w), \quad \tau(cv) = \bar{c}\tau(v), \quad \rho(g) \circ \tau = \tau \circ \rho(g), \quad \tau^2 = \varepsilon\mathrm{id}_V.$$

当 B 是对称双线性函数时, τ 是 V 的一个共轭, 从而 ρ 可在 $\mathbb{R}$ 上实现.

反之, 设 ρ 可在 $\mathbb{R}$ 上实现, 则存在 V 的一组基 $\{e_1, \cdots, e_n\}$, 使得在这组基下, 对任意 $g \in G$, $\rho(g) \in \mathrm{GL}(n, \mathbb{R})$. 令 V_0 是对应的实形, 即由 $\{e_1, e_2, \cdots, e_n\}$ 生成的实线性空间. 则 V_0 上的 G-不变内积 (x, y) 可扩充为 V 上的非退化 G-不变对称双线性函数 $B(v,w)$. 设 $v = \sum_{i=1}^n a_i e_i$ 和 $w = \sum_{j=1}^n b_j e_j$, 则 $B(v,w) = \sum_{i,j=1}^n a_i b_j (e_i, e_j)$. 定理证毕.　□

总结以上的结论我们得到, 有限群 G 的不可约复表示 (ρ, V) 可以分成三类:

(1) 实数型: V 上存在非退化 G-不变对称双线性函数, 等价于 ρ 能在 $\mathbb{R}$ 上实现;

(2) 复数型: V 上不存在非退化 G-不变双线性函数;

(3) 四元数型: V 上存在非退化 G-不变反对称双线性函数.

在 6.2 节中, 不可约实表示也被分成了三种类型. 它们与不可约复表示的分类有着对应的关系. 这样的关系可以用复表示的限制来说明. 设 V 是复 n 维线性空间, V_0 是它的一个实形. 将 V 看成实线性空间得到实 $2n$ 维线性空间 $V_{\mathbb{R}}$, 则 $V_{\mathbb{R}} = V_0 \oplus iV_0$. 设 T 为 V 上的复线性变换, 则 T 成为 $V_{\mathbb{R}}$ 上的实线性变换 $T_{\mathbb{R}}$, 此时我们有 $T_1, T_2 \in \text{End}_{\mathbb{R}}(V_0)$, 使得 $T_{\mathbb{R}}$ 的矩阵为

$$T_{\mathbb{R}} = \begin{pmatrix} T_1 & -T_2 \\ T_2 & T_1 \end{pmatrix}.$$

设 (ρ, V) 是 G 的复表示, 我们对所有复线性变换 $\rho(g)$ 做这样的限制, 则得到 G 的实表示 $(\rho_{\mathbb{R}}, V_{\mathbb{R}})$. 下面的命题给出了不可约实表示分类和不可约复表示分类的对应关系. 证明留作练习.

命题 6.4.4　设 (ρ, V) 是有限群 G 的不可约复表示. 则

(1) (ρ, V) 是实数型的当且仅当 V 有实数型不可约实形 V_0, 此时 $V_{\mathbb{R}} \cong V_0 \oplus V_0$;

(2) (ρ, V) 是复数型的当且仅当 $V_{\mathbb{R}}$ 是复数型不可约实表示;

(3) (ρ, V) 是四元数型的当且仅当 $V_{\mathbb{R}}$ 是四元数型不可约实表示.

6.5　Frobenius-Schur 指标

下面我们使用特征标来分析不可约复表示上 G-不变双线性函数的存在性. 首先, 对于有限维表示 (ρ, V), 双线性函数组成的线性空间为 $(V \otimes V)^*$, 通过到它的 G-不变子空间的投影, 我们得到 G-不变双线性函数组成的线性空间为

$$B(V) = \frac{1}{|G|} \sum_{g \in G} \rho_{(V \otimes V)^*}(g)((V \otimes V)^*).$$

类似地, 设 $S^2 V$ 为对称张量空间, $\wedge^2 V$ 为反对称张量空间, 则 G-不变对称和反对称双线性函数组成的线性空间分别为

$$S(V) = \frac{1}{|G|} \sum_{g \in G} \rho_{(S^2 V)^*}(g)((S^2 V)^*), \quad \wedge(V) = \frac{1}{|G|} \sum_{g \in G} \rho_{(\wedge^2 V)^*}(g)((\wedge^2 V)^*).$$

因为 $\chi_{S^2 V}(g) = \frac{1}{2}(\chi(g)^2 + \chi(g^2))$ 且 $\chi_{\wedge^2 V}(g) = \frac{1}{2}(\chi(g)^2 - \chi(g^2))$, 所以我们得到这两种双线性函数空间的维数分别为

$$\dim \mathrm{S}(V) = \frac{1}{2|G|} \sum_{g \in G} (\chi(g)^2 + \chi(g^2)), \qquad \dim \wedge(V) = \frac{1}{2|G|} \sum_{g \in G} (\chi(g)^2 - \chi(g^2)).$$

由命题 6.4.3 可知, 若 (ρ, V) 为不可约复表示, 则 $\dim \mathrm{B}(V) = \dim \mathrm{S}(V) = 1$ 或 $\dim \mathrm{B}(V) = \dim \wedge(V) = 1$.

<u>定义 6.5.1</u>   设 χ 是表示 (ρ, V) 的特征标, 则

$$s(\rho) = \frac{1}{|G|} \sum_{g \in G} \chi(g^2)$$

称为 (ρ, V) 的 **Frobenius-Schur 指标**.

由此定义可知, $s(\rho) = \dim \mathrm{S}(V) - \dim \wedge(V)$. 从而我们得到以下用 Frobenius-Schur 指标来判别不可约复表示类型的定理.

定理 6.5.1   设 (ρ, V) 是群 G 的复不可约表示.
(1) V 上不存在非退化 G-不变双线性函数当且仅当 $s(\rho) = 0$;
(2) V 上存在非退化 G-不变反对称双线性函数当且仅当 $s(\rho) = -1$;
(3) V 上存在非退化 G-不变对称双线性函数当且仅当 $s(\rho) = 1$.

例 6.5.1   我们已经看到, D_4 和 Q_8 这两个群有相同的特征标表. 特别的, 它们都有一个 2 维不可约复表示. 对 D_4, 它的 2 维不可约复表示 ρ_{D_4} 的 Frobenius-Schur 指标为 $s(\rho_{D_4}) = 1$. 我们确实也看到了这个不可约表示的表示矩阵均为实矩阵. 而对 Q_8, 它的 2 维不可约复表示 ρ_{Q_8} 的 Frobenius-Schur 指标为 $s(\rho_{Q_8}) = -1$, 所以 Q_8 的 2 维不可约复表示不能等价为实表示.

我们有以下 Frobenius-Schur 指标的计数性质.

命题 6.5.1   设 $\theta(g) = |\{h \in G \mid h^2 = g\}|$, 则 $\theta(g) = \sum_{\rho \in \widehat{G}} s(\rho) \chi_\rho(g)$.

证明   容易验证 $\theta(g)$ 是 G 的类函数. 由于不可约复表示特征组成类函数空间的标准正交基, 我们得 $\theta = \frac{1}{|G|} \sum_{\rho \in \widehat{G}} a_\rho \chi_\rho$, 其中 $a_\rho \in \mathbb{C}$. 于是

$$a_\rho = \frac{1}{|G|} \sum_{g \in G} \theta(g) \chi_\rho(g) = \frac{1}{|G|} \sum_{g \in G} \sum_{h^2 = g} \chi_\rho(h^2) = \frac{1}{|G|} \sum_{h \in G} \chi_\rho(h^2) = s(\rho).$$

$\square$

推论 6.5.1 $|\{h \in G \mid h^2 = e\}| = \sum_{\rho \in \mathrm{Irr}(G)} s(\rho) \chi_\rho(e)$. 特别地, 设 t 是 G 的 2 阶元的个数, ρ_0 是 1 维平凡表示. 则有 $t = \sum_{\rho_0 \neq \rho \in \mathrm{Irr}(G)} s(\rho) \chi_\rho(e)$.

下面我们用这个 2 阶元的计数公式来证明群论中的一些结果.

命题 6.5.2   设 t 是有限群 G 的 2 阶元的个数. 则存在非单位元 g, 使得

$$|C_g| \leqslant \left(\frac{|G| - 1}{t} \right)^2,$$

其中 C_g 是 g 所在的共轭类.

证明   设 r 是 G 的共轭类的个数. 由推论 6.5.1 以及 $s(\rho) \in \{-1,0,1\}$, 可得 $t \leqslant \sum\limits_{\rho_0 \neq \rho \in \mathrm{Irr}(G)} \chi_\rho(e)$. 于是由 Cauchy-Schwarz (柯西-施瓦茨) 不等式, 我们得到

$$t^2 \leqslant \left(\sum_{\rho_0 \neq \rho \in \mathrm{Irr}(G)} \chi_\rho(e) \right)^2 \leqslant \left(\sum_{\rho_0 \neq \rho \in \mathrm{Irr}(G)} 1^2 \right) \left(\sum_{\rho_0 \neq \rho \in \mathrm{Irr}(G)} \chi_\rho(e)^2 \right) = (r-1)(|G|-1).$$

假设对 G 的所有非单位元 g, 均有 $|C_g| > \left(\dfrac{|G|-1}{t} \right)^2$. 那么由以上不等式, 有

$$|C_g| > \left(\frac{|G|-1}{t} \right)^2 \geqslant \frac{|G|-1}{r-1}.$$

这可以推出, G 中非单位元的总数不少于 $|C_g|(r-1) > |G|-1$, 得出矛盾. 因此存在非单位元 $g \in G$, 使得 $|C_g| \leqslant \left(\dfrac{|G|-1}{t} \right)^2$. $\qquad\square$

定理 6.5.2 (Brauer-Fowler (布劳尔-福勒))   给定正整数 n, 设 $\mathcal{F}_n$ 是一个由满足下列两个条件的单群的同构类组成的集合: (1) 任何一个群都是非交换有限群; (2) 在这样的群中存在 2 阶元 u, 使其中心化子 $C_G(u)$ 的阶数为 n. 则 $\mathcal{F}_n$ 有限集.

证明   设 G 是非交换有限单群, u 是 G 的 2 阶元, 满足 $|C_G(u)| = n$. t 是 G 中 2 阶元的个数. 由于 u 的共轭类 C_u 中都是 2 阶元, 所以 $t \geqslant |C_u| = \dfrac{|G|}{n}$. 由命题 6.5.2 可知, 存在非单位元 g, 使得 $|C_G(g)| \leqslant \left(\dfrac{|G|-1}{t} \right)^2 \leqslant \left(\dfrac{|G|-1}{|G|} n \right)^2 < n^2$. 故 G 在共轭类 C_g 上的共轭作用可视为含有 n^2-1 个元素的集合上的置换, 于是我们得到群同态 $G \to S_{n^2-1}$. 这里 S_{n^2-1} 是 n^2-1 阶对称群. 因为 G 是非交换有限单群, 所以这个同态是单射. 也就是说, G 同构于 S_{n^2-1} 的某个子群. 从而对给定的正整数 n, 集合 $\mathcal{F}_n$ 是有限集. $\qquad\square$

基于上述定理, Brauer 制定了分类有限单群的计划: 首先刻画 2 阶元中心化子的特征, 从而确定哪些群 C 能够成为 2 阶元中心化子; 接下来求出所有以 C 为 2 阶元中心化子的有限单群.

习题

1. 设群 G 的阶数是奇数, c 是 G 的共轭类的数目. 证明: $|G| \equiv c \pmod{16}$.
2. 证明: 对称群 S_n 的不可约表示特征标都是实特征标.

3. 设群 A 在集合 $\mathrm{Irr}(G)$ 和 G 的共轭类集合 $\mathcal{C}_G$ 上都有群作用, 满足对任意 $a \in A, \rho \in \mathrm{Irr}(G)$ 和 $C \in \mathcal{C}_C$,

$$(\chi_{ap})(aC) = \chi_p(C).$$

证明: $|\{\rho \in \mathrm{Irr}(G) \mid \chi_{a\rho} = \chi_\rho, \forall a \in A\}| = |\{C \in \mathcal{C}_G \mid aC = C, \forall a \in A\}|.$

4. 设 (ρ, V) 是有限群 G 的不可约复表示, 证明:

(1) (ρ, V) 是实数型的当且仅当 V 有实数型不可约实形 V_0, 此时 $V_{\mathbb{R}} \cong V_0 \oplus V_0$;

(2) (ρ, V) 是复数型的当且仅当 $V_{\mathbb{R}}$ 是复数型不可约实表示;

(3) (ρ, V) 是四元数型的当且仅当 $V_{\mathbb{R}}$ 是四元数型不可约实表示.

5. 设 G 是有限非交换群, $|G| = 155$, 求 G 的共轭类的个数.

6. 在第五章习题 4 中, 我们得到了正四面体群 T 的二重覆盖群 T^* 的不可约复表示. 决定这些不可约复表示中哪些能在 $\mathbb{R}$ 上实现.

7. 设 (ρ, V) 是有限群 G 的四元数型不可约复表示, 证明:

(1) $\dim V$ 是偶数;

(2) 设 $\dim V = 2n$, 则存在 V 的一组基, 使得对任意 $g \in G$, $\rho(g) \in \mathrm{Sp}(n)$. 这里 $\mathrm{Sp}(n)$ 为辛群:

$$\mathrm{Sp}(n) = \left\{ \begin{pmatrix} A & -\bar{B} \\ B & \bar{A} \end{pmatrix} \in U(2n) \,\middle|\, A, B \in \mathbb{C}^{n \times n} \right\}.$$

8. 设 t 是 G 的 2 阶元的数目, ρ 是 G 的不可约复表示. 证明 $\dim \rho \leqslant \dfrac{|G|-1}{t}$.

9. 已知亏格为 k 的不可定向闭曲面 Σ_k 的基本群为 $\pi_1(\Sigma_k) = \langle a_1, a_2, \cdots, a_k \mid a_1^2 a_2^2 \cdots a_k^2 = e \rangle$. 证明: 从 $\pi_1(\Sigma_k)$ 到有限群 G 的同态个数为

$$|\mathrm{Hom}(\pi_1(\Sigma_k), G)| = |G| \sum_{i=1}^{r} S(\chi_i)^k \left(\frac{|G|}{\chi_i(e)} \right)^{k-2},$$

其中 $\chi_1, \cdots, \chi_r$ 是 G 的所有不等价不可约复表示的特征标, $S(\chi_i)$ 是对应的 Frobenius-Schur 指数.

第七章

李群与李代数的
表示简介

本章我们将简要介绍李群表示的基本概念和基本性质. 李群是现代数学中的重要核心领域之一, 是代数学、拓扑学、微分几何等多个领域相关知识的高度综合, 因此应用极其广泛. 李群理论主要包括结构理论、表示理论及其在其他重要领域的应用, 等等, 其中李群的表示是当今数学研究中的热点领域之一, 与调和分析、自守形式、数论和 Langlands 纲领等现代数学中非常活跃的领域联系密切.

李代数的表示是李群表示的基础, 因此本章我们先介绍李代数的表示, 然后介绍李群的表示.

7.1 李代数的表示

本节我们介绍李代数表示的基本知识. 表示理论是现代数学中重要的研究课题, 而且应用广泛. 在李代数的理论中, 表示理论不但本身是一个重要分支, 而且经常是解决一些重要问题的基本工具. 例如, 半单李代数的分类的出发点就是 3 维李代数的表示的结构和分类.

为了读者方便, 我们先介绍李代数的定义和一些基本性质.

定义 7.1.1 设 $\mathfrak{g}$ 为域 F 上的线性空间, 并且在 $\mathfrak{g}$ 上定义了二元运算 $\mathfrak{g} \times \mathfrak{g} \to \mathfrak{g}$, 记为 $(x, y) \mapsto [x, y]$, 满足条件:

(1) 双线性性: $[x, y]$ 对 x 和 y 都是线性的;

(2) 反交换性: 对所有 $x \in \mathfrak{g}$, $[x, x] = 0$;

(3) Jacobi 恒等式: 对任何 $x, y, z \in \mathfrak{g}$, $[x, [y, z]] + [y, [z, x]] + [z, [x, y]] = 0$,

则称 $\mathfrak{g}$ 为域 F 上的**李代数**. 李代数 $\mathfrak{g}$ 称为交换 (或 Abel) 的, 如果 $[x, y] = 0, \forall x, y \in \mathfrak{g}$. 一个李代数 $\mathfrak{g}$ 的维数就是 $\mathfrak{g}$ 作为线性空间的维数.

李代数中的双线性映射 $[,]$ 一般称为**李括号运算**.

显然, 给定任意线性空间 V, 定义 $[x, y] = 0$, 则 V 成为一个交换李代数. 作为一个练习, 读者可以自己证明, 如果 $\mathfrak{g}$ 为域 F 上的非交换 2 维李代数, 那么一定存在 $\mathfrak{g}$ 作为线性空间的一组基 x, y, 使得 $[x, y] = y$.

作为一种代数结构, 我们自然可以定义李代数的子代数、理想、商代数等概念, 也可以定义李代数之间的同态与同构. 我们略去其细节, 感兴趣的读者可以参考文献 [13].

李代数理论最重要的组成部分是结构理论和表示理论, 而幂零李代数与可解李代数在其中扮演着非常重要的角色. 我们先给出可解与幂零李代数的定义并介绍其基本性质.

定义 7.1.2 设 $\mathfrak{g}$ 为李代数, 对于 $\mathfrak{g}$ 的两个子代数 $\mathfrak{h}, \mathfrak{k}$, 我们令 $[\mathfrak{h}, \mathfrak{k}]$ 为所有形如 $[x, y]$, $x \in \mathfrak{h}, y \in \mathfrak{k}$ 的元素的有限线性组合组成的集合. 容易看出 $[\mathfrak{g}, \mathfrak{g}]$ 是 $\mathfrak{g}$ 的理想, 称为 $\mathfrak{g}$ 的**导代数**. 归纳定义 $\mathfrak{g}^{(0)} = \mathfrak{g}$, $\mathfrak{g}^{(1)} = [\mathfrak{g}, \mathfrak{g}]$, $\mathfrak{g}^{(i)} = [\mathfrak{g}^{(i-1)}, \mathfrak{g}^{(i-1)}]$, $i = 2, 3, \cdots$. 则

$\mathfrak{g}^{(i)}$, $i = 0, 1, 2, \cdots$, 都是 $\mathfrak{g}$ 的理想, 称为 $\mathfrak{g}$ 的**导出列**. 称李代数 $\mathfrak{g}$ 为**可解李代数**, 如果存在正整数 k 使得 $\mathfrak{g}^{(k)} = \{0\}$.

类似地, 我们定义 $\mathfrak{g}^0 = \mathfrak{g}$, $\mathfrak{g}^1 = [\mathfrak{g}, \mathfrak{g}]$, $\mathfrak{g}^i = [\mathfrak{g}, \mathfrak{g}^{(i-1)}]$, $i = 2, 3, \cdots$, 则 $\mathfrak{g}^i$, $i = 0, 1, 2, \cdots$, 都是 $\mathfrak{g}$ 的理想, 称为 $\mathfrak{g}$ 的**降中心列**. 称李代数 $\mathfrak{g}$ 为**幂零李代数**, 如果存在正整数 k 使得 $\mathfrak{g}^k = \{0\}$.

容易看出, 对任何 $i \geqslant 0$, 我们有 $\mathfrak{g}^{(i)} \subseteq \mathfrak{g}^i$, 因此一个幂零李代数一定是可解的, 但是反过来的结论是不对的. 事实上, 前面提到的 2 维非交换李代数显然是可解的, 但它不是幂零的.

幂零李代数和可解李代数的基本性质可以参考文献 [15], 我们这里只给出非常重要的 Engel (恩格尔) 定理和 Lie (李) 定理. 设 $\mathfrak{g}$ 是域 F 上的幂零李代数, 容易看出, 存在自然数 k 使得对任何 $x_1, x_2, \cdots, x_k \in \mathfrak{g}$, 都有 $\mathrm{ad}x_1\mathrm{ad}x_2 \cdots \mathrm{ad}x_k = 0$. 特别地, 对任何 $x \in \mathfrak{g}$, $\mathrm{ad}x$ 一定是 $\mathfrak{g}$ 上的幂零线性变换. 满足这样的条件的李代数称为 **ad-幂零**的.

定理 7.1.1 (Engel 定理)　设 $\mathfrak{g}$ 为域 F 上李代数, 则 $\mathfrak{g}$ 是幂零李代数当且仅当 $\mathfrak{g}$ 是 ad-幂零的.

容易看出, 若 V 为有限维线性空间, $\mathfrak{gl}(V)$ 为 V 上全体线性变换组成的集合, 则 $\mathfrak{gl}(V)$ 在括号运算 $[A, B] = AB - BA$ 下成为一个李代数, 称为 V 上的一般线性李代数.

定理 7.1.2 (Lie 定理)　设 F 为特征为零的代数闭域, V 为 F 上的有限维线性空间, $\mathfrak{g}$ 为 $\mathfrak{gl}(V)$ 的可解子代数, 则存在 V 的一组基 $\{\varepsilon_1, \varepsilon_2, \cdots, \varepsilon_n\}$, 使得对任何 $x \in \mathfrak{g}$, x 在基 $\{\varepsilon_1, \varepsilon_2, \cdots, \varepsilon_n\}$ 下的矩阵为上三角形矩阵.

下面我们简单介绍一下特征为零的代数闭域上的半单李代数的分类结果, 这里所有相关的结论与复半单李代数的情形完全一样, 因此对于一般域不太熟悉的读者可以当作复数域的情形来理解. 历史上, 复半单李代数的分类最早是由 Killing 和 Cartan 完成的, 并由 Dynkin 等进行了简化. 相对而言, 实半单李代数的分类更加复杂, 由包括 Cartan, Gantmach (甘特马赫), Satake (佐武一郎), 严志达等人完成. 半单李代数的理论是十分优美的, 而且应用十分广泛.

我们首先给出一般域上的半单李代数的定义. 设 F 为域, $\mathfrak{g}$ 为 F 上的李代数, 因为任何两个可解理想的和还是可解理想, 所以 $\mathfrak{g}$ 中一定存在一个最大的可解理想, 称为 $\mathfrak{g}$ 的**根基**, 记为 $\mathrm{Rad}\mathfrak{g}$. 称一个非零李代数 $\mathfrak{g}$ 为**半单李代数**, 如果 $\mathrm{Rad}\mathfrak{g} = \{0\}$. 可以证明

引理 7.1.1　一个李代数 $\mathfrak{g}$ 半单当且仅当 $\mathfrak{g}$ 不包含非零交换理想.

下面的 Levi (莱维) 分解定理非常重要, 因为它将特征为零的代数闭域上的李代数的分类归结为半单李代数与可解李代数的分类.

定理 7.1.3 (Levi 分解定理)　设 $\mathfrak{g}$ 为特征为零的代数闭域上的李代数, 则有分解 $\mathfrak{g} = \mathfrak{s} + \mathfrak{r}$(空间直和), 其中 $\mathfrak{s}$ 为半单李代数, $\mathfrak{r}$ 为 $\mathfrak{g}$ 的根基.

为了给出半单李代数的更加方便的判别方法, 我们引进一般李代数的 **Killing 型** (或 **Cartan-Killing 型**) 的定义. 设 $\mathfrak{g}$ 为李代数, 我们定义

$$B(x, y) = \text{tr}(\text{ad}x \, \text{ad}y), \quad x, y \in \mathfrak{g}.$$

容易看出 B 是 $\mathfrak{g}$ 上的对称双线性函数, 称为 $\mathfrak{g}$ 的 **Killing 型** (或 **Cartan-Killing 型**). 值得注意的是, 除了双线性性和对称性外, Killing 型还满足条件 (称为不变性)

$$B([x, y], z) + B(y, [x, z]) = 0, \quad \forall x, y, z \in \mathfrak{g}.$$

定理 7.1.4　设 F 为特征为零的代数闭域, $\mathfrak{g}$ 为 F 上的李代数, 则 $\mathfrak{g}$ 是半单的当且仅当其 Killing 型是非退化的.

下面我们简单介绍一下特征为零的代数闭域上的半单李代数的分类结果. 一个李代数 $\mathfrak{g}$ 称为**单李代数**, 如果 $\mathfrak{g}$ 没有非平凡理想而且 $[\mathfrak{g}, \mathfrak{g}] \neq 0$. 显然, 单李代数一定是半单的. 一般地, 我们有

定理 7.1.5　任何一个半单李代数都能分解成单理想的直和. 如果不计顺序, 则分解是唯一的.

这个定理将半单李代数的分类问题归结为单李代数的分类, 而特征为零的代数闭域上的单李代数的分类早在 20 世纪初就已经完成. 我们简要叙述这方面的结果. 需要指出的是, 虽然半单李代数的分类早已完成, 但可解李代数的结构非常复杂, 因此李代数的完全分类还远远没有完成.

为了弄清楚半单李代数的结构, 我们需要引进 Cartan 子代数的概念以及根空间分解的若干结论. 以下假设 F 为一个特征为零的代数闭域.

定义 7.1.3　设 $\mathfrak{g}$ 为 F 上的半单李代数. $\mathfrak{g}$ 的子代数 $\mathfrak{h}$ 称为**环面子代数**, 如果对任意的 $x \in \mathfrak{h}$, $\text{ad}x$ 是 $\mathfrak{g}$ 上的半单线性变换. 一个环面子代数称为**极大环面子代数**, 如果它不真包含于另一个环面子代数.

容易证明上述定义中的环面子代数一定是交换的. 一般地, 一个李代数 $\mathfrak{g}$ 中的子代数 $\mathfrak{h}$ 称为一个 **Cartan 子代数**, 如果 $\mathfrak{h}$ 满足条件:

(1) $\mathfrak{h}$ 是幂零李代数;

(2) $\mathfrak{h}$ 是自正规的, 即 $N_{\mathfrak{g}}(\mathfrak{h}) = \mathfrak{h}$;

(3) $\mathfrak{h}$ 是满足 (1), (2) 的极大子代数, 即不存在满足的 (1), (2) 的子代数 $\mathfrak{k}$ 使得 $\mathfrak{h} \subset \mathfrak{k}$ 且 $\mathfrak{h} \neq \mathfrak{k}$.

定理 7.1.6　设 $\mathfrak{g}$ 为 F 上的半单李代数. 则一个子代数 $\mathfrak{h}$ 是 $\mathfrak{g}$ 的 Cartan 子代数当且仅当其为 $\mathfrak{g}$ 的极大环面子代数.

现在设 $\mathfrak{h}$ 是 $\mathfrak{g}$ 的一个 Cartan 子代数, 则 $\text{ad}x$, $x \in \mathfrak{h}$ 是 $\mathfrak{g}$ 上交换的半单线性变换, 因此可以同时对角化. 这说明 $\mathfrak{g}$ 可以分解成

$$\mathfrak{g} = \sum_{\alpha \in \mathfrak{h}^*} \mathfrak{g}_\alpha,$$

其中 $\mathfrak{g}_\alpha = \{x \in \mathfrak{g} | [h, x] = \alpha(h)x, \forall h \in \mathfrak{h}\}$. 利用半单李代数的性质可以证明, $\mathfrak{g}_0 = C_{\mathfrak{g}}(\mathfrak{h}) = \mathfrak{h}$. 集合 $\Phi = \{\alpha \in \mathfrak{h}^*, \alpha \neq 0 | \mathfrak{g}_\alpha \neq 0\}$ 称为 $\mathfrak{g}$ 相对于 $\mathfrak{h}$ 的**根系**, Φ 中的元素称

为 $\mathfrak{g}$ 相对于 $\mathfrak{h}$ 的**根**. 一般我们将上面的分解写成

$$\mathfrak{g} = \mathfrak{h} + \sum_{\alpha \in \Phi} \mathfrak{g}_\alpha, \tag{7.1}$$

并将这一分解称为 $\mathfrak{g}$ 相对于 $\mathfrak{h}$ 的**根空间分解**.

利用半单李代数的 Killing 型的非退化性容易证明, $\mathfrak{g}$ 的 Killing 型在 $\mathfrak{g}$ 上的限制是非退化的, 因此对任意 $\beta \in \mathfrak{h}^*$, 存在唯一的 $t_\beta \in \mathfrak{h}$, 使得

$$\beta(h) = B(t_\beta, h), \forall h \in \mathfrak{h}.$$

下面我们列出根系与根空间分解的若干性质. 需要指出的是, 因为 F 的特征为零, 因此其包含的素域与有理数域 $\mathbb{Q}$ 同构, 因此我们不妨设有理数域就包含在 F 中. 特别地, 整数环 $\mathbb{Z}$ 可以看成是 F 的子环.

1. 对任意 $\alpha \in \Phi$, $x \in \mathfrak{g}_\alpha$, $y \in \mathfrak{g}_{-\alpha}$, $[x, y] = B(x, y)t_\alpha$.

2. 对任何 $\alpha \in \Phi$, 有 $-\alpha \in \Phi$, 而且 $\dim \mathfrak{g}_\alpha = 1$.

3. 在根子空间分解 (7.1) 中, $\mathfrak{h}$ 的对偶空间 $\mathfrak{h}^*$ 可由 Φ 中元素线性张成.

4. 对任意 $\alpha \in \Phi$, $[\mathfrak{g}_\alpha, \mathfrak{g}_{-\alpha}]$ 是 $\mathfrak{h}$ 中的 1 维线性子空间, 且 t_α 是其一组基.

5. 对任意 $\alpha \in \Phi$, 以及非零 $x_\alpha \in \mathfrak{g}_\alpha$, 存在 $y_\alpha \in \mathfrak{g}_{-\alpha}$ 使得 $x_\alpha, y_\alpha, h_\alpha = [x_\alpha, y_\alpha]$ 线性张成 $\mathfrak{g}$ 的一个 3 维单李子代数.

6. 若 $\alpha \in \Phi$, $c \in F$ 且 $c\alpha \in \Phi$, 则 $c = \pm 1$.

7. 如果 $\alpha, \beta \in \Phi$, 则 $\beta(h_\alpha) \in \mathbb{Z}$. 称 $\beta(h_\alpha)$ 为 Cartan **整数**.

8. 设 $\alpha, \beta \in \Phi$ 且 $\beta \neq \pm\alpha$. 以 r, q 分别表示使得 $\beta - r\alpha$, $\beta + q\alpha$ 是根的最大整数, 则对任意 $-r \leqslant i \leqslant q$, $\beta + i\alpha \in \Phi$, 且 $\beta(h_\alpha) = r - q$. 由根 $\beta - r\alpha, \cdots, \beta, \cdots, \beta + q\alpha$ 成的链称为**过 β 的 α 链**. 特别地, $\beta - \beta(h_\alpha)\alpha \in \Phi$.

9. 若 $\alpha, \beta \in \Phi$, 且 $\alpha + \beta \in \Phi$, 则 $[\mathfrak{g}_\alpha, \mathfrak{g}_\beta] = \mathfrak{g}_{\alpha+\beta}$.

现在我们定义 $\mathfrak{h}$ 的对偶空间 $\mathfrak{h}^*$ 上的一个双线性型如下:

$$(\gamma, \delta) = B(t_\gamma, t_\delta), \quad \gamma, \delta \in \mathfrak{h}^*.$$

在 Φ 中取 $\mathfrak{h}^*$ 的一组基 $\alpha_1, \cdots, \alpha_l$, 设 E 为由 $\{\alpha_1, \cdots, \alpha_l\}$ 生成的实线性空间, 则 $\Phi \subset E$. 可以证明

定理 7.1.7　双线性型 $(\cdot, \cdot)$ 是实线性空间 E 上的一个内积.

上面的定理给出了一个半单李代数对于其子代数的根系的特殊性质, 这些特殊性质可以抽象出一般的 Euclid 空间上的根系的概念.

定义 7.1.4　设 E 为一个 Euclid 空间, 其内积为 $(\,,\,)$. E 中的一个子集合 Φ 称为一个**根系**, 如果其满足下面的四个条件:

(1)　Φ 是 E 中有限子集且线性张成 E, $0 \notin \Phi$.

(2)　如果 $\alpha \in \Phi$ 且 $c\alpha \in \Phi$, $c \in \mathbb{R}$, 则 $c = \pm 1$.

(3) 对任何 $\alpha \in \Phi$, 由 α 对应的镜面反射 σ_α 保持集合 Φ 不变.

(4) 对任何 $\alpha, \beta \in \Phi$, 实数

$$\langle \alpha, \beta \rangle = \frac{2(\beta, \alpha)}{(\alpha, \alpha)}$$

是整数.

显然, 如果 $\mathfrak{g}$ 是半单李代数, $\mathfrak{h}$ 是 $\mathfrak{g}$ 的 Cartan 子代数, 则 $\mathfrak{g}$ 对 $\mathfrak{h}$ 的全部根的集合 Φ 就是定理 7.1.7 中 Euclid 空间 $(E, (\cdot, \cdot))$ 中的一个在定义 7.1.4的意义下的根系.

下面我们考虑抽象意义下的根系. 假定 Φ 是 Euclid 空间 E 中一个根系, 则由所有的镜面反射 σ_α, $\alpha \in \Phi$ 生成 E 的正交群 $O(E)$ 的一个有限子群, 称为 Φ 的 Weyl (外尔) 群, 记为 $W(\Phi)$(有时就简记为 W). Φ 的一个子集 Π 称为 Φ 的一个基, 如果 Π 构成线性空间 E 的一组基而且任何 Φ 的元素可以写成 $\beta = \sum_{\alpha \in \pi} k_\alpha \alpha$, 其中的系数 k_α 要么全部是非负整数要么全是非正整数. 一个著名的结论是任何根系都存在基.

下面我们给出 Dynkin 图的定义. 设 $\Pi = \{\alpha_1, \alpha_2, \ldots, \alpha_l\}$ 为根系 Φ 的一个基. Π 的 Dynkin 图是由 l 个顶点 (用圆圈表示) 和一些连线组成的图, 其中第 i 个顶点和第 j 个顶点用 $\langle \alpha_j, \alpha_i \rangle \langle \alpha_i, \alpha_j \rangle$ 条连线连接. 进一步, 如果 $|\alpha_i|$ 和 $|\alpha_j|$ 不等, 那么我们用一个箭头指向比较短的那个根.

一个根系 Φ 称为不可约的, 如果它不能分解成两个相互正交的真子集的并. 一个根系不可约当且仅当其 Dynkin 图是连通的. 两个根系 $\Phi_1 \subset E_1$, $\Phi_2 \subset E_2$ 称为是同构的, 如果存在从 E_1 到 E_2 的线性同构 (不一定是线性等距同构)σ 使得 $\sigma(\Phi_1) = \Phi_2$, 而且对任何 $\alpha, \beta \in \Phi_1$ 都有 $\langle \alpha, \beta \rangle_1 = \langle \sigma(\alpha), \sigma(\beta) \rangle_2$. 容易证明两个不可约根系同构当且仅当其 Dynkin 图完全相同. 下面的定理给出了不可约根系的完全分类.

定理 7.1.8   设 Φ 为一个不可约根系, 则其 Dynkin 图必为图 7.1中的一个. 进一步, 任何图 7.1中的一个图一定是某个不可约根系的 Dynkin 图.

前面我们定义了 Euclid 空间中根系的 Dynkin 图, 并利用 Dynkin 图给出了根系的分类. 可以证明, 同构意义下, 一个特征为零的代数闭域上的半单李代数的根系与 Cartan 子代数的选取无关, 因此我们有半单李代数的 Dynkin 图的概念. 下面的定理给出了半单李代数的分类.

定理 7.1.9   特征为零的代数闭域上的两个半单李代数同构当且仅当它们的 Dynkin 图相同. 特别地, 单李代数同构意义下共有 9 类, 其 Dynkin 图由图 7.1给出.

下面我们稍微介绍一下李代数的泛包络代数的概念和一些基本性质, 这在李代数的表示中至关重要. 设 $\mathfrak{g}$ 为 F 上的李代数, 令 $T(\mathfrak{g})$ 为 $\mathfrak{g}$ 作为线性空间的张量代数, 这是一个分次结合代数. 令

$$T_0(\mathfrak{g}) = F, T^1(\mathfrak{g}) = \mathfrak{g}, T^2(\mathfrak{g}) = \mathfrak{g} \otimes \mathfrak{g}, \cdots,$$

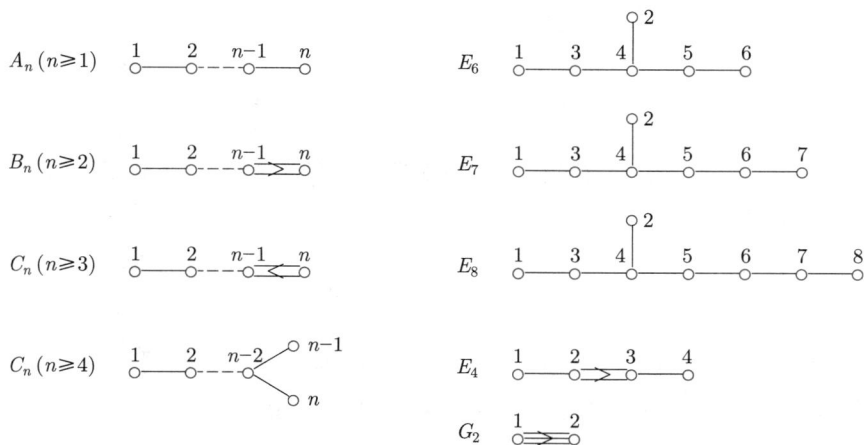

图 **7.1　Dynkin 图**

则我们有

$$T(\mathfrak{g}) = \sum_{j=0}^{\infty} T^j(\mathfrak{g}), \quad T^k(\mathfrak{g}) \cdot T^l(\mathfrak{g}) \subseteq T^{k+l}(\mathfrak{g}).$$

我们作 $T(\mathfrak{g})$ 的一个商代数 $U(\mathfrak{g})$ 如下: 令 I 为 $T(\mathfrak{g})$ 中由形如

$$u \otimes v - v \otimes u - [u, v], \quad u, v \in \mathfrak{g}$$

的所有元素生成的理想, $U(\mathfrak{g}) = T(\mathfrak{g})/I$. 显然, $U(\mathfrak{g})$ 也是一个分次结合代数, 称为 $\mathfrak{g}$ 的**泛包络代数**. 下面是著名的 Poincare-Birkhoff (伯克霍夫)-Witt (维特) 定理 (简称 **PBW 定理**), 它给出了结合代数 $U(\mathfrak{g})$ 的一组基.

定理 7.1.10　设 $u_1, u_2, \cdots, u_n$ 为李代数 $\mathfrak{g}$ 的一组基, 则

$$u_1^{j_1} u_2^{j_2} \cdots u_n^{j_n}, \quad j_i \geqslant 0, j_i \in \mathbb{Z}$$

是 $U(\mathfrak{g})$ 的一组基.

李代数的泛包络代数最重要的意义在于二者的表示之间存在一个一一对应. 我们先给出李代数表示的定义.

定义 7.1.5　设 $\mathfrak{g}$ 为域 F 上的李代数, V 为 F 上的线性空间, 一个 $\mathfrak{g} \times V$ 到 V 的映射 ρ 称为 $\mathfrak{g}$ 在 V 上的一个**表示**, 如果:

(1) $\rho(ax + by, v) = a\rho(x, v) + b\rho(y, v), \quad \forall x, y \in \mathfrak{g}, v \in V, a, b \in F$;

(2) $\rho(x, av + bw) = a\rho(x, v) + b\rho(x, w), \quad \forall x \in \mathfrak{g}, v, w \in V, a, b \in F$;

(3) $\rho([x, y], v) = \rho(x, \rho(y, v)) - \rho(y, \rho(x, v)), \quad \forall x, y \in \mathfrak{g}, v \in V$.

一般我们将上述表示记成 (ρ, V), 有时也称 V 为 $\mathfrak{g}$ 的一个**模**.

值得注意的是, 有时我们将表示 (ρ, V) 中的映射 ρ 省略, 直接说 V 是 $\mathfrak{g}$ 的一个表示 (或表示空间, 模), 而将 $\rho(x, v)$ 记为 $x \cdot v$ 或 xv. 此外由定义可以看出, 如果 (ρ, V)

是 $\mathfrak{g}$ 的一个表示, 那么由 $\mathfrak{g}$ 到 $\mathfrak{gl}(V)$ 的映射 φ:

$$\varphi(x) = \rho(x, \cdot) : v \mapsto \rho(x, v), v \in V,$$

就是 $\mathfrak{g}$ 到 $\mathfrak{gl}(V)$ 的一个李代数同态; 反之, 如果我们有一个由 $\mathfrak{g}$ 到 $\mathfrak{gl}(V)$ 的同态 φ, 则由 $\mathfrak{g} \times V$ 到 V 的映射 ρ:

$$\rho(x, v) = \varphi(x)(v), \quad x \in \mathfrak{g}, v \in V,$$

是 $\mathfrak{g}$ 的一个表示. 从这个意义上说, 李代数的表示就是一种特殊的同态. 不过值得注意的是, 与群的表示一样, 表示的语言非常方便, 因此李代数的表示是一个独立而且重要的分支.

另外需要注意, 表示的定义中并没有 V 是有限维线性空间这一限制. 事实上, 现在研究的表示大多数都是无限维的. 下面给出一些表示的例子.

例 7.1.1　设 $\mathfrak{g}$ 为李代数, 则 $\mathfrak{g} \times \mathfrak{g}$ 到 $\mathfrak{g}$ 的映射 $(x, y) \mapsto \mathrm{ad}x(y) = [x, y]$ 是李代数 $\mathfrak{g}$ 在 $\mathfrak{g}$ 作为线性空间上的一个表示, 称为 $\mathfrak{g}$ 的**伴随表示**.

例 7.1.2　设 $\mathfrak{g} = \mathfrak{gl}_n(F)$ 为 F 上全体 $n \times n$ 矩阵组成的一般线性李代数. 定义映射 $\rho : \mathfrak{g} \times F^n \to F^n$ 为

$$\rho(A, v) = A \cdot v, \quad A \in \mathfrak{g}, v \in F^n,$$

这里我们将 F^n 中的元素写成列向量的形式, 而 $A \cdot v$ 表示矩阵乘法. 则 (ρ, F^n) 是 $\mathfrak{g}$ 的表示, 称为 $\mathfrak{gl}_n(F)$ 的**标准表示** 或**自然表示**.

显然, 如果 (ρ, V) 为李代数 $\mathfrak{g}$ 的表示, $\mathfrak{h}$ 为 $\mathfrak{g}$ 的子代数, 则通过限制可以得到 $\mathfrak{h}$ 的一个表示, 我们称之为 (ρ, V) 在 $\mathfrak{h}$ 上的限制表示.

下面我们介绍子表示和不可约表示等重要概念. 为了叙述方便有时我们采用模的语言.

定义 7.1.6　设 (ρ, v) 为李代数 $\mathfrak{g}$ 的模, W 为 V 的子空间, 如果对任何 $x \in \mathfrak{g}, w \in W$, 我们有 $\rho(x, w) \in W$, 则称 W 为 V 的**子模**. 显然, 0 和 V 本身都是 V 的子模, 称为**平凡子模**. 一个 $\mathfrak{g}$ 的表示称为**不可约表示** (或**不可约模**), 如果它没有非平凡子模. 称表示 (ρ, V) 为**忠实表示**, 如果由 $\rho(x, v) = 0, \forall v \in V$ 可以推出 $x = 0$, 这等价于由 (ρ, V) 对应的李代数的同态 $\varphi : \mathfrak{g} \to \mathfrak{gl}(V)$ 的核为 0, 或者说 φ 是单同态.

与有限群的表示类似, 由已知的李代数的表示可以构造新的表示, 我们先介绍表示的直和和对偶表示等概念.

定理 7.1.11　设 $(\rho_1, V_1), (\rho_2, V_2)$ 为李代数 $\mathfrak{g}$ 的两个表示, $V = V_1 \oplus V_2$ 为线性空间 V_1, V_2 的直和, 定义 $\mathfrak{g} \times V$ 到 V 的映射 ρ 为 $\rho(x, v_1 + v_2) = \rho(x, v_1) + \rho(x, v_2)$, 则 (ρ, V) 为 $\mathfrak{g}$ 的表示, 称为表示 (ρ_1, V_1) 和 (ρ_2, V_2) 的**直和**, 记为 $V_1 \oplus V_2$.

定理 7.1.12　设 (ρ, V) 为李代数 $\mathfrak{g}$ 的表示, V^* 为 V 的对偶空间, 定义 $\mathfrak{g} \times V^*$

到 V^* 的映射 ρ^* 为

$$\rho^*(x,f)(v) = -f(\rho(x,v)), \quad x \in \mathfrak{g}, f \in V^*, v \in V.$$

则 (ρ^*, V^*) 为 $\mathfrak{g}$ 的表示, 称为 (ρ, V) 的**对偶表示** (对偶模), 记为 V^*.

定义 7.1.7 设 (ρ, V) 为李代数 $\mathfrak{g}$ 的表示, 如果对任何 V 的子表示 W_1, 存在另一个子表示 W_2 使得 $V = W_1 \oplus W_2$, 则称 (ρ, V) 为**完全可约的**.

值得注意的是, 按照定义, 不可约表示都是完全可约的. 此外由定义可以看出, 如果一个 $\mathfrak{g}$ 的有限维表示 V 是完全可约的, 则 V 一定可以写成有限个不可约表示的直和. 下面我们给出表示之间的同态与同构的定义.

定义 7.1.8 设 $(\rho_1, V_1), (\rho_2, V_2)$ 为李代数 $\mathfrak{g}$ 的两个表示, ϕ 为由 V_1 到 V_2 的线性映射, 如果对任何 $x \in \mathfrak{g}, v \in V_1$ 有 $\phi(\rho_1(x,v)) = \rho_2(x, \phi(v_1))$, 则称 ϕ 为由表示 (ρ_1, V_1) 到 (ρ_2, V_2) 的一个**同态**, 如果一个同态还是线性同构, 则称该同态为**同构**.

表示理论的一个核心研究课题就是李代数的表示在同构意义下的分类. 本书中我们将会涉及最基本的内容, 特别是给出特征为零的代数闭域上的半单李代数的表示的完全分类. 与有限群表示一样, 下面的 Schur 引理在研究李代数的表示理论中是一个强大的武器.

定理 7.1.13 (Schur 引理) 设 $\mathfrak{g}$ 为特征为零的代数闭域 F 上的李代数, (ρ, V) 为 $\mathfrak{g}$ 的不可约表示, ϕ 为 (ρ, V) 到自身的同态, 则存在 $\lambda \in F$ 使得 $\phi = \lambda \cdot \mathrm{id}_V$.

最后我们介绍表示的张量积.

定理 7.1.14 设 $(V, \rho_1), (W, \rho_2)$ 为李代数 $\mathfrak{g}$ 的表示, $V \otimes W$ 为线性空间 V, W 的张量积. 定义 $\mathfrak{g} \times (V \otimes W)$ 到 $V \otimes W$ 的映射 $\rho_1 \otimes \rho_2$ 为

$$\rho_1 \otimes \rho_2(x, v \otimes w) = \rho_1(x,v) \otimes w + v \otimes \rho_2(x,w), \quad x \in \mathfrak{g}, v \in V, w \in W, \tag{7.2}$$

而且

$$\rho_1 \otimes \rho_2(x, v_1 \otimes w_1 + v_2 \otimes w_2)$$
$$= \rho_1 \otimes \rho_2(x, v_1 \otimes w_1) + \rho_1 \otimes \rho_2(x, v_2 \otimes w_2), \quad v_i \in V, w_i \in W, \tag{7.3}$$

则 $(\rho_1 \otimes \rho_2, V \otimes W)$ 为 $\mathfrak{g}$ 的表示, 称为表示 $(\rho_1, V), (\rho_2, W)$ 的张量积, 作为模一般简记为 $V \otimes W$.

下面的定理给出了李代数的表示和泛包络代数的表示之间的关系.

定理 7.1.15 设 (ρ, V) 为李代数 $\mathfrak{g}$ 的一个表示. 定义 $U(\mathfrak{g}) \times V$ 到 V 的映射为

$$\tilde{\rho}(x+I)v = xv, \quad x \in T(\mathfrak{g}), v \in V.$$

则 $(\tilde{\rho}, V)$ 成为一个 $U(\mathfrak{g})$-模. 进一步, 上述对应建立了 $\mathfrak{g}$ 的表示与 $U(\mathfrak{g})$ 的表示之间的一个双射.

注意在上述定理中 V 作为 $\mathfrak{g}$ 的表示, 自然有 $T(\mathfrak{g})$-模的结构, 因此 xv 是有意义的. 此外, 对任何 I 的生成元 $x \otimes y - y \otimes x - [x,y], x, y \in \mathfrak{g}$ 及 $v \in V$, 我们有

$$(x \otimes y - y \otimes x - [x,y])(v) = x(yv) - y(xv) - [x,y]v = 0,$$

因而 $\tilde{\rho}$ 的定义是合理的, 从而它确实定义了 $U(\mathfrak{g})$ 的一个表示.

下面是著名的 Weyl 定理.

定理 7.1.16 (Weyl 定理) 特征为零的代数闭域上的半单李代数的任何有限维表示都是完全可约的.

三维单李代数 $\mathfrak{sl}_2(F)$ 的表示理论是半单李代数分类的重要工具, 同时是李代数表示的基础. 下面我们讨论 $\mathfrak{sl}_2(F)$ 的有限维表示, 并给出不可约表示的分类. 考虑 $\mathfrak{sl}_2(F)$ 的一组基:

$$H = \begin{pmatrix} 1 & 0 \\ 0 & -1 \end{pmatrix}, \quad X = \begin{pmatrix} 0 & 1 \\ 0 & 0 \end{pmatrix}, \quad Y = \begin{pmatrix} 0 & 0 \\ 1 & 0 \end{pmatrix}.$$

则 $[H, X] = 2X, [H, Y] = -2Y, [X, Y] = H$. 设 (ρ, V) 是 $\mathfrak{sl}_2(F)$ 的有限维表示. 因为 $\mathrm{ad}H$ 是 $\mathfrak{sl}_2(F)$ 上的半单线性变换, $\rho(H)$ 是 V 上的半单线性变换. 因此 V 可以分解成 $\rho(H)$ 的特征子空间的直和:

$$V = V_{\lambda_1} \oplus V_{\lambda_2} \oplus \cdots \oplus V_{\lambda_s},$$

其中 λ_i 为 $\rho(H)$ 的特征值, $V_{\lambda_i} = \{v \in V | \rho(H)(v) = \lambda_i v\}$. 现在我们给出一个定义.

定义 7.1.9 如果 $V_\lambda \neq 0$, 则称 λ 为表示 (ρ, V) 的一个**权**, 而称 V_λ 为属于权 λ 的**权空间**.

设 $v \in V_\lambda$, 则

$$\rho(H)(\rho(X)(v)) = [\rho(H), \rho(X)](v) + \rho(X)(\rho(H)(v))$$
$$= \rho([H, X])(v) + \lambda\rho(X)(v)$$
$$= (\lambda + 2)\rho(X)(v),$$
$$\rho(H)(\rho(Y)(v)) = [\rho(H), \rho(Y)](v) + \rho(Y)(\rho(H)(v))$$
$$= \rho([H, Y])(v) + \lambda\rho(Y)(v)$$
$$= (\lambda - 2)\rho(Y)(v).$$

因此下面的引理成立.

引理 7.1.2 若 $v \in V_\lambda$, 则 $\rho(X)(v) \in V_{\lambda+2}$ 且 $\rho(Y)(v) \in V_{\lambda-2}$.

因为 V 是有限维的, 上述引理说明, 存在权 λ, 即 $V_\lambda \neq 0$, 使得

$$\rho(X)(v) = 0, \quad \forall v \in V_\lambda.$$

定义 7.1.10 权空间 V_λ 中的非零向量 v 称为**极大向量**, 如果 $\rho(X)(v) = 0$.

上面的讨论说明, $\mathfrak{sl}_2(F)$ 的任意有限维表示必存在极大向量. 由 Weyl 定理知, $\mathfrak{sl}_2(F)$ 有限维表示是完全可约的, 即任意有限维表示是不可约表示的直和. 因此 $\mathfrak{sl}_2(F)$ 的有限

维表示的研究归结于 $\mathfrak{sl}_2(F)$ 的有限维不可约表示的研究. 下面的定理描述了 $\mathfrak{sl}_2(F)$ 的有限维不可约表示的结构.

定理 7.1.17　假设 (ρ, V) 是 $\mathfrak{sl}_2(F)$ 的有限维不可约表示, $v_0 \in V_\lambda$ 是一个极大向量. 定义

$$v_{-1} = 0, \quad v_i = \frac{1}{i!}(\rho(Y))^i(v_0) \ (i \geqslant 0).$$

则下面的结论成立:

(1) $\rho(H)(v_i) = (\lambda - 2i)v_i$;

(2) $\rho(Y)(v_i) = (i+1)v_{i+1}$;

(3) $\rho(X)(v_i) = (\lambda - i + 1)v_{i-1}$;

(4) 令 $S = \{t \mid v_t \neq 0 \text{ 且 } v_{t+1} = 0\}$, m 是集合 S 的最小整数, 则 $\{v_0, \cdots, v_m\}$ 为线性空间 V 的一组基;

(5) $\lambda = m$, 即极大向量对应的权是整数 $\dim V - 1$, 称为 V 的**最高权**.

定理 7.1.17 给出了 $\mathfrak{sl}_2(F)$ 的有限维不可约表示的完全分类. 可以进一步证明

定理 7.1.18　设 (ρ, V) 是 $\mathfrak{sl}_2(F)$ 的有限维不可约表示.

(1) V 相对于 $\rho(H)$ 有权空间的直和分解:

$$V = V_m \oplus V_{m-2} \oplus \cdots \oplus V_{-m},$$

其中 $m = \dim V - 1$, 且每个权空间都是一维的;

(2) V 的极大向量在相差一个非零常数的意义下存在唯一, 其对应的权是 m.

从这个定理我们看出, 对于任何正整数 m, 存在 $\mathfrak{sl}_2(F)$ 的不可约表示 (ρ, V), 使得 V 的维数为 m, 而且容易看出, 在同构意义下 $\mathfrak{sl}_2(F)$ 的 m 维不可约表示是唯一的.

下面讨论 $\mathfrak{sl}_2(F)$ 的一般的有限维表示. 设 (ρ, V) 为 $\mathfrak{sl}_2(F)$ 的有限维表示, 由 Weyl 定理, V 可以分解为

$$V = V^1 \oplus V^2 \oplus \cdots \oplus V^k,$$

其中 V^i 是 $\mathfrak{sl}_2(F)$ 的有限维不可约表示. 于是我们有

推论 7.1.1　(1) $\rho(H) \in \mathfrak{gl}(V)$ 的特征值都是整数, 任意特征值的相反数也是特征值, 而且出现的次数相同;

(2) $k = \dim V_0 + \dim V_1$.

下面我们考虑一般的半单李代数的表示. 三维单李代数的表示的研究给了我们启示, 就是将表示空间分解为权空间的直和, 通过研究权空间的性质来研究表示本身. 设 $\mathfrak{g}$ 为特征为零的代数闭域 F 上的有限维半单李代数, (ρ, V) 为一个有限维表示, $\mathfrak{h}$ 为一个 Cartan 子代数. 对于 $\mathfrak{h}$ 上的任何线性函数 $\lambda \in \mathfrak{h}^*$ 定义

$$V_\lambda = \{v \in V \mid \rho(H)(v) = \lambda(H)v, \forall H \in \mathfrak{h}\}.$$

若 $V_\lambda \neq 0$, 则称 λ 为表示 (ρ, V) 的一个**权**, 而 V_λ 称为对应的**权空间**. 将全体权的集合记为 Λ. 可以证明 V 可以写成权空间的直和:

$$V = \sum_{\lambda \in \Lambda} V_\lambda.$$

假设 $\mathfrak{g}$ 对 $\mathfrak{h}$ 的根空间分解为

$$\mathfrak{g} = \mathfrak{h} + \sum_{\alpha \in \Phi} \mathfrak{g}_\alpha,$$

其中 Φ 为 $\mathfrak{g}$ 对于 $\mathfrak{h}$ 的根系. 那么容易看出, 对任何 $X \in \mathfrak{g}_\alpha$ 和 $v \in V_\lambda$ 我们有 $Xv \in V_{\lambda+\alpha}$. 现在取定 Φ 的一个正根系 Φ^+, 设对应的基为 Δ. 我们称一个权 λ 为**最高权**, 如果对任何 $\alpha \in \Phi^+$, $\mathfrak{g}_\alpha V_\lambda = 0$. 如果 λ 为最高权, 则任何非零向量 $v \in V_\lambda$ 称为一个**最高权向量**. 显然, 对于 $\mathfrak{g}$ 的任何有限维表示, 最高权一定存在.

定义 7.1.11   设 $\mathfrak{g}$ 为半单李代数, (ρ, V) 为 $\mathfrak{g}$ 的表示 (不一定是有限维的). 如果存在最高权向量 $v \in V_\lambda$, 使得 V 可以由形如

$$y_{\alpha_1} y_{\alpha_2} \cdots y_{\alpha_s} v, \quad y_{\alpha_i} \in \mathfrak{g}_{\alpha_i}, \alpha_i \in \Phi^-, i = 1, 2, \cdots, s, s \geqslant 1$$

的元素线性生成, 则称 V 为一个**标准循环模**.

标准循环模的结构非常简单. 事实上我们有

定理 7.1.19   设 (ρ, V) 为半单李代数 $\mathfrak{g}$ 的标准循环模, $v \in V_\lambda$ 是一个最高权向量.

(1) V 的任意权都具有形式 $\lambda - \sum\limits_{\alpha_i \in \Delta} k_i \alpha_i$, 其中 k_i 为非负整数;

(2) $\dim V_\lambda = 1$, 且对任何 $\mu \in \mathfrak{h}^*$, $\dim V_\mu < \infty$;

(3) V 的任何子模都可以写成权空间的直和.

定理 7.1.20   设 (ρ, V) 为半单李代数 $\mathfrak{g}$ 的标准循环模, 最高权为 λ, 则

(1) V 不能分解成两个非零真子模的直和, 而且包含唯一的一个极大真子模 W, 使得对应的商模 V/W 是不可约模;

(2) V 的任何同态像也是标准循环模, 其最高权还是 λ;

(3) 如果 V 是不可约模, 则其最高权向量在相差一个非零常数倍的意义下唯一.

自然的问题是, 给定一个线性函数 $\lambda \in \mathfrak{h}^*$, 是否存在以 λ 为最高权的不可约标准循环模? 如果存在的话, 在同构意义下有多少? 此外, 这样的模什么时候是有限维的? 下面我们来考虑这些问题.

我们先利用直接构造的方法找到这样的不可约模. 固定 $\lambda \in \mathfrak{h}^*$, 我们任意取定一个一维线性空间 D_λ 及其一组基 v, 定义 $\mathfrak{h}$ 在 D_λ 上的作用为

$$hv = \lambda(h)v,$$

7.1 李代数的表示   147

则 D_λ 成为一个 $\mathfrak{h}$-模. 现在我们考虑标准 Borel 子代数

$$\mathfrak{b} = \mathfrak{h} + \sum_{\alpha \in \Phi^+} \mathfrak{g}_\alpha.$$

定义 $\mathfrak{b}$ 在 D_λ 上的作用为

$$\left(h + \sum_{\alpha \in \Phi^+} X_\alpha\right) v = \lambda(h)v, \quad h \in \mathfrak{h}, X_\alpha \in \mathfrak{g}_\alpha.$$

这样 $Z(\lambda)$ 就成为一个 $\mathfrak{b}$ 的表示, 从而是一个 $U(\mathfrak{b})$-模. 现在我们定义

$$Z(\lambda) = U(\mathfrak{g}) \otimes_{U(\mathfrak{b})} D_\lambda.$$

容易验证, $Z(\lambda)$ 在 $U(\mathfrak{g})$ 的自然左作用下成为一个 $U(\mathfrak{g})$-模, 从而是李代数 $\mathfrak{g}$ 的表示.

引理 7.1.3 $Z(\lambda)$ 是 $\mathfrak{g}$ 的最高权为 λ 的标准循环模.

按照定理 7.1.20, $Z(\lambda)$ 中存在唯一的极大真子模 $I(\lambda)$ 使得 $V(\lambda) = Z(\lambda)/I(\lambda)$ 成为一个最高权为 λ 的不可约标准循环模. 我们将 $V(\lambda)$ 称为 λ 对应的 Verma (威马玛) 模. 此外可以证明, 如果 $W_1(\lambda), W_2(\lambda)$ 是两个最高权为 λ 的不可约标准循环模, 则它们同构.

总结起来, 我们有

定理 7.1.21   设 $\mathfrak{g}$ 为特征为零的代数闭域 $\mathbb{F}$ 上的半单李代数, $\mathfrak{h}$ 为 $\mathfrak{g}$ 的一个 Cartan 子代数. 则对于任何 $\lambda \in \mathfrak{h}^*$, 在同构意义下存在唯一的以 λ 为最高权的不可约标准循环模. 换句话说, 任何以 $\lambda \in \mathfrak{h}^*$ 为最高权的不可约标准循环模都同构于上面构造的 Verma 模 $V(\lambda)$.

为了描述 $V(\lambda)$ 为有限维表示的条件, 我们需要定义整权和支配整权的概念. 设 $\mathfrak{g}, \mathfrak{h}$, Φ, Φ^+, Δ 如上. 注意到 $\mathfrak{g}$ 的 Killing 型 $(,)$ 在 $\mathfrak{h}$ 上的限制是非退化的, 对任何 $\lambda \in \mathfrak{h}*$, 存在唯一 $H_\lambda \in \mathfrak{h}$ 使得 $\lambda(H) = (H_\lambda, H), \forall H \in \mathfrak{h}$. 特别地, 对任何 $\alpha \in \Phi$ 存在唯一 H_α 使得 $\alpha(H) = (H_\alpha, H), \forall H \in \mathfrak{h}$. 容易证明, 存在 $X_\alpha \in \mathfrak{g}_\alpha, Y_\alpha \in \mathfrak{g}_{-\alpha}$, 使得

$$[H_\alpha, X_\alpha] = 2X_\alpha, \quad [H_\alpha, Y_\alpha] = -2Y_\alpha, \quad [X_\alpha, Y_\alpha] = 2H_\alpha.$$

从而 $H_\alpha, X_\alpha, Y_\alpha$ 线性生成一个与 $\mathfrak{sl}_2(F)$ 同构的子代数. 如果 $V(\lambda)$ 为 $\mathfrak{g}$ 的有限维不可约表示, 则 $V(\lambda)$ 是 $\mathfrak{h}$ 的有限维表示 (不一定不可约). 按照我们前面关于 $\mathfrak{sl}_2(F)$ 的有限维表示的讨论, $\lambda(H_\alpha)$ 一定是 (非负) 整数. 这引导我们给出下面的定义.

定义 7.1.12   称线性函数 $\lambda \in \mathfrak{h}^*$ 为**整线性函数**, 如果对任何 $\alpha \in \Phi$, $\lambda(H_\alpha)$ 为整数. 一个整线性函数 $\lambda \in \mathfrak{h}^*$ 称为支配整的, 如果对任何 $\alpha \in \Phi^+$, $\lambda(H_\alpha)$ 为非负整数. 类似地, 如果 λ 为一个表示的权, 且其为整线性函数 (支配整线性函数), 则称 λ 为**整权** (**支配整权**).

定理 7.1.22   设 $\lambda \in \mathfrak{h}^*$, 则 $V(\lambda)$ 为有限维表示当且仅当 λ 为支配整权.

因为任何 $\mathfrak{g}$ 的有限维不可约表示一定可以写成 $V(\lambda)$ 的形式, 上述定理事实上给出了半单李代数的有限维不可约表示的完全分类.

半单李代数有限维表示的另外一些主要问题是重数问题和特征问题. 我们稍微介绍一下相关的内容.

设 λ 为一个支配整权, $V(\lambda)$ 为对应的 Verma 模. 上面我们说明了, $V(\lambda)$ 是一个有限维的不可约 $\mathfrak{g}$-模. 对于任何 $\mathfrak{h}^*$ 上的线性函数 $\mu \in \mathfrak{h}^*$, 考虑集合

$$V(\lambda)_\mu = \{v \in V(\lambda) \mid xv = \mu(x)v, \forall x \in \mathfrak{h}\}.$$

回忆一下, 如果 $V(\lambda)_\mu \neq 0$, 则称 μ 为表示 $V(\lambda)$ 的一个权, 而称 $V(\lambda)_\mu$ 为对应的权空间. 我们称 $V(\lambda)_\mu$ 的维数为 μ 在 $V(\lambda)$ 中的**重数**.

为了计算重数, 我们需要引进特征的概念, 为此先介绍整线性函数生成的群环的概念. 设 $\Lambda \subset \mathfrak{h}^*$ 为所有整线性函数组成的集合. 我们定义 $\mathbb{Z}[\Lambda]$ 为以 Λ 中元素为基的自由 $\mathbb{Z}$-模. 为方便记, 我们将 $\lambda \in \Lambda$ 对应的 $\mathbb{Z}[\Lambda]$ 中元素记为 $e(\lambda)$(因此 $e(\lambda), \lambda \in \Lambda$ 为 $\mathbb{Z}[\Lambda]$ 的一组基). 我们定义 $\mathbb{Z}[\Lambda]$ 上的乘法为 $e(\lambda)e(\mu) = e(\lambda + \mu)$(一般形式的元素相乘, 只需线性展开). 这样 $\mathbb{Z}[\Lambda]$ 就成为一个交换环. 注意 Weyl 群 W 在 $\mathbb{Z}[\Lambda]$ 上有一个作用, 其定义为

$$\sigma(e(\lambda)) = e(\sigma(\lambda)), \quad \sigma \in W, \lambda \in \Lambda.$$

给定 $\lambda \in \Lambda$, 我们定义 $V(\lambda)$ 的**形式特征标**为

$$\mathrm{ch}_{V(\lambda)} = \sum_{\mu \in \Lambda} \dim V(\lambda)_\mu e(\mu),$$

这是 $\mathbb{Z}[\Lambda]$ 中的一个元素. 有时我们也将 $V(\lambda)$ 的形式特征标简记为 ch_λ.

下面是著名的 Weyl 特征公式.

定理 7.1.23 (Weyl 特征公式)   设 $\lambda \in \mathfrak{h}^*$ 为支配整权, $V(\lambda)$ 为对应的 $\mathfrak{g}$ 的有限维不可约表示. 那么 $V(\lambda)$ 的形式特征标是

$$\mathrm{ch}_{V(\lambda)} = \frac{\sum\limits_{w \in W} \mathrm{sgn}(w)e(w(\lambda + \delta))}{\sum\limits_{w \in W} \mathrm{sgn}(w)e(w(\delta))},$$

其中 $\delta = \sum\limits_{\alpha \in \Phi^+} \alpha$ 为正根和的一半.

最后我们介绍 Weyl 维数公式.

定理 7.1.24 (Weyl 维数公式)   设 $\lambda \in \mathfrak{h}^*$ 为支配整权, $V(\lambda)$ 为对应的有限维不可约表示, 则

$$\dim V(\lambda) = \frac{\sum\limits_{\alpha \in \Phi^+} \langle \lambda + \delta, \alpha \rangle}{\sum\limits_{\alpha \in \Phi^+} \langle \delta, \alpha \rangle}.$$

7.2 李群的表示

李群是抽象的群与微分流形的概念相结合而产生的. 粗略地说, 李群是具有抽象的群的运算的解析流形, 而且群的运算相对于其解析结构是解析的. 历史上, Sophus Lie 于 19 世纪末在研究微分方程的过程中提出无穷小李变换群的概念, 用现代语言来说, 这就是局部李群. 局部李群的概念其实和李代数的概念是等价的. 整体李群的研究主要是由 Cartan, Weyl, Shireier 等在 20 世纪 20 年代展开的. 李群是现代数学中核心的研究领域之一, 不但本身的理论非常严密且优美, 而且在多个数学分支如微分几何、数论、调和分析、拓扑学、微分方程等有重要应用. 李群还在机械工程、机器人学、信息科学等多个科学领域得到应用.

李群领域的研究课题一般包括结构理论、表示理论以及李群在别的领域, 特别是微分几何中的应用, 等等. 我们先给出精确的定义:

定义 7.2.1　设 G 是一个群, 如果 G 上具有解析流形的结构, 而且群的乘积运算和求逆运算都是解析映射, 则称 G 为一个**李群**.

注意, 如果 G 是一个解析流形, 则 $G \times G$ 也是一个解析流形, 因此乘积运算作为 $G \times G$ 到 G 的映射是否为解析映射的意义是清楚的.

现在我们对李群的定义做一些说明. 首先, 在大部分现代文献中李群的定义都要求具有解析流形的结构, 但是在有些文献中李群的定义只要求它具有微分流形的结构. 事实上这两种定义是等价的. 也就是说, 即使在定义 7.2.1中只要求 G 是一个微分流形, 我们也可以证明, 这时 G 上一定存在唯一的解析结构, 使得群的两种运算都是解析映射. 其实更一般的结论也是成立的, 即每一个局部欧 (即每一点都存在一个邻域与 Euclid 空间同胚) 的拓扑群上都存在唯一的解析流形的结构使得群的两种运算都是解析的. 这一结论是对 Hilbert 第五问题的肯定回答, 是由 A. Gleason (格利森), D. Montgomery (蒙哥马利) L. Zippin (齐平) 于 1952 年证明的.

让我们看看李群的一些简单的几何和拓扑性质. 注意到如果 G 为李群, 则 G 的单位连通分支 G_e(即包含单位元的连通分支), 也是一个李群. 而作为一个抽象群, G_e 可以由 G_e 中包含单位元的任何邻域生成, 这说明 G_e 满足第二可数公理. 由此我们得到, 一个李群 G 满足第二可数公理当且仅当 G 只有可数个连通分支.

现设 G 为一个李群, 则对任何 $g \in G$, 可以定义 G 到 G 的映射: $h \to gh$. 这是 G 到 G 的解析同胚, 称为由 g 决定的左平移变换, 记为 L_g. 同样可以定义右平移变换 R_g. G 上的一个解析向量场 X 称为**左不变向量场**, 如果对任何 $g \in G$, 我们有 $dL_g(X) = X$. 将 G 上所有的左不变向量场组成的集合记为 $\mathfrak{g}$. 容易证明下面的结论:

(1)　$\mathfrak{g}$ 是 G 上所有解析向量场的集合作成的实线性空间的子空间;

(2)　映射: $\mathfrak{g} \to T_e(G)$, $X \mapsto X_e$, 是实线性空间之间的线性同构. 因此 $\mathfrak{g}$ 是有限维

的, 且 $\dim \mathfrak{g} = \dim G$.

(3) 对任何 $X, Y \in \mathfrak{g}$, $g \in G$, $dL_g([X,Y]) = [dL_g(X), dL_g(Y)] = [X,Y]$, 因此 $[X,Y] \in \mathfrak{g}$. 这样在上述括号运算下, $\mathfrak{g}$ 成为一个李代数. 我们将 $\mathfrak{g}$ 称为**李群 G 的李代数**. 有时也将 G 的李代数记为 $\operatorname{Lie} G$.

李群的李代数有另外一种表达方式, 这在有时是方便的. 由上面的 (2) 我们看到, 线性空间 $\mathfrak{g}$ 与 $T_e(G)$ 同构, 因此我们可以利用上面的同构赋予线性空间 $T_e(G)$ 李代数的结构.

下面我们讨论一个李群和它的李代数是如何联系起来的, 为此先介绍单参数子群的概念. 若 ϕ 为李群 G 到 H 的抽象群同态, 而且是解析流形之间的解析映射, 则称 ϕ 为李群 G 到 H 的同态. 自然我们可以定义李群之间的单同态、满同态和同构的概念.

注意, 1 维 Euclid 空间对于加法成为一个交换的李群.

定义 7.2.2　设 G 为一个李群, 由交换李群 $\mathbb{R}$ 到 G 的一个解析同态称为 G 上的**一个单参数子群**.

如果 ϕ 是 G 上的一个单参数子群, 则 $\phi(0) = e$, 因此 $\dot{\phi}(0) \in T_G$ 就可以看成李代数 $\mathfrak{g}$ 中的元素. 这说明每一个单参数子群都对应于李代数中的一个元素. 下面的定理说明这是一个一一对应.

定理 7.2.1　设 G 为李群, 其李代数为 $\mathfrak{g}$, 则对任何 $X \in \mathfrak{g}$, 存在唯一的单参数子群 φ 使得 $\dot{\varphi}(0) = X_e$.

利用上面的结论, 我们可以定义一个李群的指数映射的概念. 设 G 为李群, 李代数为 $\mathfrak{g}$. 对于任何 $X \in \mathfrak{g}$, 由定理 7.2.1, 存在唯一的单参数子群 $\varphi_X(t)$, $t \in \mathbb{R}$, 使得 $\dot{\varphi}_X(0) = X_e$, 我们定义 $\exp : \mathfrak{g} \to G$ 为 $\exp(X) = \varphi_X(1)$, 则 $\exp$ 是 $\mathfrak{g}$ 到 G 的一个映射, 称为**李群 G 的指数映射**. 容易看出, $\exp$ 是由 $\mathfrak{g}$ 到 G 的解析映射. 下面的结论非常有用.

引理 7.2.1　存在 $\mathfrak{g}$ 的一个包含原点的邻域 U, 使得 $\exp$ 为由 U 到 $\exp U$ 的解析同胚.

例 7.2.1　考虑实一般线性群 $\mathrm{GL}_n(\mathbb{R})$, 即由所有可逆的实 n 阶方阵组成的群, 群的乘法就是矩阵的普通乘法. 利用一个矩阵的 n^2 个元素作为坐标, 我们可以将 $\mathrm{GL}_n(\mathbb{R})$ 看成 Euclid 空间 $\mathbb{R}^{n^2}$ 的一个开集, 于是 $\mathrm{GL}_n(\mathbb{R})$ 有解析流形的结构, 容易看出群的乘法运算和求逆运算都是解析的, 因此 $\mathrm{GL}_n(\mathbb{R})$ 是一个李群.

下面我们来求 $\mathrm{GL}_n(\mathbb{R})$ 的李代数 $\mathfrak{g}$. 令 $\mathfrak{gl}_n(\mathbb{R})$ 为所有 $n \times n$ 实矩阵组成的集合, 其在通常的矩阵加法和数乘下组成一个 n^2 维的线性空间, 定义括号运算

$$[A,B] = AB - BA, \quad A, B \in \mathfrak{gl}_n(\mathbb{R}),$$

则 $\mathfrak{gl}_n(\mathbb{R})$ 成为一个李代数, 称为一般线性李代数. 可以证明 $\mathrm{GL}_n(\mathbb{R})$ 的李代数 $\mathfrak{g}$ 与 $\mathfrak{gl}_n(\mathbb{R})$ 是同构的. 而且在此同构下指数映射为 $\exp X = \mathrm{e}^X$, $\forall X \in \mathfrak{g} = \mathfrak{gl}_n(\mathbb{R})$(参见文

献 [14]).

类似可证, 复一般线性群 $\mathrm{GL}_n(\mathbb{R})$(看成实流形) 也是李群, 其李代数是复一般线性李代数 $\mathfrak{gl}_n(\mathbb{C})$, 且其指数映射是 $\exp X = \mathrm{e}^X$.

上面两个李群的例子有非常重要的意义, 因为利用李群子群的概念和性质我们可以得到大量的李群的例子, 而且可以求出相应的李代数.

定义 7.2.3   设 H 为李群 G 的一个抽象子群, 称 H 为 G 的一个**李子群**, 如果 H 本身具有李群的结构, 而且 H 到 G 的嵌入映射是一个解析浸入. G 的一个李子群 H 称为**拓扑李子群**, 如果 H 的拓扑是由 G 的拓扑在 H 上诱导而来的. 一个连通李子群称为**解析子群**.

值得注意的是, 确实存在不是拓扑李子群的李子群, 参见文献 [14]. 下面的结论是非常重要的.

定理 7.2.2   设 G 为李群, H 是 G 的抽象子群, 而且 H 是 G 的闭子集, 则 H 上存在解析结构使得其成为 G 的拓扑李子群.

以后我们将满足上述定理的条件的李子群称为闭子群. 闭子群的李代数很容易求出.

定理 7.2.3   设 H 为李群 G 的闭子群, G 的李代数为 $\mathfrak{g}$, 则 H 的李代数为

$$\mathfrak{h} = \{X \in \mathfrak{g}|\ \exp(tX) \in H, \forall t \in \mathbb{R}\},$$

其中 $\exp$ 为 G 的指数映射.

利用上面的结论, 我们可以得到大量的李群的例子并求出其李代数.

例 7.2.2   (1) 特殊线性群 $\mathrm{SL}_n(\mathbb{R})$ 是 $\mathrm{GL}_n(\mathbb{R})$ 的闭子群, 因此是李群, 其李代数为

$$\mathfrak{sl}_n(\mathbb{R}) = \{X \in \mathfrak{gl}_n(\mathbb{R})|\mathrm{e}^{tX} \in \mathrm{SL}_n(\mathbb{R}), \forall t \in \mathbb{R}\}$$
$$= \{X \in \mathfrak{gl}_n(\mathbb{R})|\ \det(\mathrm{e}^{tX}) = 1, \forall t \in \mathbb{R}\}$$
$$= \{X \in \mathfrak{gl}_n(\mathbb{R})|\mathrm{e}^{t\mathrm{tr}(X)} = 1, \forall t \in \mathbb{R}\}$$
$$= \{X \in \mathfrak{gl}_n(\mathbb{R})|t\mathrm{tr}(X) = 0, \forall t \in \mathbb{R}\}$$
$$= \{X \in \mathfrak{gl}_n(\mathbb{R})|\mathrm{tr}(X) = 0\}.$$

同样可以求得复特殊线性群 $\mathrm{SL}_n(\mathbb{C})$ 的李代数为

$$\mathfrak{sl}_n(\mathbb{C}) = \{X \in \mathfrak{gl}_n(\mathbb{C})|\mathrm{tr}(X) = 0\}.$$

(2) 显然正交群 $\mathrm{O}(n)$ 是 $\mathrm{GL}_n(\mathbb{R})$ 的闭子群, 其李代数为

$$\mathfrak{o}(n) = \{X \in \mathfrak{gl}_n(\mathbb{R})|\mathrm{e}^{tX} \in \mathrm{O}_n(\mathbb{R}), \forall t \in \mathbb{R}\}$$
$$= \{X \in \mathfrak{gl}_n(\mathbb{R})|\mathrm{e}^{tX}(\mathrm{e}^{tX})' = I_n, \forall t \in \mathbb{R}\}$$

$$= \{X \in \mathfrak{gl}_n(\mathbb{R}) | \mathrm{e}^{t(X+X')} = I_n, \forall t \in \mathbb{R}\}$$

$$= \{X \in \mathfrak{gl}_n(\mathbb{R}) | t(X + X') = 0, \forall t \in \mathbb{R}\}$$

$$= \{X \in \mathfrak{gl}_n(\mathbb{R}) | X + X' = 0\}.$$

同样可求得特殊正交群 SO(n) 的李代数为 $\mathfrak{so}(n,\mathbb{R}) = \mathfrak{o}(n)$, 复正交群 O($n,\mathbb{C}$) 的李代数为 $\mathfrak{o}(n,\mathbb{C}) = \{X \in \mathfrak{gl}(n,\mathbb{C}) | X + X' = 0\}$.

类似地, 酉群, 特殊酉群, 以及实辛群、复辛群和辛群等都是李群, 而且其李代数也容易求出, 参见文献 [14].

在定义李群的表示以前我们稍微讨论一下李群的同态的性质, 以及其与李代数同态的联系. 由于李群是具有解析结构的群, 因此李群之间的同态与一般群之间的同态有很大的区别. 为了不引起混淆, 下面我们将两个李群之间保持群运算的映射称为"抽象群同态"; 如果一个抽象群同态同时是李群之间的连续映射, 我们就称这个抽象群同态为连续同态; 如果一个抽象群同态同时是李群之间的解析映射, 则称该同态为解析同态或李群的同态. 显然, 解析同态一定是连续同态. 读者自己可以举例说明, 存在李群 G, H 及抽象群同态 $\varphi : G \to H$, 使得 φ 不是连续同态.

一个自然的问题是, 是否存在李群之间的连续同态使得它不是解析同态? 下面的定理回答了这个问题.

定理 7.2.4 设 $\varphi : G \to H$ 为李群 G 到 H 的抽象群同态, 且是连续映射, 则 φ 一定是解析同态.

简言之, 李群之间的连续同态一定是解析同态.

下面我们介绍李群的表示的基本概念和基本性质. 目前李群表示理论的主要研究对象是无限维表示, 特别是无限维酉表示, 我们将在后面介绍相关的内容. 我们先处理有限维表示的情形.

定义 7.2.4 设 G 为李群, V 为一个 (实或复) 有限维线性空间, 一个由 G 到一般线性群 GL(V) 的连续同态 ρ 称为 G 在 V 上的一个 (实或复) **表示**, 将 V 的维数称为表示 (ρ,V) 的维数.

设 (ρ,V) 为 G 的一个表示, 若 V 的子空间 W 满足条件 $\rho(g)w \in W, \forall w \in W, g \in G$, 则称 W 为不变子空间, 而称 (W,ρ) 为 (V,ρ) 的一个子表示. 若一个非零表示 (ρ,V) 不存在非平凡的不变子空间, 则称 (ρ,V) 为不可约表示.

为了叙述方便, 一般我们直接用表示空间来代表李群的表示. 与有限群的表示类似, 李群的表示也有表示的直和、对偶表示、表示的张量积、商表示、子表示、不可约表示的定义, 而且可以定义表示之间的缠结算子以及表示的等价等概念. 我们略去其细节, 请读者自己查阅相关资料.

我们先来考察李群的表示与李代数的表示的关系.

定理 7.2.5 设 (V, ρ) 为连通李群 G 的表示, 则 $(V, d\rho|_e)$ 为 G 的李代数 $\mathfrak{g}$ 的表示, 且 (V, ρ) 为 G 的不可约表示当且仅当 $(V, d\rho|_e)$ 为 $\mathfrak{g}$ 的不可约表示.

李群表示理论最重要的任务就是给出一个李群在等价意义下表示的分类, 而其中酉表示的分类是目前表示理论的核心课题. 我们先给出酉表示的定义. 与前面类似, 我们先处理有限维的情形.

定义 7.2.5 设 (ρ, V) 为李群 G 的一个 (有限维) 复表示. 如果存在 V 上的 Hermite 内积 $\langle, \rangle$ 使得

$$\langle \rho(g)v, \rho(g)(w) \rangle = \langle v, w \rangle, \quad \forall g \in G, v, w \in V,$$

那么称 $\langle, \rangle$ 为表示 (ρ, V) 的不变内积, 这时称 $(\rho, V, \langle, \rangle)$ 为 G 的一个酉表示.

下面的定理是非常重要的, 一般文献上称为 **Weyl 酉技巧** (Weyl's unitary trick).

定理 7.2.6 设 (ρ, V) 为紧李群 G 的一个有限维复表示, 则存在 V 中 Hermite 内积 $\langle, \rangle$, 使得 $(\rho, V, \langle, \rangle)$ 成为 G 的酉表示.

值得注意的是, 并非每个李群都存在非平凡的酉表示. 一个最典型的例子就是 $G = \mathrm{SL}_2(\mathbb{R})$ 不存在有限维的非平凡酉表示, 后面我们会提到更一般的结论.

李群表示理论中也有著名的 Schur 引理.

定理 7.2.7 (Schur 引理) 设 $(\rho_1, V_1), (\rho_2, V_2)$ 为李群 G 的两个不可约表示, 则

(1) 若 ϕ 是 (ρ_1, V_1) 到 (ρ_2, V_2) 的一个缠结算子, 则 $\phi = 0$ 或 ϕ 为线性同构;

(2) 若 (ρ, V) 为 G 的不可约复表示, ϕ 是 (ρ, V) 到 (ρ, V) 的缠结算子, 则存在 $\lambda \in \mathbb{C}$ 使得 $\phi = \lambda \mathrm{id}_V$.

现在我们考虑李群表示的完全可约性. 我们先给出定义.

定义 7.2.6 设 (ρ, V) 为李群 G 的表示. 称 (ρ, V) 为完全可约的, 如果对于任何子表示 V_1, 存在子表示 V_2 使得 $V = V_1 \oplus V_2$.

引理 7.2.2 设 (ρ, V) 为李群 G 的完全可约表示, 则 (ρ, V) 的任何子表示也完全可约.

下面的定理很好地解释了完全可约这个概念.

定理 7.2.8 设 (ρ, V) 为李群 G 的有限维表示, 则下面两个条件等价:

(1) (ρ, V) 是完全可约的;

(2) (ρ, V) 可以写成不可约子表示的直和.

现在我们开始研究李群表示的一般性质. 我们从紧群表示理论开始,

设 (φ, V) 和 (ψ, W) 是紧连通李群 G 两个不等价的有限维不可约复表示. 在 V, W 上分别取 G-不变 Hermite 内积, 并各取一组标准正交基, 则如同有限群表示的情形, 可用 Hermite 矩阵表示 $\varphi(g)$ 和 $\psi(g)$, 记

$$\varphi(g) = (\varphi_{ij}(g)), \quad \psi(g) = (\psi_{kl}(g)).$$

定义 G 在 $\mathrm{Hom}(V,W)$ 上的作用 ρ:

$$\rho(g)(A) = \psi(g)A\varphi(g)^{-1}, \quad A \in \mathrm{Hom}(V,W).$$

可以验证 $(\mathrm{Hom}(V,W),\rho)$ 是 G 的表示. 对任意 $A \in \mathrm{Hom}(V,W)$, 定义

$$\overline{A} = \int_G \rho(g)(A)\mathrm{d}g,$$

这里 $\mathrm{d}g$ 是 G 上的双不变 Haar (哈尔) 测度 (参见文献 [14], 也可参看文献 [11] 中的附录一). 则对任意 $a \in G$,

$$\rho(a)(\overline{A}) = \rho(a)\int_G \rho(g)(A)\mathrm{d}g = \int_G \rho(ag)(A)\mathrm{d}g = \int_G \rho(g)(A)\mathrm{d}g = \overline{A}.$$

即 $\psi(a)\overline{A} = \overline{A}\varphi(a)$. 又因为 (φ,V) 和 (ψ,W) 不等价, 由 Schur 引理知 $\overline{A} = 0$. 取 $A = E_{ki}$, 即 $A \in \mathrm{Hom}(V,W)$ 是把 V 中第 i 个基向量映射到 W 中第 k 个基向量, 而其他均映射为零的那个线性映射, 则

$$0 = \overline{E}_{ki} = \int_G \psi(g)\,E_{ki}\,\varphi(g)^{-1}\mathrm{d}g.$$

把上式按矩阵乘法展开, 可得

$$\int_G \psi_{kl}(g)\overline{\varphi_{ij}(g)}\mathrm{d}g = 0.$$

对 $B \in \mathrm{Hom}(V,V)$, 类似可得 $\overline{B} = \lambda_B \mathrm{id}$, 其中 λ_B 是一个由 B 所确定的常数. 另一方面,

$$\mathrm{Tr}(\overline{B}) = \mathrm{Tr}\int_G \varphi(g)B\varphi(g)^{-1}\mathrm{d}g = \int_G \mathrm{Tr}(\varphi(g)B\varphi(g)^{-1})\mathrm{d}g = \int_G \mathrm{Tr}B\mathrm{d}g$$
$$= \mathrm{Tr}B,$$

也就是说, $\mathrm{Tr}B = \mathrm{Tr}\overline{B} = \dim\varphi\,\lambda_B$. 故 $\lambda_B = \dfrac{1}{\dim\varphi}\mathrm{Tr}B$. 取 $B = E_{ij}$, 我们得到

$$\overline{E}_{ij} = \int_G \varphi(g)E_{ij}\varphi(g)^{-1}\mathrm{d}g = \delta_{ij}\frac{1}{\dim\varphi}\mathrm{id}.$$

按矩阵乘法展开, 可得

$$\int_G \varphi_{kl}(g)\overline{\varphi_{ij}(g)}\mathrm{d}g = \frac{1}{\dim\varphi}\delta_{ki}\delta_{lj}.$$

上面的讨论总结起来就得到下面的定理, 称为**表示系数的正交性**.

定理 7.2.9 设 (φ, V) 和 (ψ, W) 是连通李群 G 的两个不等价的复不可约表示. 在 V, W 上分别取 G-不变 Hermite 内积, 各取一组标准正交基, 则可用 Hermite 矩阵表示 $\varphi(g)$ 和 $\psi(g)$, 记

$$\varphi(g) = (\varphi_{ij}(g)), \quad \psi(g) = (\psi_{kl}(g)).$$

则有下述正交关系,

$$\int_G \psi_{kl}(g)\overline{\varphi_{ij}(g)}\mathrm{d}g = 0, \tag{7.4}$$

$$\int_G \varphi_{kl}(g)\overline{\varphi_{ij}(g)}\mathrm{d}g = \frac{1}{\dim\varphi}\delta_{ki}\delta_{lj}, \tag{7.5}$$

其中 $\dim\varphi$ 是不可约表示 φ 的表示空间的维数.

下面我们定义特征函数的概念.

定义 7.2.7 设 (ρ, V) 是李群 G 的有限维复表示. 由

$$\chi_\rho(g) = \mathrm{Tr}\rho(g), \qquad g \in G$$

定义的 G 上的复值函数 χ_ρ 称为表示 (ρ, V) 的**特征函数**.

与有限群表示情形类似, 可以证明下列性质:

(1) $\varphi \simeq \psi \Rightarrow \chi_\varphi = \chi_\psi$;

(2) $\chi_{\varphi\oplus\psi} = \chi_\varphi + \chi_\psi$;

(3) $\chi_{\varphi\otimes\psi} = \chi_\varphi \cdot \chi_\psi$.

定理 7.2.10 设 $(\varphi, V, (\psi, W)$ 是连通紧李群 G 的两个不等价的不可约复表示. 则

$$\int_G \chi_\varphi(g)\overline{\chi_\psi(g)}\mathrm{d}g = 0, \tag{7.6}$$

$$\int_G \chi_\varphi(g)\overline{\chi_\varphi(g)}\mathrm{d}g = 1, \tag{7.7}$$

设 (ρ, V) 是连通紧李群 G 的一个复表示. 我们可以把 ρ 表示为不可约表示的直和, 即

$$\rho = \bigoplus_i \varphi_i,$$

其中 φ_i 是不可约的, 上式称为 ρ 的完全分解. 如果我们把等价的不可约表示放在一起, 上式就可以写成

$$\rho = \bigoplus_i m(\rho, \varphi_i)\varphi_i,$$

其中求和遍历 ρ 的所有互不等价的不可约复表示, $m(\rho, \varphi_i)$ 表示在 ρ 的完全分解中含有与不可约表示 φ_i 等价的不可约表示的个数. 当然, 在上式中, 只有有限个 $m(\rho, \varphi)$ 不等于零. 我们将 $m(\rho, \varphi_i)$ 称为 φ_i 在 ρ 中的重数.

显然, $\rho_1 \simeq \rho_2$ 的充分必要条件是对于 G 的任何不可约复表示 φ, $m(\rho_1, \varphi) = m(\rho_2, \varphi)$. 现在我们证明

定理 7.2.11   记号如上, 则下列结论成立:

(1) $m(\rho, \varphi_i) = \int_G \chi_\rho(g) \overline{\chi_{\varphi_i}(g)} \mathrm{d}g$;

(2) $\rho_1 \simeq \rho_2$ 的充分必要条件是对任意 $g \in G$, $\chi_{\rho_1}(g) = \chi_{\rho_2}(g)$;

(3) ρ 是不可约的, 当且仅当 $\int_G |\chi_\rho(g)|^2 \mathrm{d}g = 1$.

下面我们介绍紧李群的 Peter(彼得)-Weyl 定理和相关结果.

定义 7.2.8   紧李群 G 上的复值函数 f 称为可积的, 若 $\int_G f(g)\mathrm{d}g$ 存在, 其中 $\mathrm{d}g$ 是 G 的双不变 Haar 测度. 进一步, 若可积函数 f 满足

$$\int_G |f|^2 \mathrm{d}g < +\infty,$$

则称 f 是平方可积的, 简称为 L_2-函数. 两个 L_2-函数 f_1 和 f_2 称为等价的, 若

$$\int_G |f_1 - f_2|^2 \mathrm{d}g = 0,$$

这等价于 f_1, f_2 在 G 上几乎处处相等.

我们用 $L_2(G)$ 表示由 G 上的 L_2-函数的等价类所构成的向量空间. 在 $L_2(G)$ 上定义

$$\langle f_1, f_2 \rangle = \int_G f_1(g)\overline{f_2(g)}\mathrm{d}g, \tag{7.8}$$

可以验证, (7.8) 式定义了 $L_2(G)$ 上的 Hermite 内积. 这样 $L_2(G)$ 成为一个 Hilbert 空间.

设 $\mathrm{Irr}(G)$ 为由 G 的所有不可约复表示的等价类所组成的集合, 则由上一节的讨论知

$$\{\varphi_{ij}(g) | \varphi(g) = (\varphi_{ij}(g)), \varphi \in \mathrm{Irr}(G)\}$$

是 $L_2(G)$ 中的一组正交向量, 而且

$$|\varphi_{ij}(g)|_{L_2}^2 = \frac{1}{\dim \varphi}.$$

进一步, 我们有下面著名的 **Peter-Weyl 定理**.

定理 7.2.12 (Peter-Weyl) $\{\varphi_{ij}(g) | \varphi(g) = (\varphi_{ij}(g)), \varphi \in \mathrm{Irr}(G)\}$ 是 Hilbert 空间 $L_2(G)$ 的一组基.

Peter-Weyl 定理的一个重要推论是任何紧李群都存在忠实表示, 由此我们可以得到, 任何一个连通紧李群一定可以实现为一般线性群的闭子群 (一般文献中, 将 $\mathrm{GL}_n(\mathbb{R})$ 的闭子群称为矩阵群). 作为对比, 可以证明实特殊线性群 $\mathrm{SL}_n(\mathbb{R})$ 的泛覆盖群不能实现为矩阵群.

为了研究紧李群的表示的分类, 我们需要极大子环群的概念. 高等代数中我们学过, 任何一个酉矩阵都酉相似于一个酉对角矩阵, 即对任何酉矩阵 A, 存在酉矩阵 U 使得 $U^{-1}AU$ 等于一个形如

$$\mathrm{diag}(\mathrm{e}^{\mathrm{i}\theta_1}, \mathrm{e}^{\mathrm{i}\theta_2}, \cdots, \mathrm{e}^{\mathrm{i}\theta_n})$$

的矩阵, 其中 $\theta_1, \theta_2, \cdots, \theta_n \in \mathbb{R}$. 将所有具有上述形式的矩阵组成的集合记为 T, 则 T 是 $\mathrm{U}(n)$ 的闭子群, 且是连通交换的. 进一步, 若 $A \in \mathrm{U}(n)$ 与 T 中所有元素都交换, 则 $A \in T$. 换言之, T 是 $\mathrm{U}(n)$ 中一个极大连通交换闭子群. 更为重要的是, 任何 $\mathrm{U}(n)$ 中元素在共轭作用下的轨道都与 T 相交. 类似的结论对于特殊酉群 $\mathrm{SU}(n)$, 特殊正交群 $\mathrm{SO}(n)$ 也成立, 读者可以自行查询相关资料.

我们知道, 对于一个紧李群的表示, 其特征决定了一切. 如果我们能够找到一个极大连通交换闭子群, 使得所有元素的共轭类都跟这个子群相交, 那么这个特征在该子群上的限制就完全决定了特征的全部性质. 这个限制自然是子群的特征, 而连通交换紧群的特征非常简单. 因此极大连通交换闭子群的存在性是重要的. 另外, 在上面的例子中, 如果 T_1, T_2 是 $\mathrm{U}(n)$ 中两个极大连通交换闭子群, 那么一定存在 $x \in G$ 使得 $xT_1x^{-1} = T_2$. 这引导我们给出下面的定义

定义 7.2.9　设 G 为连通紧李群, G 中的一个极大连通交换闭子群称为 G 的一个**极大子环群**.

下面的定理是 Cartan 第一个给出的, 是李群理论中很多重要结论的基石.

定理 7.2.13　设 G 为连通紧子群, 则 G 中存在极大子环群. 进一步, 若 T 为 G 的一个极大子环群, 则 G 中任何一个共轭类都和 T 相交, 而且 G 的任何一个极大子环群都和 T 共轭.

作为上述定理的一个推论, 容易证明

推论 7.2.1　设 G 为连通紧李群, 则其指数映射 $\exp: \mathfrak{g} \to G$ 是满射.

现在我们回到紧半单李群的表示的分类. 设 G 是一个连通紧半单李群, T 是 G 的一个极大子环群, $\mathfrak{h}$ 是 T 的李代数. 设 φ 是 G 的不可约复表示, 由前面的结论我们知道, 通过求切映射 φ 导出 G 的李代数 $\mathfrak{g}$ 的一个复表示. 为方便记, 我们将李代数的表示也记为 φ. 将李代数 $\mathfrak{g}$ 复化, 就得到复半单李代数 $\mathfrak{g}^{\mathbb{C}}$ 的一个表示. 注意到 $\mathfrak{h}$ 的李代数的复化 $\mathfrak{h}^{\mathbb{C}}$ 是 $\mathfrak{g}^{\mathbb{C}}$ 的一个 Cartan 子代数, 取定 $\mathfrak{g}^{\mathbb{C}}$ 对于 $\mathfrak{h}^{\mathbb{C}}$ 的根系 Φ 的一个正根系 Φ^+, 我们可以定义表示 φ 的权和最高权等概念. 由前面的讨论容易看出, 不同的极大子环群的选取得到的根系其实是互相同构的, 因此下面我们直接将 Φ 说成是 G 的根系, 而称 $(\mathfrak{g}^{\mathbb{C}}, \mathfrak{h}^{\mathbb{C}})$ 对应的 Weyl 群 W 为 G 的 Weyl 群. 设 $\Omega(\varphi)$ 是它的权集. 根据李代数的表示理论, 我们有

(1) $\Omega(\varphi)$ 中存在一个唯一的最高权 Λ_φ, 满足下面的条件: 1) Λ_φ 的重数 $m(\Lambda_\varphi) > 0$; 2) 对于任给 $\lambda \in \Omega(\varphi)$, 都有 $\Lambda_\varphi \geqslant \lambda$;

(2) 对任何权 $\lambda \in \Omega(\varphi), \sigma \in W, \sigma\lambda$ 还是 φ 的一个权, 即 $\Omega(\varphi)$ 是一个 W-不变子集.

因此, 特征函数 $\chi_\varphi|_T = \chi_{\varphi|T}$ 是一个 W-不变函数. 即:

$$\chi_\varphi(\exp \sigma H) = \chi_\varphi(\exp H).$$

因此, 对于 W 的作用来说,

$$\chi_\varphi(\exp H)Q(\exp H), \quad H \in \mathfrak{h} \tag{7.9}$$

是一个奇函数, 亦即对于任给 $\sigma \in W$, 皆有

$$\chi_\varphi(\exp \sigma H)Q(\exp \sigma H) = \text{sign}(\sigma)\chi_\varphi(\exp H)Q(\exp H). \tag{7.10}$$

显然(7.9)式中的函数的主导项是 $m\left(\Lambda_\varphi\right) \mathrm{e}^{2\pi\mathrm{i}(\Lambda_\varphi+\delta, H)}$, 所以

$$\chi_\varphi(\exp H)Q(\exp H) = m\left(\Lambda_\varphi\right) \sum_{\sigma \in W} \text{sign}(\sigma)\mathrm{e}^{2\pi\mathrm{i}(\sigma(\Lambda_\varphi+\delta), H)} \tag{7.11}$$

$$+ \text{ 可能有的 “较低次” 项}.$$

由此我们可以导出著名的 **Cartan-Weyl 定理**.

定理 7.2.14 (Cartan – Weyl)   连通紧李群 G 的一个不可约复表示 φ 的最高权 Λ_φ 的重数一定是 1, 而且它的特征函数 χ_φ 为

$$\chi_\varphi(\exp H) = \frac{\sum\limits_{\sigma \in W} \text{sign}(\sigma)\mathrm{e}^{2\pi\mathrm{i}(\sigma(\Lambda_\varphi+\delta), H)}}{\sum\limits_{\sigma \in W} \text{sign}(\sigma)\mathrm{e}^{2\pi\mathrm{i}(\sigma(\delta), H)}}, \quad H \in \mathfrak{h}. \tag{7.12}$$

因此, G 的两个不可约复表示 φ_1 和 φ_2 等价的充分必要条件是它们的最高权 Λ_{φ_1} 与 Λ_{φ_2} 相同.

若连通紧半单李群 G 还是单连通的, 则可以证明: 对一组任给的非负整数 $\{q_i; i = 1, \cdots, k\}$ 由

$$\frac{2\left(\Lambda, \alpha_i\right)}{\left(\alpha_i, \alpha_i\right)} = q_i \quad (i = 1, \cdots, k) \tag{7.13}$$

所唯一确定的 Λ, 必定是 G 的某个不可约复表示的最高权, 从而一定存在不可约复表示 $\varphi: \quad G \to \mathrm{GL}(V)$, 使得其最高权为 Λ.

上述观察结合 Cartan-Weyl 定理, 给出了连通紧半单李群的复表示的完全分类. 我们还可以给出下面的维数公式:

定理 7.2.15   不可约复表示的维数 $\dim \varphi$, 可以由最高权 Λ_φ 表示为

$$\dim \varphi = \frac{\prod\limits_{\alpha \in \Delta^+} \left(\Lambda_\varphi + \delta, \alpha\right)}{\prod\limits_{\alpha \in \Delta^+} \left(\delta, \alpha\right)}. \tag{7.14}$$

由上面看到, 连通紧半单李群的不可约表示都是有限维的. 但是现在研究的很多李群都存在无限维的不可约表示, 其中最重要的就是无限维酉表示. 我们先引进一类特殊的非紧李群, 这是无限维表示的主要研究对象.

回忆一下, 在实一般线性群 $\mathrm{GL}_n(\mathbb{R})$ 中我们有一个对合: $A \to A^{\mathrm{T}}$, 其中上标 T 代表一个矩阵的转置; 类似地, 在复一般线性群 $\mathrm{GL}_n(\mathbb{C})$ 中也有一个对合: $A \to \bar{A}^{\mathrm{T}}$, 其中 $\bar{A}^{\mathrm{T}}$ 表示矩阵 A 的共轭转置. 我们统一地将这两个对合都记为 τ.

定义 7.2.10　设 G 为 $\mathrm{GL}_n(\mathbb{R})$ 或 $\mathrm{GL}_n(\mathbb{C})$ 的闭子群. 如果 $\tau(G) = G$, 我们称 G 为一个**线性约化群**. 如果一个线性约化群的中心是有限群, 我们称该群为**线性半单群**.

一个李群称为半单的, 如果其李代数是半单的. 下面的定理是非常重要的.

定理 7.2.16　一个线性半单群一定是半单李群. 进一步, 若 G 是一个线性约化群, 则其李代数 $\mathfrak{g}$ 可以分解为理想直和

$$\mathfrak{g} = C(\mathfrak{g}) + [\mathfrak{g}, \mathfrak{g}],$$

其中 $C(\mathfrak{g})$ 为 $\mathfrak{g}$ 的中心, 而导代数 $[\mathfrak{g}, \mathfrak{g}]$ 是半单的.

因为线性半单李群是半单的, 所以半单李群的结构定理和分解定理都成立, 包括 Cartan 分解, Bruhat 分解, Iwasawa (岩泽健吉) 分解等, 有兴趣的读者请参考文献 [14]. 下面我们定义无限维表示, 特别是无限维酉表示的概念.

定义 7.2.11　设 G 为李群, V 为 Hilbert 空间. 一个 G 到 V 的由有界线性算子组成的群的同态 ρ 称为 G 在 V 上的一个**表示**, 若由 $G \times V$ 到 V 的映射 $(g, v) \mapsto \rho(g)(v)$ 是连续的. 称表示 (ρ, V) 为**酉表示**, 若对任何 $g \in G$ 都有 $\rho(g)\rho(g)^* = \rho(g)^*\rho(g) = \mathrm{id}_V$, 这里上标 $*$ 表示伴随算子.

如果 (ρ, V), (ρ', V') 为 G 的两个表示, 而且存在由 V 到 V' 的可逆有界线性算子 A(由 Banach 逆算子定理, 这时 A 的逆映射 A^{-1} 一定是 V' 到 V 的有界线性算子), 使得 $\rho(g)A = A\rho(g)$, $\forall g \in G$, 则称 (ρ, V) 和 (ρ', V') 是**等价表示**. 若上述两个表示都是酉表示, 而且算子 A 是酉算子, 则称上述两个表示是**酉等价**的.

表示理论中最重要的目标之一是给出约化李群酉表示的分类. 下面的定理说明无限维表示的重要性.

定理 7.2.17　非紧线性半单李群的任何一个不可约酉表示都是无限维的.

为了研究非紧约化线性李群的酉表示, 我们需要 $(\mathfrak{g}, K)$-模的概念, 这是 Harish-Chandra (哈里希-钱德拉) 引进的处理无限维表示的非常有效的方法.

设 G 为非紧线性约化李群, 其李代数为 $\mathfrak{g}_0$. 记 $\mathfrak{g} = \mathfrak{g}_0^{\mathbb{C}}$ 为 $\mathfrak{g}_0$ 的复化, 则 $\mathfrak{g}$ 是复约化李代数. 设 V 为 Hilbert 空间, (ρ, V) 为 G 在 V 上的表示. 设 K 为 G 的极大紧子群, 我们称一个向量 $v \in V$ 是 K-有限的, 如果 $\rho(G)v$ 张成的子空间是有限维的.

如果对任何 $k \in K$, $\rho(k)$ 都是 V 上的酉算子, 那么将 ρ 限制到 K 上就得到 K 的

一个酉表示. 从而 V 可以分解成不可约表示的正交直和:

$$V = \sum_{\tau \in K} m_\tau \tau,$$

其中 K 表示 K 的不可约酉表示的等价类的集合, m_τ 是非负整数或 $+\infty$. 我们给出一个定义

定义 7.2.12 设 G 为非紧约化线性李群, V 为 Hilbert 空间, (ρ, V) 为 G 的一个表示. 如果对任何 $k \in K$, $\rho(k)$ 都是酉表示, 而且在 V 的上述分解中每一个非负整数 m_τ 都是有限的, 则称 (ρ, V) 为 G 的一个**可容许表示**.

定理 7.2.18 (Harish-Chandra) 一个非紧约化线性李群的任何不可约酉表示都是可容许的.

我们知道 G 在 V 上的作用可以导出其李代数 $\mathfrak{g}_0$ 在 V 上的作用, 从而导出其复化 $\mathfrak{g}$ 的一个表示. 现在假定 (ρ, V) 是 G 的可容许表示. 将 V 中所有 K-有限的向量组成的子空间记为 V_f. 则 V_f 在 $\mathfrak{g}$ 的作用下是不变的. 这样一来, V_f 既是 K 的表示, 又是 $\mathfrak{g}$ 的表示, 而且满足条件

$$\rho(k)\rho(x)\rho(k^{-1})v = \rho(\mathrm{ad}(k)x)v, \quad \forall k \in K, x \in \mathfrak{g}, v \in V_f. \tag{7.15}$$

我们给出下面的定义:

定义 7.2.13 设 $G, K, \mathfrak{g}$ 如上. 如果一个复线性空间 E 既是 $\mathfrak{g}$-模, 又是 K-模, 而且满足相容条件 (7.15), 则称 E 为一个 $(\mathfrak{g}, K)$-模. 一个 $(\mathfrak{g}, K)$-模称为可容许的 (或 Harish-Chandra 模), 如果作为 K-模, 将 E 分解成 K 的不可约表示的直和时, 出现的重数全是有限的. 两个 $(\mathfrak{g}, K)$-模 E, E' 称为是等价的, 如果存在从 E 到 E' 的线性同构 φ 使得 φ 同时是 $\mathfrak{g}$-模和 K-模的缠结算子.

按照定义, 如果 (ρ, V) 是 G 的一个可容许表示, 那么 V_f 就是一个 $(\mathfrak{g}, K)$-模. 我们称 G 的两个表示 $(\rho, V), (\rho', V')$ 是无穷小等价的, 如果其对应的 $(\mathfrak{g}, K)$-模 V_f, V_f' 是等价的. 显然两个等价的可容许表示一定是无穷小等价的, 但反过来的结论是不成立的. 我们有下面的重要结论:

定理 7.2.19 设 $(\rho, V), (\rho', V')$ 为 G 的不可约酉表示. 如果 V_f, V_f' 作为 $(\mathfrak{g}, K)$-模无穷小等价, 则 $(\rho, V), (\rho', V')$ 酉等价.

这一定理说明, 不可约酉表示的分类可以完全化为 $(\mathfrak{g}, K)$-模的分类, 而后者是一个纯代数的问题. 因此 $(\mathfrak{g}, K)$-模的概念对于研究无限维酉表示至关重要.

对于可容许不可约表示, 我们有下面形式的 **Schur** 引理.

引理 7.2.3 设 (ρ, V) 为 G 的不可约可容许表示, V_f 为所有 K-有限的向量组成的子空间. 若 $A: V_f \to V_f$ 为线性变换且 $\rho(x)A = A\rho(x), \forall x \in \mathfrak{g}$, 则存在 $\lambda \in \mathbb{C}$ 使得 $A = \lambda \cdot \mathrm{id}_{V_f}$.

最后我们略微讨论一下李群表示理论的主要研究方向. 目前李群的表示理论已经发展成为一个庞大的数学分支, 且联系广泛, 本教材不会给出一个非常详细的介绍. 但是从大的方向上来说, 李群表示研究的问题大致可以分为限制表示和诱导表示两类. 下面我们分别介绍一些有关的问题.

我们先介绍诱导表示. 这是我们前面介绍的有限群的子群的表示导出群本身的表示的方法在李群表示论中的推广, 是李群无限维表示的基本方法之一. 最重要的诱导表示是所谓的抛物诱导, 我们稍微描述一下相关的概念. 设 $\mathfrak{g}$ 为一个复半单李代数, 我们称 $\mathfrak{g}$ 的一个极大可解子代数为 Borel 子代数. 一个典型的 Borel 子代数可以用下面的方法来构造. 取定 $\mathfrak{g}$ 的一个 Cartan 子代数 $\mathfrak{h}$, 就有根子空间分解:

$$\mathfrak{g} = \mathfrak{h} + \sum_{\alpha \in \Phi} g_\alpha.$$

取定根系 Φ 的一个顺序, 并将正根的集合记为 Φ^+. 令

$$\mathfrak{b} = \mathfrak{h} + \sum_{\alpha \in \Phi^+} \mathfrak{g}_\alpha,$$

容易证明 $\mathfrak{b}$ 是 $\mathfrak{g}$ 的一个 Borel 子代数. 这样的子代数称为 $\mathfrak{g}$ 的标准 Borel 子代数. 我们称 $\mathfrak{g}$ 的任何一个包含 Borel 子代数的子代数为抛物子代数 (详见文献 [7]). 这个概念容易推广到复约化李代数上. 令 $\mathfrak{g}_0$ 是一个实约化李代数, 称 $\mathfrak{g}_0$ 的一个子代数为抛物子代数, 如果其复化为 $\mathfrak{g}_0^{\mathbb{C}}$ 的抛物子代数. 如果 G 是一个实约化李群, 我们称 G 的一个李子群 P 为抛物子群, 如果 $\mathfrak{p}$ 的李代数是 G 的李代数的抛物子代数. 由抛物子群的表示诱导群本身的表示的方法叫做抛物诱导. 下面是非常著名的 Langlands 定理

定理 7.2.20　设 G 为约化李群, 则 G 的任何不可约可容许表示都可以通过其抛物子群的酉表示诱导得到.

李群表示理论中的诱导表示的详细内容, 需要比较多的预备知识和较高的数学素养才能理解, 本书就不介绍了, 感兴趣的读者可以参考文献 [17] 或 [19].

最后介绍一下与限制表示相关的研究. 设 G 为李群, (ρ, V) 是 G 的一个表示, 那么对于 G 的任何一个闭子群 H, ρ 在 H 上的限制就定义了 H 在 V 上的一个表示. 容易看出, 即使 (ρ, V) 是不可约的, 其限制表示 (ρ_H, V) 也可能是可约的. 如果 (ρ_H, V) 是可容许表示, 则可以分解成不可约的可容许表示的直和. 这里的分解规律是一个非常有趣而且困难的问题, 一般文献中把这个问题称为分歧律. 限于本书的范围, 我们不再深入介绍这方面的内容. 读者可以参考文献 [17] 或 [19], 并从中找到相关的文献.

参考文献

[1] 曹锡华, 时俭益. 有限群表示论. 北京: 高等教育出版社, 1992.

[2] 冯克勤, 章璞, 李尚志. 群与代数表示引论. 2 版. 合肥: 中国科学技术大学出版社, 2006.

[3] 冯荣权, 邓少强, 李方, 等. 代数学 (三). 北京: 高等教育出版社, 2024.

[4] 冯荣权, 邓少强, 李方, 等. 代数学 (四). 北京: 高等教育出版社, 2024.

[5] 李方, 邓少强, 冯荣权, 等. 代数学 (一). 北京: 高等教育出版社, 2024.

[6] 李方, 邓少强, 冯荣权, 等. 代数学 (二). 北京: 高等教育出版社, 2024.

[7] 孟道骥. 复半单李代数引论. 北京: 北京大学出版社, 1999.

[8] 孟道骥, 朱萍. 有限群表示论. 北京: 科学出版社, 2007.

[9] 南基洙, 王颖. 有限群表示论. 北京: 科学出版社, 2014.

[10] 丘维声. 有限群和紧群的表示论. 北京: 北京大学出版社, 1997.

[11] 项武义, 侯自新, 孟道骥. 李群讲义. 北京: 北京大学出版社, 2014.

[12] 朱富海. 有限群表示论. 北京: 科学出版社, 2022.

[13] C CURTIS, Pioneers of Representation Theory: Frobenius, Burnside, Schur and Brauer. 1999.

[14] S HELGASON. Differential Geometry, Lie Groups and Symmetric Spaces. Academic Press, 1978.

[15] J E HUMPHREYS. Introduction to Lie Algebras and Representation Theory. Springer, 1972.

[16] G JAMES. The Representation Theory of the Symmetric Groups, Addison-Wesley, 1981.

[17] A W KNAPP. Representation Theory of Semisimple Groups, Princeton University Press, 1986.

[18] J P SERRE. Linear Representations of Finite Groups. Springer, 1977.

[19] D A VOGAN. Representations of real reductive Lie Groups. Birkháuser, 1981.

[20] P MELIOT. Representation Theory of Symmetric Groups, Chapman and Hall/CRC, New York, 2017.

[21] P ETINGOF, O GOLBERG, S HENSEL, T. Liu. A SCHWENDNER, D VAINTROB, E YUDOVINA, Introduction to Representation Theory, American Mathematical Society, 2011.

[22] W FULTON, J HARRIS. Representation Theory: A First Course, Springer-Verlag, New York, 1991.

[23] G JAMES, M LIEBECK. Representations and Characters of Groups, 2nd edition, Cambridge University Press, 2001.

索引

郑重声明

高等教育出版社依法对本书享有专有出版权。任何未经许可的复制、销售行为均违反《中华人民共和国著作权法》，其行为人将承担相应的民事责任和行政责任；构成犯罪的，将被依法追究刑事责任。为了维护市场秩序，保护读者的合法权益，避免读者误用盗版书造成不良后果，我社将配合行政执法部门和司法机关对违法犯罪的单位和个人进行严厉打击。社会各界人士如发现上述侵权行为，希望及时举报，我社将奖励举报有功人员。

反盗版举报电话　　（010）58581999　58582371

反盗版举报邮箱　　dd@hep.com.cn

通信地址　　北京市西城区德外大街4号
　　　　　　高等教育出版社知识产权与法律事务部

邮政编码　　100120

读者意见反馈

为收集对教材的意见建议，进一步完善教材编写并做好服务工作，读者可将对本教材的意见建议通过如下渠道反馈至我社。

咨询电话　　400-810-0598

反馈邮箱　　hepsci@pub.hep.cn

通信地址　　北京市朝阳区惠新东街4号富盛大厦1座
　　　　　　高等教育出版社理科事业部

邮政编码　　100029

防伪查询说明

用户购书后刮开封底防伪涂层，使用手机微信等软件扫描二维码，会跳转至防伪查询网页，获得所购图书详细信息。

防伪客服电话　　（010）58582300

图书在版编目（CIP）数据

代数学 . 五 / 邓少强等编著 . -- 北京：高等教育
出版社，2024.8（2025.8 重印）. -- ISBN 978-7-04-063
038-1

Ⅰ . O15

中国国家版本馆 CIP 数据核字第 202485392W 号

Daishuxue

策划编辑	高 旭	出版发行	高等教育出版社
责任编辑	张晓丽	社 址	北京市西城区德外大街4号
封面设计	王凌波 王 洋	邮政编码	100120
版式设计	徐艳妮	购书热线	010-58581118
责任绘图	李沛蓉	咨询电话	400-810-0598
责任校对	张 薇	网 址	http://www.hep.edu.cn
责任印制	赵义民		http://www.hep.com.cn
		网上订购	http://www.hepmall.com.cn
			http://www.hepmall.com
			http://www.hepmall.cn

印 刷	北京盛通印刷股份有限公司
开 本	787mm×1092mm 1/16
印 张	12
字 数	230千字
版 次	2024年8月第1版
印 次	2025年8月第2次印刷
定 价	32.80元

本书如有缺页、倒页、脱页等质量问题，
请到所购图书销售部门联系调换

数学"101 计划"已出版教材目录

1. 《基础复分析》 崔贵珍 高 延
2. 《代数学（一）》 李 方 邓少强 冯荣权 刘东文
3. 《代数学（二）》 李 方 邓少强 冯荣权 刘东文
4. 《代数学（三）》 冯荣权 邓少强 李 方 徐彬斌
5. 《代数学（四）》 冯荣权 邓少强 李 方 徐彬斌
6. 《代数学（五）》 邓少强 李 方 冯荣权 常 亮
7. 《数学物理方程》 雷 震 王志强 华波波 曲 鹏 黄耿耿
8. 《概率论（上册）》 李增沪 张 梅 何 辉
9. 《概率论（下册）》 李增沪 张 梅 何 辉
10. 《概率论和随机过程 上册》 林正炎 苏中根 张立新
11. 《概率论和随机过程 下册》 苏中根
12. 《实变函数》 程 伟 吕 勇 尹会成
13. 《泛函分析》 王 凯 姚一隽 黄昭波
14. 《数论基础》 方江学
15. 《基础拓扑学及应用》 雷逢春 杨志青 李风玲
16. 《微分几何》 黎俊彬 袁 伟 张会春
17. 《最优化方法与理论》 文再文 袁亚湘
18. 《数理统计》 王兆军 邹长亮 周永道 冯 龙
19. 《数学分析》数字教材 张 然 王春朋 尹景学
20. 《微分方程 II》 周蜀林